U0178978

“十二五”职业教育国家规划教材

经全国职业教育教材审定委员会审定

电子测量技术

第2版

主　编　孟凤果

参　编　李福军　颜云华　笪秉宏　王晗

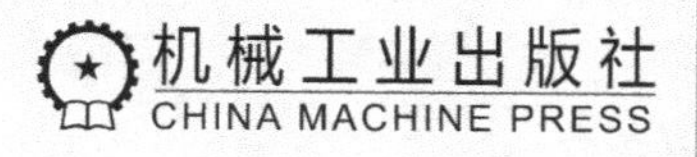

本书是“十二五”职业教育国家规划教材，是根据《教育部关于“十二五”职业教育教材建设的若干意见》及教育部新颁布的《高等职业学校专业教学标准（试行）》，同时参考电子设备装接职业资格标准，在第1版基础上修订而成的。本书针对高职学生的特点，从电子测量技术的实际应用出发，简明扼要地介绍了电子测量技术、常用电子测量仪器的使用技术和典型应用实例。每章后附有相关实训项目，对提高学生实际操作能力和知识综合应用能力具有可操作性。

全书共分为九章，主要内容包括电子测量的基本知识，信号发生器，电子示波器及其测量技术，万用表及其测量技术，电压测量技术，时间与频率测量技术，扫频仪、晶体管特性图示仪和数字集成电路测试仪，计算机仿真测量技术，电子仪器的发展趋势和自动测试系统等。

为便于教学，本书配套有电子教案、试题及答案等教学资源，选择本书作为教材的教师可致电（010 - 88379195）索取，或登录 www.cmpedu.com 网站，注册、免费下载。

本书可作为高等职业院校电子信息类专业教材，也可作为电子产品组装、维护、维修等岗位培训教材。

图书在版编目（CIP）数据

电子测量技术/孟凤果主编. —2 版. —北京：机械工业出版社，2015.9（2021.7 重印）
“十二五”职业教育国家规划教材
ISBN 978-7-111-50945-5

Ⅰ.①电… Ⅱ.①孟… Ⅲ.①电子测量技术-高等职业教育-教材 Ⅳ.①TM93

中国版本图书馆 CIP 数据核字（2015）第 168289 号

机械工业出版社（北京市百万庄大街22号 邮政编码100037）
策划编辑：范政文 责任编辑：赵红梅
责任校对：张玉琴 封面设计：张 静
责任印制：李 昂
北京捷迅佳彩印刷有限公司印刷
2021年7月第2版第8次印刷
184mm×260mm · 12.25 印张 · 298 千字
标准书号：ISBN 978-7-111-50945-5
定价：39.00 元

电话服务	网络服务
客服电话：010-88361066	机 工 官 网：www.cmpbook.com
010-88379833	机 工 官 博：weibo.com/cmp1952
010-68326294	金 书 网：www.golden-book.com
封底无防伪标均为盗版	机工教育服务网：www.cmpedu.com

第2版前言

本书是按照教育部《关于开展“十二五”职业教育国家规划教材选题立项工作的通知》，经过出版社初评、申报，由教育部专家组评审确定的“十二五”职业教育国家规划教材，是根据《教育部关于“十二五”职业教育教材建设的若干意见》及教育部新颁布的《高等职业学校专业教学标准（试行）》，同时参考电子设备装接职业资格标准，在第1版的基础上修订而成的。

本书主要介绍电子测量技术、常用电子测量仪器的使用技术和典型应用实例。本书编写过程中力求体现高职教育的特点和职业岗位的要求，突出知识应用性、实践性的特色，突出加强对学生基本技能训练的特点。每一章内容的安排，围绕两条核心主线：丰富知识的同时，加强技能操作，提高创新能力；强调电子测量中误差理论的应用。误差处理是测量技术中很重要的内容，利用误差分析测量结果，更适合工程实践的要求。本教材编写模式新颖，每章正文前，有“引言”“学习目标”概括本章学习主要内容、应知的基本知识和应会的基本技能；正文中，适时插入各类“小常识”“小提示”“想一想”等内容；正文之后，有“本章小结”，总结重点知识点和应具备的职业能力；最后，还有特别精选的便于读者能力提高的多种类型练习题和实训项目等。

本书在内容处理上主要有以下几点说明：①学习课程内容的同时，注重对学生综合能力的提高，把分析问题、解决问题的能力融入教学过程中；②注重知识面的拓展，对新知识和新技术的认识及应用；③注重基本知识和基本操作能力的培养，例如，电压测量、示波器的应用、万用表的使用等；④课程建议学时：70学时。

全书共9章，由河北机电职业技术学院孟凤果教授主编。编写人员及具体分工如下：河北机电职业技术学院孟凤果编写第1、3、4、5、9章，辽宁机电职业技术学院李福军编写第2章，常州机电职业技术学院颜云华编写第6章；安徽机电职业技术学院笪秉宏编写第7章，河北机电职业技术学院王晗编写第8章。

本书经全国职业教育教材审定委员会审定，教育部评审专家在评审过程中对本书内容及体系提出了很多宝贵的建议，在此对他们表示衷心的感谢！编写过程中，编者参阅了国内外出版的有关教材和资料，得到了各位同仁们的有益指导，在此一并表示衷心感谢！

由于编者水平有限，书中不妥之处在所难免，恳请读者批评指正。

编　者

第1版前言

本教材是基于目前高职、高专教育的特点及高职、高专毕业生就业岗位的需要而编写的。电子测量技术是一门应用性很强的实用技术，其理论与实践技能是学习电子测量技术不可缺少的，理论与实践的紧密结合，是本书的重要特点。

本教材遵循高职、高专学校的教育特点：加强实践技能操作，提高学生的动手能力，重点介绍各种基本测量技术，并在此基础上结合各种通用仪器进一步讨论它们的基本组成、工作原理和使用方法等方面的知识，对仪器的组成电路不作详尽的讨论和分析。每章后附有实训实验内容，与章节重点知识紧密结合，可操作性强，从某些方面讲，可以拓宽学生的思路，锻炼和提高学生分析、处理问题的能力。同时，本教材增加了一些新知识内容，如虚拟仪器的应用等。

全书共分 9 章。第 1 章介绍电子测量的基本知识；第 2 ~ 8 章分别讨论信号发生器、电子示波器及其测量技术、万用表及其测量技术、电压测量技术、时间与频率测量技术、扫频仪与晶体管特性图示仪和集成电路测试仪、计算机仿真测量技术等的基本原理及其相关仪器的基本组成、工作原理和使用；第 9 章介绍电子仪器的发展趋势和自动测试系统的基本知识。

本课程参考学时为 70 学时。

本教材由在职业教育教学一线工作、积累有丰富教学经验的各学校教师合力编写。河北机电职业技术学院孟凤果任主编，编写第 1、3、4、5、9 章；辽宁机电职业技术学院李福军编写第 2 章；常州机电职业技术学院颜云华编写第 6 章；安徽机电职业技术学院笪秉宏编写第 7 章；四川电子工业学校吴晓艳编写第 8 章。滑洁、孙静、都鑫为本教材的电子教案编写做了很多工作。

在本教材编写过程中，得到了河北机电职业技术学院各级领导的大力支持和帮助，在这里表示诚挚的感谢！同时，也向对本教材提供了很多支持的各位同仁表示衷心感谢！尽管作者在教材的组织、编写方面做了许多努力，但由于编者水平所限，书中不足之处在所难免，欢迎广大读者批评指正。

编　者

目　录

CONTENTS

第1章　电子测量的基本知识

引　言

本章主要介绍电子测量的基本概念、内容、特点；电子测量的分类、电子测量实验室的常识、测量结果的表示方法和测量误差的基本分析方法；认识计量基本知识和国际单位制。

学习目标

应知：电子测量的含义
电子测量的内容
电子测量的分类
电子测量仪器主要技术指标
计量的意义、计量标准的使用及国际单位制的内容
测量误差分析的意义
测量误差合成方法
测量结果数据处理的方法

应会：电子测量仪器在实验室内组成
电子测量仪器接地处理
测量误差的计算、分析及应用
测量误差合成的计算及分析
测量结果的数据处理

1.1　概述

测量是人类对客观事物取得数量概念的认识过程。人们认识客观世界，首先是对具体事物进行观察，形成定性认识，然后进行测量，获得定量的概念，在此基础上才可以总结出各种客观规律，形成定理和定律。所以，测量是打开自然科学“未知”知识的钥匙。

测量的实现是通过物理实验的方法，获取被研究对象定量信息的过程。测量技术主要研究测量原理、方法和仪器等方面的内容。电子测量是测量学的一个重要分支。从广义上讲，凡是利用电子技术进行的测量都可以称为电子测量；从狭义而言，电子测量是特指对各种电参量和电性能的测量，这正是我们要讨论的范畴。在电子技术领域中，正确的分析只能来自正确的测量。电子测量已成为一门发展迅速、应用广泛、精确度越来越高、对科学技术发展

起着巨大推动作用的独立学科。电子测量的水平，是衡量一个国家科技水平的重要标志之一。

1.1.1 电子测量的内容

随着电子技术的不断发展，电子测量的内容越来越丰富。本课程中电子测量的内容是指对电子学领域内电参量的测量，主要有：

1. 电能量的测量

例如：电流、电压、功率和电场强度等的测量。

2. 电信号特征量的测量

例如：频率、相位、周期和波形参数等的测量。

3. 电路元件参数的测量

例如：电阻或电导、电抗或电纳、阻抗或导纳、电感、电容、品质因数和介电常数导磁率等的测量。

4. 电路性能特性量的测量

例如：增益或衰减、谐波失真度、灵敏度和通频带等的测量。

5. 特性曲线的显示

例如：幅频特性、器件特性等的显示。

以上并非严格的分类法，一个参量从不同角度看，既可以把它归入某一类，也可以将其归入另一类。如电压既是电能的一个属性，同时又是电信号的一个重要特征。

1.1.2 电子测量的特点

与其他测量相比，电子测量主要具有以下几个特点：

1. 测量频率范围宽

除测量直流电量外，还可以测量交流电量，其频率值下限为 10^{-4} Hz，上限为 THz（1THz = 10^{12} Hz，读作太赫）数量级。但要注意的是，不同频段的测量，即使测量同一种电量，也需要采用不同的测量方法与测量仪器。

2. 仪器的量程宽

量程是测量范围上限值与下限值之差。由于被测量范围的大小相差悬殊，因此要求测量仪器应有足够宽的量程。例如：一台数字电压表，要求测出从纳伏（nV）级到千伏（kV）级的电压，量程达 12 个数量级。用于测量频率的电子计数器，其量程可达 17 个数量级。量程宽是电子测量仪器的突出优点。

3. 测量准确度高

电子测量的准确度比其他测量方法高很多，特别是对频率和时间的测量。例如：长度测量的准确度最高为 10^{-8} 的量级；而用电子测量方法测量频率和时间，其准确度可达到 10^{-13} 数量级，这是目前人类在测量准确度方面达到的最高标准。

4. 测量速度快

由于电子测量是通过电子技术实现的，因而测量速度很快。只有高速度的测量，才能测出实时变化的物理量，这正是它在现代科技领域得到广泛应用的重要原因。例如：载人飞船发射过程中，就需要有电子测量系统快速测出它的运行参数，通过对这些参数的处理，再对

它的运动下达控制信号去进行调整，使其运行正常。

5. 易于实现遥测

电子测量的一个突出优点是可以通过各种类型的传感器实现遥测。例如：环境恶劣的、人体不便于接触或无法达到的区域（深海、地下、高温炉子、核反应堆内等），都可以通过电磁波、辐射等方式进行测量。

6. 易于实现测量的自动化

由于微电子技术的发展和微处理器的应用，使电子测量呈现了崭新的局面。电子测量同计算机相结合，使测量仪器智能化，可以实现测量的自动化。例如：在测量中能实现程控、自动校准、自动转换量程、自动诊断故障和自动修复，对测量结果可以自动记录、自动进行数据处理等。

由于电子测量具有以上特点，所以被广泛应用于自然科学的一切领域。电子测量技术的水平往往是科学技术最新成果的反映，因此，一个国家电子测量技术的水平，往往标志着这个国家科学技术的水平。这就使得电子测量技术在现代科学技术中的地位十分重要，也是使得电子测量技术日新月异发展的原因。

1.2 电子测量的分类

根据测量方法的不同，电子测量有不同的分类方法。这里仅介绍常用的分类方法。

1.2.1 按测量手段分类

按测量手段分类，有直接测量、间接测量和组合测量三种。

1. 直接测量

用测量仪器直接测得被测量量值的方法称为直接测量。例如：用电压表测量电路元器件两端上的工作电压等。

2. 间接测量

利用直接测量得到的量值以及被测量的量值之间已知的函数关系，得到被测量量值的测量方法称为间接测量。例如：测量电阻 R 上的消耗功率 $P=UI=I^2R=U^2/R$，可以通过直接测量电压、电流，电流、电阻或电压、电阻等方法求出。

当被测量的量不便于直接测量或者间接测量的结果比直接测量的更为准确时，多采用间接测量法。例如：测量晶体管集电极电流，多采用直接测量集电极电阻（R_C）上的电压，再通过公式 $I=V_{RC}/R_C$ 算出，而不再使用断开电路串联接入电流表的方法。

3. 组合测量

将被测量的量和另外几个量组成联立方程，通过直接测量这几个量后求解联立方程，从而得到被测量的量值。组合测量是兼用直接测量与间接测量的一种测量方法。

1.2.2 按测量性质分类

尽管被测量的种类繁多，但它们总是遵循一定规律。按被测量的量值变化规律分类，可分为时域测量、频域测量、数据域测量等。

1. 时域测量

时域测量是测量被测量随时间变化的特性，这时被测量是一个时间函数。例如：用示波器显示电压、电流的瞬时波形，测量它的幅度、上升沿和下降沿等参数。

2. 频域测量

频域测量是测量被测量随频率变化的特性，这时被测量是一个频率函数。例如：用频率特性图示仪可以观测放大器的增益随频率变化的规律等。

3. 数据域测量

数据域测量是对数字系统逻辑特性进行的测量。例如：用逻辑分析仪可以同时观测多个离散信号组成的数据流等。

1.3 电子测量仪器及主要技术指标

1.3.1 电子测量仪器

测量仪器又称为计量器具，是单独地或同辅助设备一起用以进行测量的器具。测量仪器是用来测量并能得到被测对象量值的一种技术工具或装置，它的主要特点为：用于测量；本身是一种技术工具或装置。如体温计、电压表、直尺等可以单独地用于完成某物理量的测量。砝码、热电偶、标准电阻等则需要与其他测量仪器或辅助设备一起使用才能完成测量。

利用电子技术对被测量进行测量的仪器、仪表或设备，统称为电子测量仪器。

1.3.2 电子测量仪器的主要技术指标

电子测量仪器的指术指标是用数值、误差范围等来表征仪器性能的量。下面介绍电子测量仪器的主要技术指标。

1. 测量误差

电子测量仪器的测量误差可以用各种误差形式表示。例如：仪器固有误差、使用误差、环境误差、方法误差等。据我国部颁标准规定，批量生产的电子测量仪器，都应给出工作误差极限。这一原则对仪器制造厂提出了更高的要求，有利于提高产品质量，对测量仪器的使用提供了方便，免去了使用者根据单项误差估算总误差的困难。

2. 稳定性

在工作条件恒定的情况下，在规定时间内，测量仪器保持其指示值不变的能力称为仪器的稳定性。稳定性直接与时间有关，稳定性的高低用稳定误差表征。因此，在给出稳定误差的同时，必须指定相应的时间间隔，否则所给出的稳定误差就没有任何实际意义。

我国相关标准规定，时间间隔应从下列数值中选取：15 分钟（min）、1 小时（h）、3 小时（h）、7 小时（h）、24 小时（h）、10 天（d）、30 天（d）、3 个月（m）、6 个月（m）、1 年（a）等。

3. 分辨率

分辨率是指测量仪器可能测得的被测量最小变化的能力。通常，模拟式测量仪器的分辨率是指示值最小刻度的一半；数字式仪器的分辨率是显示器最后一位的一个数字。

4. 量程

电子测量仪器的量程是指在满足误差要求的情况下，被测量的上限值与下限值之差。量程范围的大小是仪器通用性的重要标志。

为了使测量仪器能有足够宽的量程，通用仪器常常需要分档。一般按 1－2－5 或 1－3 或 10 进位的序列划分档极。测量仪器的分辨率可能随量程的换档而变化。

5. 测试速率

测试速率是指单位时间内，仪器读取被测量数值的次数。数字直读式仪器较指针式仪器测试速率快得多，随着仪器的自动化程度越来越高，测试速率越来越将成为电子测量仪器的重要工作特性。

6. 可靠性

可靠性是指产品在规定条件下完成规定任务的概率，它是反映产品是否耐用的一个综合质量指标。所谓规定条件，是指规定的时间、规定的工作条件和维护条件。对可靠性的研究，包括产品设计、制造、使用和维护各个阶段。

1.4 电子测量实验室的常识

电子测量是在一定环境条件下进行的。作为电子测量的基本场所——电子测量实验室，对测量的准确度起重要的作用，因此，应该熟悉实验室内的一些基本常识。

1.4.1 电子测量实验室的环境条件

电子测量仪器是进行电参量测量必备的硬件设施，在仪器使用过程中，如何高效使用、避免人为损坏，从而延长仪器的使用寿命，是使用者应关心的一个重要课题。

电子测量仪器是由各种电子元器件构成的。它们往往不同程度地受到诸如温度、湿度、大气压强、振动、电网电压、电磁场干扰等外界环境的影响。因此，在同一环境条件下，用同一台仪器及同样的测量方法去测量同一个物理量，也会出现不同的测量结果。

电子器件在工作过程中要散发热量，电子仪器本身也有一定的工作温度范围，环境温度越接近仪器工作温度的上限，电子器件的性能指标就越呈现几何级数的变差。换句话说，在温度为 25℃ 的环境下可以正常工作 10 年的仪器，在温度为 45℃ 的环境下仅能正常工作 3 年。适宜的工作温度是仪器“长寿”的必要条件。

根据电子测量的任务及各种电子测量仪器的技术要求的不同，电子测量应具备的环境条件也是不同的。仪器的使用应在生产厂家规定的范围内进行，以保证一定的测量精度。其中，特别注意电网电压、环境温度和湿度必须符合要求。

小常识

电子测量仪器的安装直接影响仪器的性能和使用寿命。电子测量仪器安装注意事项：

1. 仪器安装后应有足够的空间，便于操作者的使用。同时，仪器的前后左右也应有足够的散热空间。

2. 仪器的放置，应避免阳光直接照射。

3. 地面禁止铺设地毯，减少静电对仪器的影响。

1.4.2 电子测量仪器的组成

在实验室完成一次测量，常常需要数台测量仪器及辅助设备。例如：要测量放大器的增益，就需要低频信号发生器、电子示波器、电子电压表及直流稳压电源等仪器。电子测量仪器的放置方式、连接方法等都会对测量过程、测量结果及仪器自身的安全产生影响。

1. 电子测量仪器的放置

在测量前应安排好各仪器的位置。要注意以下两点：

1）在摆放仪器时，尽量使仪器的指示电表或显示器与操作者的视线平行，以减少视觉误差；对那些在测量中需要频繁操作的仪器，其位置的安排应便于操作者的使用。

2）在测量中，当需要两台或多台仪器重叠放置时，应把重量轻、体积小的仪器放在上层；对于散热量较大的仪器，还要注意它自身散热及对相邻仪器的影响。

2. 电子测量仪器之间的连线

电子测量仪器之间的连线原则上要求尽量短，尽量减少或消除交叉，以免引起信号的串扰和寄生振荡。例如：图 1-1a、c 所示是正确的连线方法；图 1-1b 所示连接线太长；图 1-1d所示连接线有交叉。

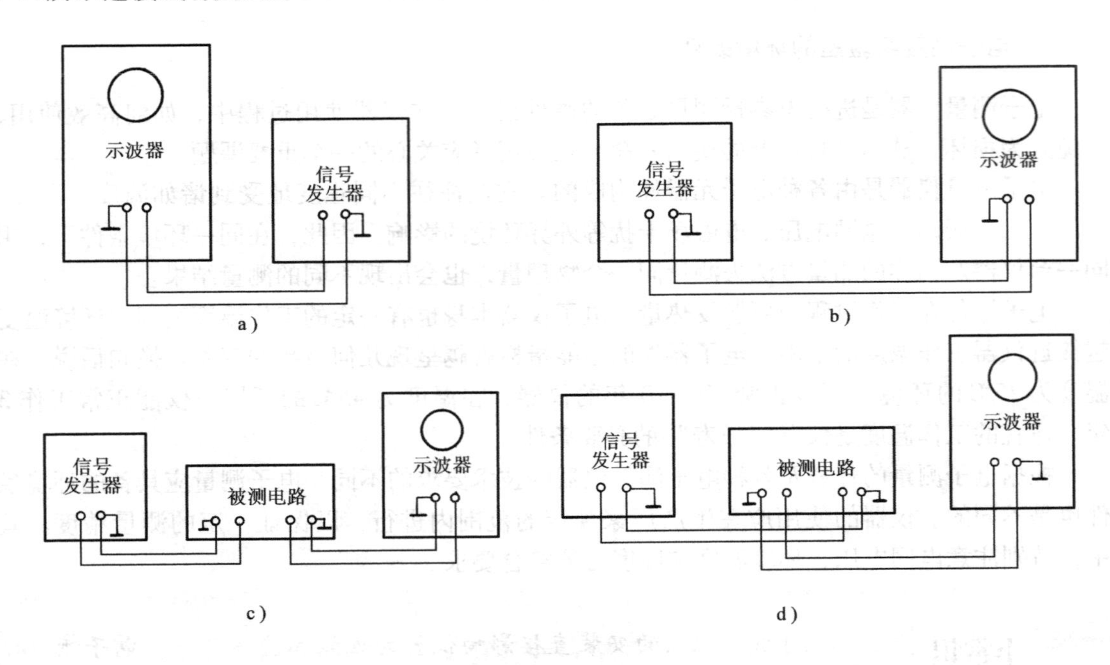

图 1-1 仪器的连线

1.4.3 电子测量仪器的接地

电子测量仪器的接地有两层含义，即以保障操作者人身安全为目的的安全接地和以保证电子测量仪器正常工作为目的的技术接地。

1. 安全接地

安全接地即将机壳和大地连接。这里所说的“地”是指真正的大地。安全接地的目的：一是防止机壳上积累电荷，产生静电放电而危及设备和人身安全；二是防止当设备的绝缘损

坏而使机壳带电时，危害操作者的安全。为了消除隐患，一般可采取以下措施。

1）在实验室的地面上铺设绝缘胶。

2）仪器的电源插头应采用“单相三极”插头，其中“一极”为保护接地端（另一端连接在仪器的外壳上）。

3）电子实验室的总地线可用大块金属板或金属棒深埋在附近的地下，并撒些食盐以减少接触电阻，再用粗导线引入实验室。通过接地线，泄漏电流就流入大地这个巨大的导体。

2. 技术接地

技术接地是一种防止外界信号串扰的方法。这里所说的“地”，并非大地，而是指等电位点，即测量仪器和被测电路的基准电位点。技术接地一般有一点接地和多点接地两种方式。前者适用于直流或低频电路的测量，即把测量仪器的技术接地点与被测电路的技术接地点连在一起，再与实验室的总地线（大地）相连；多点接地则应用于高频电路的测量。

在电子测量过程中，由于被测对象工作频率较高、阻抗较大且信号较弱，容易受外界因素影响，从而使测量误差增大，稳定性降低。为避免干扰，大多数电子测量仪器的两个输入端中一端为接地端，与仪器的外壳相连，并与连接被测对象的电缆引线外层屏蔽线连接在一起，这个端点通常用“⊥”表示。在一次测量过程中，如果同时使用多台仪器，则需要将它们的“⊥”端均接在一起，即“共地”。仪器外壳则可通过电源插头中的接地端与大地相连，这样就组成了测试系统的屏蔽网络，可避免外界电磁场的干扰，提高测量稳定性，减少测量误差。因此，在电子测量中，一定注意不要将接地端与非接地端任意调换。

1.5 计量的基本概念

计量是为了保证量值的统一、准确性和法制性，是生产发展、商品交换和国内国际交往的需要。计量学是研究测量、保证测量统一和准确的科学。计量学研究计量单位及基准，标准的建立、保存和使用，测量方法和计量器具，测量的准确度以及计量法制和管理等。计量学也包括研究物理常数，标准物质及材料特性的准确测定等。

计量是企业生产管理的重要依据，计量对提高产品质量，为实现产品标准化提供科学数据等方面都起着重要的作用。计量科学技术的水平一般也可以标志一个国家科学技术发展的水平。计量工作是国民经济的一项基础性的重要工作，需要一定的法制管理。

计量工作对电子产品的质量管理尤为重要，产品出厂前必须经过严格的计量检定，仪器仪表在使用过程中也要定期进行检验和校准，以确保测量的准确性。

计量和测量既有密切联系，又有所不同。测量是用已知的标准单位量与同类物质进行比较以获得该物质数量的过程，测量过程中，认为被测量的真实值是客观存在的，其误差是由测量仪器和测量方法等引起的。计量学把测量技术和测量理论加以完善和发展，对测量起着推动作用，计量过程中，认为使用的仪器是标准的，误差是由受检仪器引起的，它的任务是确定测量结果的可靠性。计量是测量发展的客观需要，没有测量就谈不上计量。

1.5.1 计量器具

凡是用以直接或间接测得被测对象量值的量具、计量仪器和计量装置统称为计量器具。它包括计量基准、计量标准和工作用计量器具三类。

1. 计量基准

计量基准包括国家基准、副基准和工作基准。

（1）国家基准 国家基准也称为主基准，它是用来复现和保存计量单位，具有现代科学技术所能达到的最高精确度的计量器具，经国家鉴定并批准，作为统一全国计量单位量值的最高依据的计量器具。

（2）副基准 副基准是通过直接或间接与国家基准比对来确定其量值并经国家鉴定批准的计量器具。它在全国作为复现计量单位的地位仅次于国家基准，建立副基准的目的主要是代替国家基准的日常使用，也可以用于验证基准的变化。

（3）工作基准 工作基准是经与国家基准或副基准校准或比对，并经国家鉴定，实际用以检定计量标准的计量器具。它在全国作为复现计量单位的地位仅在国家基准及副基准之下。设立工作基准的目的是避免国家基准或副基准由于使用频繁而丧失其应有的准确度或遭到损坏。

2. 计量标准

计量标准是按国家规定的准确度等级，作为检定依据用的计量器具或物质。

3. 工作用计量器具

不用于检定工作而只用于日常测量的计量器具称为工作用计量器具，工作用计量器具要定期用计量标准来检定，即由计量标准来评定它的计量性能（包括准确度、稳定度、灵敏度等）是否合格。

量具是以固定形式复现量值的计量器具。量具可用或不用其他计量器具而进行测量工作，而且一般没有指示器，在测量过程中也没有运动的测量元件。例如：砝码、标准电池、固定电容器等。

应当指出，量具本身的数值并不一定刚好等于一个计量单位。例如：标准电池复现的是1.0186V，而不是1V。

上述有关计量学方面的基本知识，对于从事电子测量技术的工作者应当了解，并应能正确使用这些专业术语。

1.5.2 单位制

计量单位的确定和统一是非常重要的，必须采用公认的而且是固定不变的单位。只有这样，测量才有意义。

计量单位是有明确定义和名称并命其数值为1的一个固定的量。例如：1米（m）、1秒（s）等。

单位制是经过国际或国家计量部门以法律形式规定的。1977年中国明确规定要逐步采用国际单位制（代号SI），1984年中国颁布的《中华人民共和国法定计量单位》就是以国际单位制为基础制定的。在国际单位制中包括了整个自然科学的各种物理量的单位。

国际单位制（SI）中规定了7个基本单位，它们分别是：米（m）、千克（kg）、秒（s）、安培（A）、开尔文（K）、坎德拉（cd）、摩尔（mol）。

SI辅助单位2个：弧度（rad）、球面度（sr）。

SI导出单位19个，它们为常用物理量的基本单位。比如，赫兹（Hz）、牛顿（N）、帕斯卡（Pa）、库仑（C）、法拉（F）、焦耳（J）、瓦特（W）、伏特（V）、欧姆（Ω）、西门

子（S）、韦伯（Wb）、特斯拉（T）、亨利（H）、摄氏度（℃）、流明（lm）、勒克斯（lx）、贝可勒尔（Bq）、戈瑞（Gy）、希沃特（Sv）。

>> 小常识

1948 年召开的第九届国际计量大会做出了决定，要求国际计量委员会创立一种简单而科学的、供所有米制公约组织成员国均能使用的实用单位制。1954 年第十届国际计量大会决定采用米（m）、千克（kg）、秒（s）、安培（A）、开尔文（K）和坎德拉（cd）作为基本单位。1960 年第十一届国际计量大会决定将以这 6 个单位为基本单位的实用计量单位制命名为“国际单位制”，并规定其符号为“SI”。以后 1974 年的第十四届国际计量大会又决定增加将物质的量的单位摩尔（mol）作为基本单位。因此，21 世纪初国际单位制共有 7 个基本单位。

1）长度的基本单位：米（m）。

米是光在真空中（1/299792458）s 时间间隔内所经路径的长度。

2）质量的基本单位：千克（kg）。

千克是质量单位，等于国际千克原器的质量。

3）时间的基本单位：秒（s）。

秒为铯－133 原子基态两个超精细能级值间跃迁所对应的辐射的 9192631770 个周期的持续时间。

4）电流的基本单位：安培（A）。

在真空中，截面积可忽略的两根相距 1m 的无限长平行圆直导线内通以等量恒定电流时，若导线间相互作用力在每米长度上为 2×10^{-7} N，则每根导线中的电流为 1A。

5）热力学温度的基本单位：开尔文（K）。

热力学温度开尔文是水三相点热力学温度的 1/273.16。

6）物质的量的基本单位：摩尔（mol）。

摩尔是一系统的物质的量，该系统中所包含的基本单元数与 0.012kg 碳－12 的原子数目相等。在使用摩尔时，基本单元应予指明，可以使原子、分子、离子、电子及其他粒子，或是这些粒子的特定组合。

7）光强度的基本单位：坎德拉（cd）。

坎德拉是一光源在给定方向上的发光强度，该光源发出频率为 540×10^{12}Hz 的单色辐射，且在此方向上的辐射强度为（1/683）W/sr。

1.6　测量误差的基本概念

一个量在被测量时，其本身所具有的真实大小，称为该量的真值。测量的目的是希望获得被测量的真值。然而，由于测量设备、测量方法、测量环境和测量人员素质等条件的限制，都会使测量结果与被测量的真值不同，这个差异称为测量误差。当测量误差过大时，则根据测量工作或测量结果所得出的结论或发现将是毫无意义的，甚至会给工作带来危害。研究测量误差的目的，就是要了解产生误差的原因及其产生规律，从而寻找减小测量误差的方法，使测量结果准确可靠。

1.6.1 测量误差的表示方法

测量误差有两种表示方法：绝对误差和相对误差。

1. 绝对误差

（1）定义 设被测量的真值为 A_0，测量所得到的被测量值为 x，则绝对误差 Δx 为

$$\Delta x = x - A_0$$

> **小提示** 这里所说的被测量值是指仪器的示值。

这里，当 $x > A_0$ 时，Δx 是正值；当 $x < A_0$ 时，Δx 是负值。所以 Δx 是具有大小、正负和量纲的数值。它的大小和符号分别表示测得值偏离真值的程度和方向。

例 1.1 一个被测电压，其真值 U_0 为 100V，用一只电压表测量，其指示值 U_x 为 101V，则绝对误差为

$$\Delta U = U_x - U_0 = 101\text{V} - 100\text{V} = +1\text{V}$$

这是正误差，表示以真值为参考基准，测量值大了 1V。

在某一时间及环境条件下，被测量的真值是客观存在的，但无法获得。因此，在实际测量中常以高一级标准仪器的示值 A 来代替真值 A_0，A 称为实际值，即

$$\Delta x = x - A$$

这是通常使用的表达式。

（2）修正值 与绝对误差的绝对值大小相等，但符号相反的量值，称为修正值，用 C 表示，即

$$C = -\Delta x = A - x$$

测量仪器在使用前都要经过高一级标准仪器的校正，校正量用修正值 C 表示，它通常以表格、曲线或公式的形式给出。

在日常测量中，使用该受检仪器测量所得到的结果应加上修正值，以求得被测量的实际值，即

$$A = x + C$$

例 1.2 用电流表测电流，其示值为 4.56mA，已知修正值为 -0.02mA，则被测电流为

$$A = x + C = 4.56\text{mA} - 0.02\text{mA} = 4.54\text{mA}$$

2. 相对误差

绝对误差虽然可以说明测得值偏离实际值的程度，但不能说明测量的准确程度。因此，除绝对误差外，误差的另一种表示是相对误差。

（1）定义 测量的绝对误差 Δx 与被测量的真值 A_0 之比（用百分数表示），称为相对误差，用 γ_0 表示，即

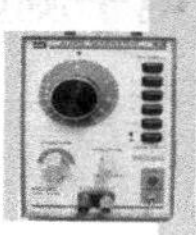

$$\gamma_0 = \frac{\Delta x}{A_0} \times 100\%$$

因为一般情况下不容易得到真值，所以，可以用绝对误差 Δx 与被测量的实际值 A 之比来表示相对误差，称为实际相对误差，用 γ_A 表示，即

$$\gamma_A = \frac{\Delta x}{A} \times 100\%$$

例 1.3 两个电压的实际值分别为 $U_{1A}=100V$，$U_{2A}=10V$；测得值分别为 $U_{1x}=99V$，$U_{2x}=9V$。求两次测量的绝对误差和相对误差。

解：

$$\Delta U_1 = U_{1x} - U_{1A} = 99V - 100V = -1V$$
$$\Delta U_2 = U_{2x} - U_{2A} = 9V - 10V = -1V$$
$$\gamma_{1A} = \frac{\Delta U_1}{U_{1A}} \times 100\% = \frac{-1}{100} \times 100\% = -1\%$$
$$\gamma_{2A} = \frac{\Delta U_2}{U_{2A}} \times 100\% = \frac{-1}{10} \times 100\% = -10\%$$

$|\Delta U_1| = |\Delta U_2|$，但 $|\gamma_{1A}| < |\gamma_{2A}|$。可见，用相对误差可以恰当地表征测量的准确程度。相对误差是一个只有大小和符号，而没有量纲的数值。

在误差较小，要求不太严格的场合，也可用测量值 x 代替实际值 A，因此而得到的相对误差称为示值相对误差，用 γ_x 表示，即

$$\gamma_x = \frac{\Delta x}{x} \times 100\%$$

式中的 Δx 由所用仪器的准确度等级定出，由于 x 中含有误差，所以 γ_x 只适用于近似测量。

（2）满度相对误差　绝对误差 Δx 与仪器满度值 x_m 的比值，称为满度相对误差（或引用相对误差），用 γ_m 表示，即

$$\gamma_m = \frac{\Delta x}{x_m} \times 100\%$$

因仪器仪表刻度线上各点示值的绝对误差并不相等，为了评价仪表的准确度，所以取最大的绝对误差 Δx_m。这里有

$$\gamma_m = \frac{\Delta x_m}{x_m} \times 100\%$$

γ_m 是仪器在工作条件下不应超过的最大相对误差，这种误差表示方法较多地用在电工仪表中。按 γ_m 值划分电工仪表的准确度等级分为0.1、0.2、0.5、1.0、1.5、2.5、5.0七级。上述等级值在仪表上通常用 s 表示。$s=1$，说明仪表的满刻度相对误差 $-1\% \leqslant \gamma_m \leqslant 1\%$。

由上述内容可知，测量的绝对误差为

$$\Delta x \leqslant x_m s\%$$

测量的相对误差为

$$\gamma_0 \leqslant \frac{x_m s\%}{A_0}$$

由式 $\Delta x \leqslant x_m s\%$ 可知，当一台仪表的等级 s 选定后，测量中绝对误差的最大值与仪表刻

度的上限 x_m 成正比，因此，所选仪表的满刻度值不应比实测量 x 大得太多。同样，在式 $\gamma_0 \leqslant \frac{x_m s\%}{A_0}$ 中，总是满足 $x \leqslant x_m$，可见当仪表等级 s 选定后，x 越接近 x_m 时，测量中相对误差的最大值越小，测量越准确。因此，在用这类仪表测量时，在一般情况下应使被测量的值尽可能在仪表满刻度的2/3以上。

(3) 分贝误差　用对数表示的相对误差称为分贝误差，在电子测量中，常用分贝（dB）来表示相对误差。

对电流、电压类参量，即

$$\gamma_{dB} = 20\lg(1+\gamma_x) \approx 8.69\gamma_x \mathrm{dB}$$

对于功率类参量，有

$$\gamma_{dB} = 10\lg(1+\gamma_x) \approx 4.3\gamma_x \mathrm{dB}$$

1.6.2 测量误差的来源与分类

1. 误差来源

由上述知识可知，一切实际测量中都存在一定的误差。误差的产生是各种综合因素作用的结果，主要来源见表1-1。

表1-1 误差来源

误差名称	来源说明
仪器误差	由于仪器本身设计上的不完善（如校准不好，刻度不准等）造成的误差
使用误差	在仪器使用过程中，由于安装、调节、放置或使用不当造成的误差
人为误差	由操作者个人习惯（如读数时偏大或偏小）引起的误差
环境误差	由各种外界环境，如温度、电磁场等的影响而产生的误差
方法误差	由于测量时所依据的理论不严密或应用不当的简化及近似公式引起的误差

2. 误差的分类

根据测量误差的性质和特点，可将它们分为系统误差、随机误差和过失误差。

(1) 系统误差　在一定条件下，对某一物理量进行重复测量时，若误差值保持恒定或按某种确定规律变化，这种误差就称为系统误差。如电表零点不准，测量方法引起的误差，温度、电源电压等变化引起的误差均属系统误差范畴。

系统误差具有一定的规律性。根据系统误差产生的原因，采取一定的技术措施，可以消除或减弱它。

>> 小提示　如用电压表测电压值，发现所有测量值均比实际值偏大0.2V，最可能的原因是未调零，即系统误差，解决办法是通过计算进行修正，减去0.2V。自动测试系统往往通过软件程序进行自动修正。

(2) 随机误差　在一定条件下，对某一物理量进行重复测量时，若误差发生不规则的变化，则这种误差就称为随机误差或偶尔误差。例如：外界干扰或操作者感觉器官无规则的微小变化等引起的误差。

在多次测量中，随机误差具有有界性、对称性、抵偿性，所以，可以通过多次测量取平

均值的办法来减小随机误差。

（3）过失误差　在一定条件下，测量值显著偏离其实际值的误差，称过失误差或粗大误差。这种误差主要是操作者粗心大意造成操作失误或读错数据等引起的。

过失误差明显歪曲了测量结果，因此，对应的测量结果（称坏值）就应剔除不用。

1.7　误差的合成

前述是直接测量的误差计算方法，在很多场合，由于进行直接测量很困难或直接测量难以保证准确度，而需要采用间接测量。

通过直接测量与被测量有一定函数关系的其他参数，再根据函数关系算出被测量。在这种测量中，测量误差是各个测量值误差的函数。

已知被测量与各参数之间的函数关系及各测量值的误差，求函数的总误差，这就是误差的合成。例如，功率、增益等电参数的测量，一般是通过电压、电流、电阻等直接测量值计算出来的，如何用各分项误差求出总误差是经常遇到的问题。所以，了解常用的误差合成方法是有必要的。

下面是常用函数的合成误差公式，这里略去了推算过程。

1.7.1　和、差函数的合成误差

设 $y = A \pm B$，A 与 B 的绝对误差分别为 ΔA 与 ΔB，则

y 的绝对误差为

$$\Delta y = \pm(|\Delta A| \pm |\Delta B|)$$

和函数的相对误差为

$$\gamma_{\mathrm{y}} = \pm\left(\frac{A}{A+B}|\gamma_{\mathrm{A}}| + \frac{B}{A+B}|\gamma_{\mathrm{B}}|\right)$$

差函数的相对误差为

$$\gamma_{\mathrm{y}} = \pm\left(\frac{A}{A-B}|\gamma_{\mathrm{A}}| + \frac{B}{A-B}|\gamma_{\mathrm{B}}|\right)$$

例 1.4　有两个电阻(R_1 和 R_2)串联，$R_1 = 5\mathrm{k\Omega}$，$R_2 = 10\mathrm{k\Omega}$，其相对误差均等于 ±5%，求串联后的总误差。

解：串联后的总电阻 $R = R_1 + R_2$

所以

$$\gamma_{\mathrm{R}} = \pm\left(\frac{R_1}{R_1+R_2}|\gamma_{\mathrm{R_1}}| + \frac{R_2}{R_1+R_2}|\gamma_{\mathrm{R_2}}|\right)$$

当 $\gamma_{\mathrm{R_1}} = \gamma_{\mathrm{R_2}}$ 时

$$\gamma_{\mathrm{R}} = \pm\frac{R_1+R_2}{R_1+R_2}|\gamma_{\mathrm{R_1}}| = \gamma_{\mathrm{R_1}} = \gamma_{\mathrm{R_2}}$$

实际计算结果

$$\gamma_{\mathrm{R}} = \pm\left(\frac{5}{5+10}\times 5\% + \frac{10}{5+10}\times 5\%\right) = \pm 5\%$$

可见，相对误差相同的电阻串联后总的相对误差与单个电阻的相对误差相同。

通过本例提示我们，误差合成时不要想当然给出结果。例 1.4 中的和函数的相对误差并不等于两个变量的相对误差之和。

1.7.2 积函数的合成误差

设 $y = A \cdot B$，A 与 B 的绝对误差分别为 ΔA 与 ΔB，则

y 的绝对误差为

$$\Delta y = B\Delta A + A\Delta B$$

y 的相对误差为

$$\gamma_y = \gamma_A + \gamma_B$$

此式说明，用两个直接测量值的积来求第三个量值时，其总的相对误差等于各分项误差相加。当 γ_A 和 γ_B 分别都有 ± 号时，有

$$\gamma_y = \pm(|\gamma_A| + |\gamma_B|)$$

例 1.5 已知电阻上的电压、电流的相对误差分别为 $\gamma_U = \pm 3\%$，$\gamma_I = \pm 2\%$，问：电阻消耗功率 P 的相对误差是多少？

解： 因为电阻消耗功率为 $P = UI$

所以，电阻消耗功率的相对误差为

$$\gamma_P = \pm(|\gamma_U| + |\gamma_I|) = \pm(3\% + 2\%) = \pm 5\%$$

1.7.3 商函数的合成误差

设 $y = \dfrac{A}{B}$，A 与 B 的绝对误差分别为 ΔA 与 ΔB，则

y 的绝对误差为

$$\Delta y = \frac{1}{B}\Delta A + \left(-\frac{A}{B^2}\right)\Delta B$$

y 的相对误差为

$$\gamma_y = \gamma_A - \gamma_B$$

此式说明，用两个直接测量值的商来求第三个量值时，其总的相对误差等于两个分项误差相减。但是，当分项相对误差的符号不能确定时，取其最大误差

$$\gamma_y = \pm(|\gamma_A| + |\gamma_B|)$$

例 1.6 已知电阻及其两端的压降相对误差分别为 ±3%、±5%，求流过该电阻电流的相对误差。

解： 因为流过电阻的电流为

$$I = \frac{U}{R}$$

所以，电流的相对误差为

$$\gamma_I = \pm(3\% + 5\%) = \pm 8\%$$

1.7.4 和、差、积、商函数的合成误差

设 $y = \dfrac{AB}{A+B}$，A 与 B 的绝对误差分别为 ΔA 与 ΔB，则

y 的绝对误差为

$$\Delta y = \left(\frac{B}{A+B}\right)^2 \Delta A + \left(\frac{A}{A+B}\right)^2 \Delta B$$

y 的相对误差为

$$\gamma_y = \frac{B}{A+B}\gamma_A + \frac{A}{A+B}\gamma_B$$

用这组公式可以求得并联电阻、串联电容等总电阻、总电容的误差。

1.8 测量结果的处理

测量结果的处理是电子测量的重要组成部分，其处理方式通常有数据处理和图解分析两种形式。

1.8.1 数据处理

数据处理首先要认真如实地记录测量结果，对那些与理论值或估计值相差甚远的数据，在未查明原因前，不要轻意舍去或改动，因为这些数据可能反映了测量仪器存在的故障或是某种科学新发现的信号。在此基础上，就可以对测量的数据进行去粗取精的整理和分析，做出合理的结论。

1. 有效数字

所谓有效数字是指从左边第一个非零数字开始，直至右边最后一个数字为止的所有的数字。如：某电压值为0.0350V，其中3、5、0三个数字就是有效数字，左边的两个“0”是非有效数字，而数字右边（或中间）的“0”是有效数字；最末位的有效数字“0”是估测的，因此称为欠准数字，它左边的有效数字均为准确数字。需要特别注意的是，像这样的数字不能任意把它改写成0.035或0.03500，因为这意味着准确程度的变化。

此外，对于219 000Hz这样的数字，若实际上在百位数上就包含了误差，即只有四位有效数字，这时，百位数字上的零是有效数字不能去掉，但十位和个位数上的零虽然不再是有效数字，可是它们要用来表示数字的位数，也不能任意去掉。这时，为了区别右面三个零的不同，通常采用有效数字乘上10的幂的形式表示。如上述219 000Hz，若写成有四位有效数字，则应写为2.190×10^5Hz。

2. 数字的舍入规则

如果给出的数字位数超过保留位数的有效数字，应予删略。删略多余的有效数字应按“四舍五入”的原则进行，即遇到大于5的数，则前一位加1，遇到小于5的数，舍去；若遇到等于5的数，则有两种处理方法：若5前面的数字为偶数或零则舍掉；若5前面的数字为奇数则前一位加1。

例1.7 将下列数字保留三位有效数字。

24.54，56.251，48.065，47.15，18 450，45 150

解：将原数字列于箭头左面，要求的结果列于右面：

24.54 ⟶ 24.5　　　　56.251 ⟶ 56.2

48.065 ⟶ 48.1　　　　47.15 ⟶ 47.2

18 450 ⟶ 1.84×10^4　　　　4 515 ⟶ 4.52×10^3

1.8.2 图解分析法

图解分析法就是根据测量数据做出一条或一组反映参数变化的曲线，对结果进行定量分析的方法。它具有形象、直观的特点，如放大器的幅频特性曲线。在进行图解分析时，应注意以下几点：

1）除特殊情况外，一般应选用直角坐标系。

2）坐标的比例可根据需要合理选择，且纵横坐标的比例不一定相同。

3）由于测量误差的存在，各数据点不会刚好同时处在同一条平滑的曲线上，因此，在连接各数据点作曲线时，要进行曲线修匀工作。为了能使修匀的曲线不失真，要进行多组数据的测量。

本章小结

本章介绍了电子测量和电子测量仪器的基本知识。

1. 电子测量的意义、内容、特点和分类。

2. 电子测量要注意实验室内的测量环境；要了解电子测量仪器基本概念、电子测量仪器的主要技术指标；要注意电子测量仪器的正确放置和连接；电子测量仪器的接地方式有：安全接地、技术接地。

3. 计量学是研究测量、保证测量统一和准确的科学；计量器具是指用以直接或间接测出被测量量值的量具、计量仪器和计量装置，包括计量基准和计量标准；计量单位是经过国际或国家计量部门以法律形式规定的国际单位制。

4. 测量结果是有误差的。测量误差的表示方法有绝对误差和相对误差。

绝对误差有大小、符号和量纲；修正值是和绝对误差大小相等，而符号相反的量值。

相对误差确切反映了测量的准确程度，它只有大小及符号，没有量纲。通常用最大引用相对误差确定电工测量仪表的准确度等级。根据最大引用相对误差理论得出：在用电工仪表测量时，在一般情况下应使被测量的值尽可能在仪表满刻度的2/3以上。

分贝误差是用对数表示的相对误差。

5. 常用函数合成误差，和、差、积和商函数的误差是电子测量中常用的合成形式。

6. 误差的主要来源是：仪器误差、使用误差、人为误差、环境误差和方法误差。

根据误差的性质，将测量误差分为系统误差、随机误差和过失误差。

7. 测量结果的表示通常用有效数字法和图解分析法，不可随意改变测量结果的有效数字位数。数字的舍入规则遵循“四舍五入”法则。

习　题

1. 什么叫电子测量？电子测量具有哪些特点？

2. 在测量电流时，若测量值为100mA，实际值为97.8mA，则绝对误差和修正值分别为多少？若测量值为99mA，修正值为4mA，则实际值和绝对误差又分别为多少？

3. 若测量10V左右的电压，有两块电压表可用。其中一块量程为150V、0.5级；另一块是15V、2.5级。问选用哪一块电压表测量更准确？

4. 用0.2级100mA的电流表与2.5级100mA的电流表串联测量电流。前者示值为80mA，后者示值为77.8mA。

（1）如果把前者作为标准表校验后者，问被校表的绝对误差是多少？应当引入修正值是多少？测得值的实际相对误差为多少？

（2）如果认为上述结果是最大误差，则被校表的准确度等级应定为几级？

5. 什么是计量？计量具有什么意义？国际单位制中包含有哪些基本单位？

6. 实验中，仪器放置应遵从什么原则？

7. 根据误差理论，在使用电工仪表时如何选用量程？为什么？

8. 已测定两个电阻：$R_1 = (10.0 \pm 0.1)\Omega$，$R_2 = 150(1 \pm 0.1\%)\Omega$，试求两电阻串联及并联时的总电阻和相对误差。

9. 图1-1b、d所示仪器的连线有误，请绘出正确的连线图。

10. 将下列数据进行舍入处理，要求保留三位有效数字。

7 248　　81.64　　20.75　　3.165

11. 写出下列数据中的有效数字，并指出准确数字和欠准数字。

1 356　　1 900 008　　0.120 009　　0.00 098　　000 819

第2章　信号发生器

引　言

本章主要介绍常用信号发生器的组成原理与使用方法。通过学习，要求熟悉各种信号发生器的技术性能指标，重点掌握低、高频信号发生器的组成原理及使用方法，并了解函数信号发生器的基本原理。

学习目标

应知：信号发生器的含义
信号发生器的分类
信号发生器的一般组成
信号发生器的主要技术指标
低频信号发生器的构成及主要性能
高频信号发生器的构成及主要性能
锁相环的构成及应用
函数信号发生器的构成及主要性能

应会：低频信号发生器的使用
高频信号发生器的使用
函数信号发生器的使用

2.1　概述

信号发生器是指测量用信号发生器，它可以提供电子测量的各种不同频率电信号（正弦信号、方波、三角波等），其幅值也可按需要进行调节，是最基本和应用最广泛的电子测量仪器之一。

2.1.1　信号发生器的分类

信号发生器种类繁多、用途广泛，可分为通用信号发生器和专用信号发生器两大类。专用信号发生器是为某种特殊用途而设计、生产的，能提供特殊的测量信号，如电视信号发生器、调频信号发生器等。通用信号发生器具有广泛而灵活的应用性，可大致分类如下。

1. 按输出波形分类

按输出波形，信号发生器可分为正弦信号发生器、函数信号发生器、脉冲信号发生器等。其中，正弦信号发生器在线性系统的测试中应用最广。因为正弦波形不受线性系统的影

响，即作为正弦输入信号，经线性系统运行之后，其输出仍为同频正弦信号，不会产生畸变，只是幅值和相位略有差别。函数信号发生器也比较常用，因为它不仅可以产生多种波形，而且信号频率范围较宽。脉冲信号发生器主要用来测量脉冲数字电路的工作性能和模拟电路的瞬态响应。

2. 按工作频率分类

根据工作频率的不同，信号发生器可分为超低频、低频、视频、高频、甚高频、超高频几大类。其工作频率范围见表 2-1。

表 2-1　信号发生器工作频率范围

类　型	频率范围	类　型	频率范围
超低频信号发生器	0.000 1Hz～1kHz	高频信号发生器	200kHz～30MHz
低频信号发生器	1Hz～1MHz	甚高频信号发生器	30～300MHz
视频信号发生器	20Hz～10MHz	超高频信号发生器	300MHz 以上

>> 小提示

频率范围的划分并不是绝对的，各类信号发生器频率范围也存在重叠的情况，这与它们的不同应用范围有关。例如：有的低频信号发生器频率上限高于 1MHz；有时也将 300kHz ～ 6MHz 划分为视频信号发生器的频率范围等。

>> 小常识：频段的划分

随着电子技术的发展，使用的频率范围日益扩展。国际上规定 30kHz 以下为甚低频、超低频段，30kHz 以上每 10 倍频程依次划分为低频、中、高、甚高、特高、超高等频段。在一般电子技术中，把 20Hz～20kHz 范围，称为音频，20Hz～10MHz 称为视频，300kHz～30GHz 称为射频。

在电子测量技术中，以 30kHz 为界，以下称为低频测量，以上称为高频测量；也有另一种说法是以 100kHz（或 1MHz）为界，以下称低频测量，以上称高频测量。通常，正弦波信号发生器是依后一种分法划分。

电磁波中各波段的基本划分如图 2-1 所示。

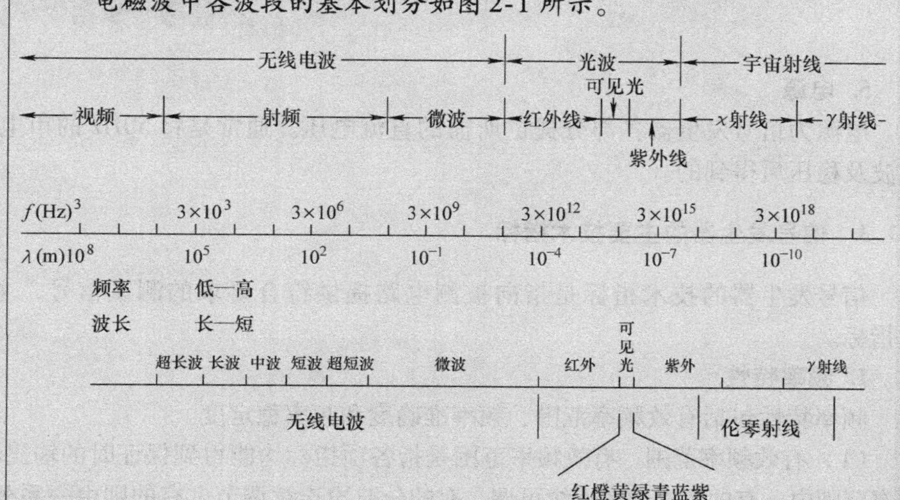

图 2-1　电磁波波段划分图

2.1.2 信号发生器的一般组成

图2-2所示为信号发生器的一般框图。不同类型信号发生器的组成有所不同，但其基本结构是相似的，主要由主振器、变换器、输出电路、电源、指示器等五部分构成。

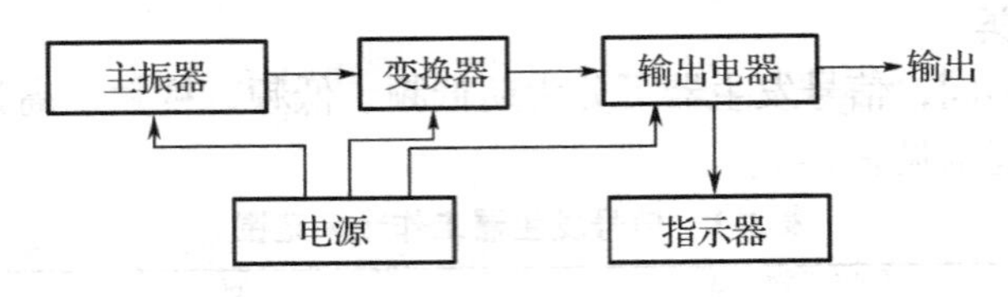

图2-2 信号发生器的一般构成框图

1. 主振器

主振器是信号发生器的核心，它产生不同频率、不同波形的信号。信号发生器的一些重要工作特性（如工作频率、频率的稳定度等）基本上由主振器的状态来决定。

2. 变换器

变换器用于完成对主振器信号的放大、整形及调制等工作。一般来说，振荡器的输出信号都比较微弱，需要进行放大整形。对高频信号发生器而言，它还具有对正弦信号进行调制的作用。

3. 输出电路

输出电路的基本作用是调节输出信号的电平和变换输出阻抗，以提高带负载能力。一般为衰减器、跟随器及匹配变压器等。

4. 指示器

指示器用以检测输出信号的电平、频率及调制度，它可能是电压表、功率计、频率计或调制度仪等。

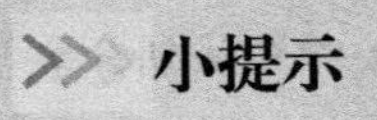

指示器本身的准确度一般不高，其指示值仅供使用时参考。

5. 电源

电源为信号发生器各部分提供所需的直流电压。通常是将50Hz的市电经变压、整流、滤波及稳压后得到的。

2.1.3 信号发生器的主要技术指标

信号发生器的技术指标是指向被测电路提供符合要求的测试信号，主要包括以下三项指标。

1. 频率特性

频率特性包括有效频率范围、频率准确度和频率稳定度。

(1) 有效频率范围　有效频率范围是指各项指标均能得到保证时的输出频率范围。在该频率范围内，有的要求频率连续可调，有的分波段连续调节，有的则由一系列离散频率覆盖。例如：XFE—6型高频信号发生器，其频率范围为4～300MHz，分为8个连续可调波段。

（2）频率准确度　频率准确度是指频率实际值 f_x 与其标称值 f_0 的相对偏差，其表达式为

$$\alpha = \frac{f_x - f_0}{f_0} = \frac{\Delta f}{f_0}$$

（3）频率稳定度　频率稳定度是指在一定时间内频率准确度的变化，它表征信号发生器维持工作于某一恒定频率的能力，即频率准确度是由振荡器的频率稳定度来保证的。频率稳定度可分为短期稳定度和长期稳定度。

1）频率短期稳定度：信号发生器经规定时间内（15min）预热后，输出频率产生的最大变化，表示为

$$\delta = \frac{f_{\max} - f_{\min}}{f_0}$$

式中　$f_{\max}$、$f_{\min}$——分别为频率在任何一个规定时间间隔内的最大值和最小值。

一般来说，振荡器的频率稳定度应比所要求的频率准确度高 1 ~2 个数量级。

2）频率长期稳定度：信号发生器在长时间内（如 3h，24h 等）频率的变化。

2. 输出特性

（1）输出形式　信号发生器的输出形式包括如图 2-3 所示的平衡输出（即对称输出 u_2）和不平衡输出（即不对称输出 u_1）两种形式。

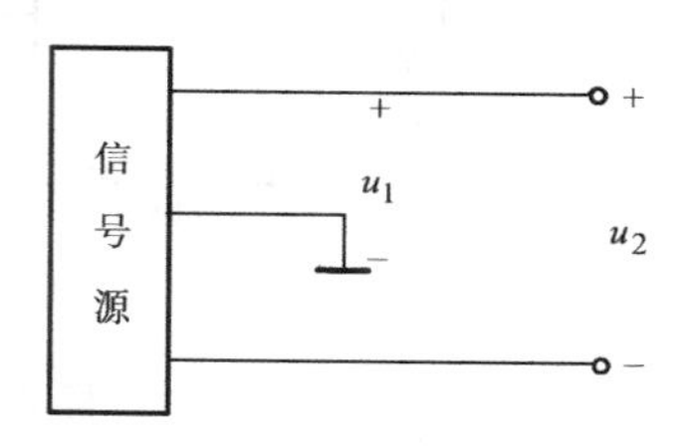

图 2-3　信号发生器的输出形式

输出阻抗因信号发生器的类型不同而不同。低频信号发生器的电压输出端阻抗一般为 600Ω（或 1kΩ），功率输出端一般有匹配变压器，故有 50Ω、150Ω、600Ω、5kΩ 等不同的输出阻抗。高频率信号发生器一般只有 50Ω 或 75Ω 两种不平衡输出阻抗。

>> **小提示**　在使用高频信号发生器时，应使输出阻抗与负载相匹配。

（2）输出波形及其非线性失真　输出波形是指信号发生器所能产生信号的波形（函数信号发生器除可以输出正弦波外，还可以输出三角波、方波、锯齿波等）。正弦信号发生器应输出单一频率的正弦信号，但由于非线性失真、噪声等原因，其输出信号中都含有谐波等其他成分，即信号的频谱不纯。用来表征信号频谱纯度的技术指标就是非线性失真度 γ，一般 γ 应小于 1%。

3. 调制特性

对高频信号发生器来说，一般还能输出调幅波和调频波，有的还带有调相和脉冲调制等功能。当调制信号由信号发生器内部产生时，称为内调制。当调制信号由外部电路或低频信号发生器提供时，称为外调制。高频信号发生器的调制特性包括调制方式、调制频率、调制系数以及调制线性等。例如，QF1481 型合成信号发生器同时具有调幅、调频、调相和脉冲调制特性。

2.2 低频信号发生器

低频信号发生器的输出频率范围通常为20Hz～20kHz，又称为音频信号发生器。但是，现在低频信号发生器的频率范围已延伸到1Hz～1MHz频段，且可以产生低频正弦信号、方波信号及其他的波形信号。它是一种多功能、宽量程的电子仪器，广泛用于测试低频电路、传输网络、广播和音响等电声设备，还可为高频信号发生器提供外部调制信号。

2.2.1 低频信号发生器的组成与原理

如图2-4所示为低频信号发生器组成框图。它主要包括主振器、电压放大器、输出衰减器、功率放大器、阻抗变换器和指示电压表等。

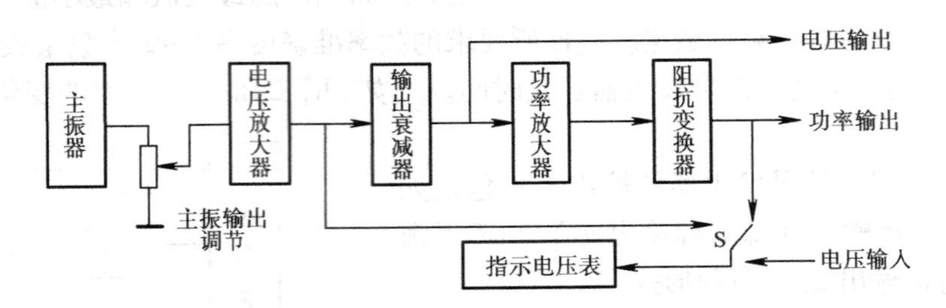

图2-4 低频信号发生器的组成框图

1. 主振器

主振器是低频信号发生器的核心，产生频率可调的正弦信号，一般由RC振荡器或差频式振荡器这两种电路组成。主振器决定了输出信号的频率范围和稳定度。

（1）RC双臂电桥式振荡器 在低频信号发生器中，RC双臂电桥式振荡器由于具有输出波形失真小、振幅稳定、频率调节方便和频率可调范围宽等特点，所以被普遍应用于低频信号发生器的主振器中。图2-5所示为RC双臂电桥式振荡器的电路原理图，其中RC串并联网络构成选频网络，调整R、C值可改变主振器的频率；R_1、R_2构成负反馈桥臂，可实现自动稳幅。整个电路频率的调节是通过改变桥路电阻R值和电容C值进行的，即用波段开关改变R进行频率粗调；在同一段中利用改变电容C的值来实现频率的连续调节（频率细调）。由此可见，主振器能产生与低频信号发生器频率一致的低频正弦输出信号。

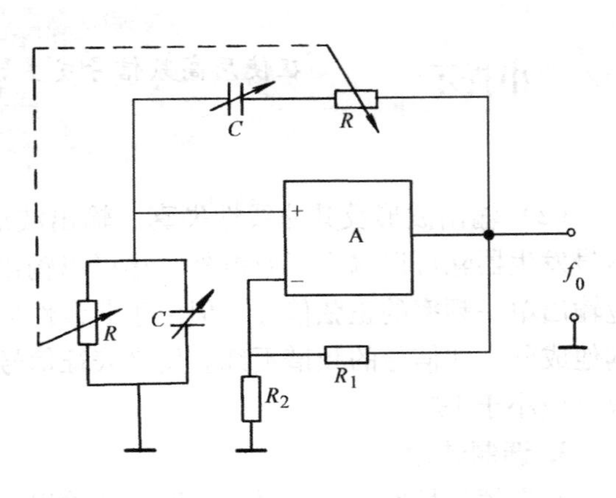

图2-5 RC双臂电桥式振荡器的电路原理图

只有当振荡器输出频率$f=f_0=\dfrac{1}{2\pi RC}$时，RC选频网络才呈纯阻性，反馈系数$F=1/3$达到最大。此时，*RC* 双臂电桥式振荡器满足正反馈条件，从而产生一个频率为 f_0 的稳幅正弦波形。

（2）差频式振荡器　双臂电桥式振荡器每个波段的频率覆盖系数，即最高频率与最低频率之比为 10。因此，要覆盖 1Hz～1MHz 的频率范围，至少需要 5 个波段。为了在不分波段的情况下得到很宽的频率覆盖范围，可以采用差频式低频振荡器，图 2-6 所示为其组成框图。

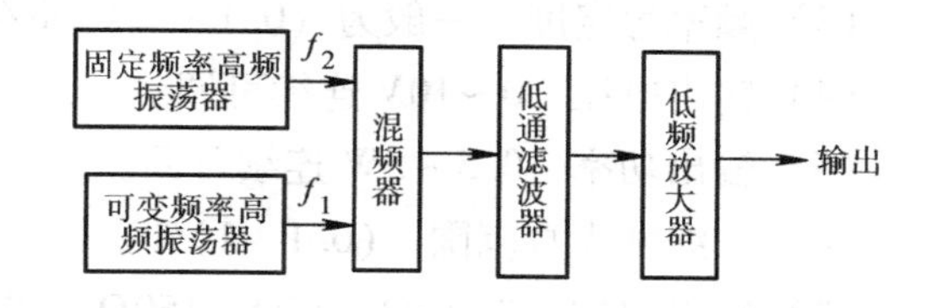

图 2-6　差频式低频振荡器

例如：假设 f_2 = 3.4MHz，f_1 可调范围为 3.399 7～5.1MHz，则振荡器输出差频信号频率范围为 300Hz(3.4～3.399 7MHz)～1.7MHz(5.1～3.4MHz)。

可见，差频式振荡器产生的低频正弦信号频率覆盖范围很宽，且无需转换波段就可在整个高频频段内实现连续可调。但其缺点是电路复杂，频率稳定度差。

2. 放大器

低频信号发生器的放大器一般包括电压放大器和功率放大器，以实现输出一定电压幅度和功率的要求。电压放大器把振荡器产生的微弱信号进行放大，并将功率放大器、输出衰减器以及负载与振荡器隔离，以防止对振荡信号的频率产生影响。所以，又把电压放大器称为缓冲放大器。

3. 输出衰减器

输出衰减器用于改变信号发生器的输出电压或功率，由连续调节器和步进调节器组成。常用的输出衰减器原理图如图 2-7 所示，图中电位器 RP 为连续调节器（细调），电阻 R_1～R_8 与开关 S 构成步进衰减器，开关 S 为步进调节器（粗调）。调节 RP 或变换开关 S 的挡位，均可使衰减器输出不同的电压。步进衰减器一般以分贝（dB）值，即 20lg（U_o/ U_i）标注刻度。

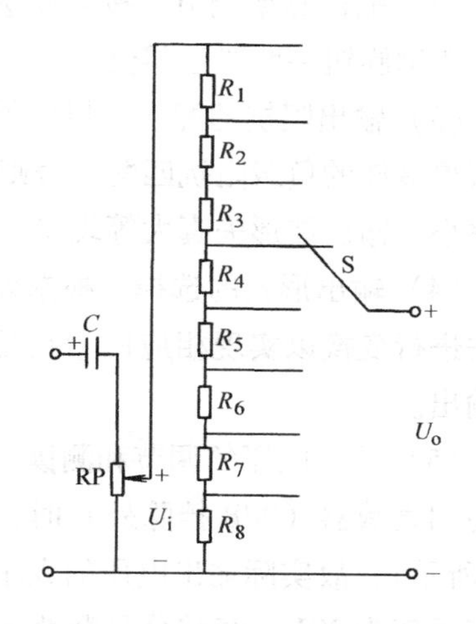

图 2-7　衰减器原理图

4. 输出级

输出级包括功率放大器、阻抗变换器和指示电压表几部分。功率放大器对衰减器输出的电压信号进行功率放大，使信号发生器达到额定功率输出。功率放大器与阻抗变换器相接，这样可以得到失真较小的波形和最大的功率输出，并能实现与不同负载的匹配。阻抗变换器只有在功率输出时才使用，电压输出时只需衰减器即可。指示电压表用于监测输出电压或对外部输入电压进行测量。

2.2.2　低频信号发生器的主要性能指标

通用低频信号发生器的主要技术指标如下：

（1）频率范围　一般为 1Hz～20kHz（已延伸到 1MHz），且均匀连续可调。

（2）频率准确度　±(1～3)%。

（3）频率稳定度　一般为（0.1～0.4）%/h。

（4）输出电压　0～10V 连续可调。

（5）输出功率　0.5～5W 连续可调。

（6）非线性失真范围　（0.1～1）%。

（7）输出阻抗　有50Ω、75Ω、150Ω、600Ω、5kΩ 等几种。

（8）输出形式　平衡输出与不平衡输出。

2.2.3 低频信号发生器的使用方法

尽管低频信号发生器的型号很多，但它们的使用方法基本上是类似的。

1. 熟悉面板

仪器面板结构通常按功能分区，一般包括：波形选择开关、输出频率调节（包括波段、粗调、微调）旋钮、幅度调节旋钮（包括粗调、细调）、阻抗变换开关、指示电压表及量程选择、输出接线柱等。

2. 掌握正确的操作步骤

（1）准备工作　将幅度调节旋钮调至最小位置（逆时针旋到底），开机预热几分钟，待仪器稳定后方可投入使用。

（2）输出频率调节　按需要选择合适的波段，将频率度盘粗调于相应的频率点上，而频率微调旋钮一般置于零位。

（3）输出阻抗的配接　根据外接负载阻抗的大小，调节阻抗变换开关至相应的档级以便获得最佳的负载阻抗匹配。否则，当仪器输出阻抗与负载阻抗失配过大时，将会引起输出功率小、输出波形失真大等现象。

（4）输出形式的选择　根据外接负载电路的不同输入方式，用短路片对输出接线柱的接法进行变换以实现相应的平衡输出或不平衡输出。当输出衰减至8Ω 档时，只能作不平衡输出。

（5）输出电压的调节和测读　通过调节幅度调节旋钮可以得到相应大小的输出电压。在使用衰减器（0dB 档除外）时，由于指示电压表的示值是未经衰减器之前的电压（如图2-4所示），故实际输出电压的大小为：示值÷电压衰减倍数。例如：信号发生器的指示电压表示值为20V，衰减分贝数为60dB，输出电压应为0.02V（$20\ \text{V} \div 10^{60/20} = 0.02\text{V}$）。表2-2列出了衰减分贝数与电压衰减倍数的对应关系。

表2-2　衰减分贝数（dB）与电压衰减倍数的对应关系

衰减分贝数/dB	10	20	30	40	50	60	70	80	90
电压衰减倍数	3.16	10	31.6	100	316	1000	3160	10000	31600

3. 使用注意事项

1）使用中，输出端两根接线应采用屏蔽线，且不可以任意放置，以防止短接而造成仪器的损坏和外界环境的干扰。

2）电压输出时，若负载电阻小于600Ω，输出波形失真增大。在功率输出50Ω、75Ω、

150Ω、600Ω、5kΩ 档时，若负载阻抗失配过大，会引起输出功率减小和波形失真增大。

3）调节电压幅度时，若需减小输出衰减档级，应先将输出细调旋钮逆时针旋至0位，然后逐渐调至高档位。待输出衰减档级置好后，再逐渐增大输出细调，直至所需值。

4）各输出衰减档的实际输出电压等于电压表的指示值乘以该档的电压衰减倍数。

5）使用结束，应将输出衰减置于最大档（90dB），输出细调置于0位，为下次使用作好准备。

2.2.4 低频信号发生器在测量放大倍数时的应用

放大倍数是放大器的重要性能指标之一，包括电压放大倍数、电流放大倍数、功率放大倍数等。在低频电子电路中，放大倍数的测量实质是对电压和电流的测量。测试电路如图2-8所示。

低频信号发生器输出中频段的某一频率（如音频放大器可选1kHz左右）信号，加到被测电路的输入端。输入幅度由毫伏表监测，不要过大，否则输出会失真。同时用毫伏表和示波器测试输出，使输出信号在基本不失真、无振荡和严重干扰的情况下进行定量测试。电压放大倍数为

$$A_U = U_o/U_i$$

式中 U_o——被测放大器输出电压有效值；

U_i——被测放大器输入电压有效值。

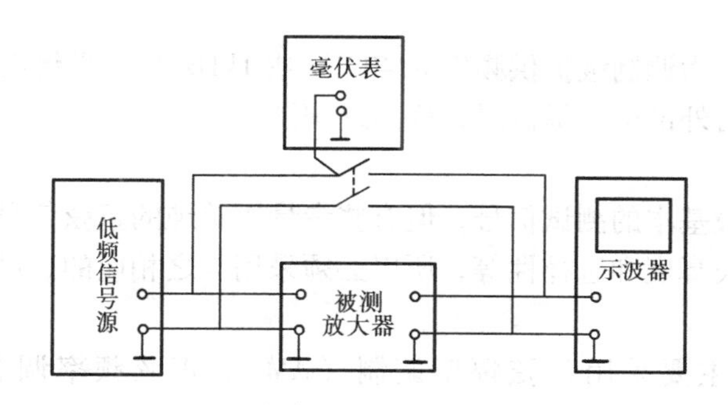

图2-8 放大器放大倍数测量连线图

2.3 高频信号发生器

高频信号发生器也称射频信号发生器，通常产生200kHz～30MHz的正弦波或调幅波信号，在高频电子电路工作特性（如各类高频接收机的灵敏度、选择性等）的调整测试中应用较广。目前，高频信号发生器的频率已延伸到30～300MHz的甚高频信号范围，通常还具有一种或一种以上调制或组合调制功能，包括正弦调幅、正弦调频及脉冲调制，特别是具有μV级的小信号输出，以满足接收机测试的需要。

2.3.1 高频信号发生器的组成与原理

高频信号发生器组成的基本框图如图2-9所示，主要包括主振器、缓冲级、调制级、输

出级、衰减器、内调制振荡器、监测器和电源等部分。

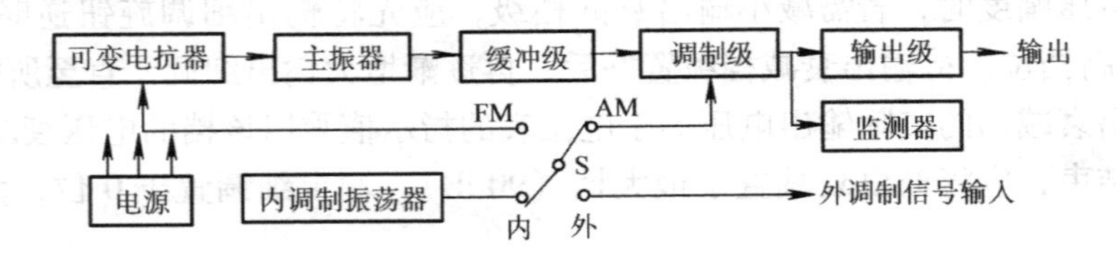

图 2-9 高频信号发生器组成框图

主振器是信号发生器的核心。一般采用可调频率范围宽、频率准确度高和稳定度好的 *LC* 振荡器，它用于产生高频振荡信号。该信号经缓冲后送到调制级进行幅度调制和放大，然后再送至输出级输出，进而保证有一定的输出电平调节范围。监测器监测输出的载波电平和调制系数，电源电路用于提供各部分所需的直流电压。

其中主要部分单元电路功能如下：

1. 可变电抗器

可变电抗器与主振级的谐振回路相耦合，在调制信号作用下，控制谐振回路电抗的变化而实现调频功能。为了使高频信号发生器有较宽的工作频率范围和主振器工作在较窄的频率范围，以提高输出频率的稳定度和准确度，必要时可在主振级之后加入倍频器、分频器和混频器等。

2. 内调制振荡器

内调制振荡器用于为调制级提供频率为 400Hz 或 1kHz 的内调制正弦信号，该方式称为内调制。当调制信号由外部电路提供时，称为外调制。

3. 调制级

尽管正弦信号是最基本的测试信号，但有些参量用单纯的正弦信号是不能测试的，如各种接收机的灵敏度、失真度和选择性等，所以必须采用与之相应的、已调制的正弦信号作为测试信号。

高频信号发生器主要采用正弦幅度调制（AM）、正弦频率调制（FM）、脉冲调制（PM）、视频幅度调制（VM）等几种调制方式。其中，内调制振荡器供给调制级调幅时所需的音频正弦信号；调频技术因具有较强的抗干扰能力而得到了广泛的应用。但调频后信号占据的频带较宽，故此调频技术主要应用在甚高频以上的频段（一般频率在 30MHz 以上的信号发生器才具有调频功能）。

4. 输出级

输出级包括功率放大、输出衰减和阻抗匹配等几部分电路。其中功率放大和输出衰减电路在低频信号发生器中已经讲过，不再赘述。由于高频信号发生器必须工作在阻抗匹配的条件下（其输出阻抗一般为 50Ω 或 75Ω），否则将影响衰减系数、前一级电路的正常工作，降低输出功率或在输出电缆中出现驻波等。因此，必须在高频信号发生器输出端与负载之间加入阻抗变换器以实现阻抗的匹配。

2.3.2 高频信号发生器的主要性能指标

以 XFG—7 型高频信号发生器为例说明高频信号发生器的主要性能指标。

（1）频率范围　100kHz～30MHz，分11个波段；频率刻度误差±1%。

（2）输出电压与输出阻抗　在“0～0.1V”插孔，分10μV，100μV，1mV，10mV，100mV五档，每档可以微调，输出阻抗为40Ω。

在“0～1V”插孔，输出0～1V，且连续可变，输出阻抗约为400Ω。

在有分压电阻时的电缆（电缆分压器）终端，“0.1”插口输出电压为0.1μV～10mV，输出阻抗为8Ω。“1”插口输出电压为0～0.1V，输出阻抗为40Ω。

（3）调幅频率　内调幅分400Hz和1kHz两种频率，误差均为±5%；外调幅50～8000kHz连续可调，外部调制信号可由XD—2低频信号发生器供给。

2.3.3　高频信号发生器在调收音机中频时的应用

高频信号放大器是一种载波频率、调幅度范围（0～100%）连续可调的标准高频信号发生器。可用于调整修理各种接收机，还可用于测试调制器、滤波器和高频放大器等。

超外差式收音机中频变压器的调整又称校中周，即调整中周磁心或磁帽使中频选频电路的谐振频率为465kHz，从而保证中频信号得到充分的放大（这里的465kHz实质上为高频信号范畴，但对收音机习惯上称之为中频信号）。中频调整的好坏对收音机的灵敏度等指标有决定性的影响。调试电路如图2-10所示，调整的步骤如下。

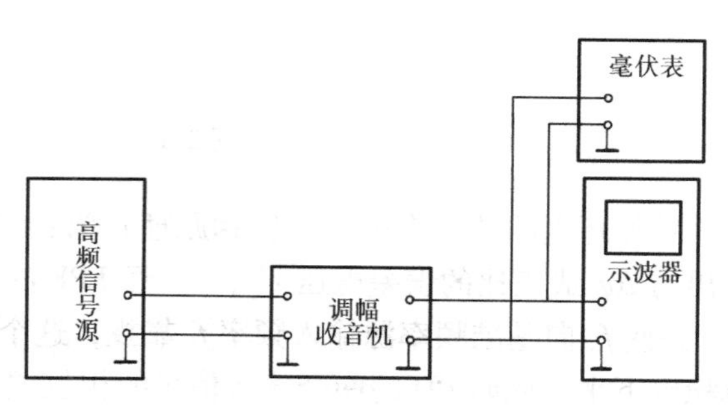

图2-10　用高频信号发生器调收音机中周

1）将高频信号发生器按要求调在载频为465kHz、调幅度为30%的调幅信号上，然后把该信号引入收音机的天线调谐电路中，再将示波器、电子电压表接入前置低放级的输出端。使本振电路停振（本振电路的可变电容动片、定片短路），调双联电容使收音机位于中波段的低端，音量电位器开关打到最大。

2）由小到大调高频信号发生器的输出信号，直到能听到扬声器发出调制音频信号的声音。

3）用无感旋具（不锈钢、铝片、胶木等）从后向前反复调各级中周的磁心，直到扬声器的声音最响或毫伏表的指示值最大，同时示波器显示的波形不失真为止。此时表明，收音机的中频调整完好。

2.3.4　锁相技术简介

一般高频信号发生器主要采用LC振荡器，经分析其工作频率为

$$f_o = \frac{1}{2\pi\sqrt{LC}}$$

与RC振荡器一样，为了产生单一的正弦振荡频率，LC振荡器必须具有选频特性，即通过改变电感L来改变频段，改变电容C来进行频段内的频率微调。通常我们把这种由调谐振荡器构成的信号发生器称为调谐信号发生器。尽管传统的调谐信号发生器指标不高，但价格低廉，所以在要求不高的场合较受欢迎。20世纪70年代以来，随着宽带技术、倍频和分频数字电子技术的发展，逐步提高了信号发生器的可靠性、稳定性和调幅特性。

近年来，随着通信技术和电子测量水平的不断发展与提高，对信号发生器输出频率稳定度和准确度的要求越来越高，而一个信号发生器的这些指标在很大程度上是由主振器所决定的。普通的*LC*振荡器已满足不了高性能信号发生器的技术要求，若利用频率合成技术代替调谐信号发生器中的*LC*振荡器，就可以有效地解决上述问题。

锁相信号发生器是在高性能的调谐信号发生器中进一步增加了频率计数器，并将信号发生器的振荡频率用锁相原理锁定在频率计数器的时基上，而频率计数器又是以高稳定度的石英晶体振荡器为基准频率的，因此，可使锁相信号发生器的输出频率稳定度和准确度大大提高，即能达到与基准频率相同的水平。

图2-11所示为锁相信号发生器的基本框图。它主要由基准频率源、鉴相器（PD）、低通滤波器（LPF）和压控振荡器（VCO）构成一个闭环负反馈系统，所以习惯上又称之为锁相环电路。

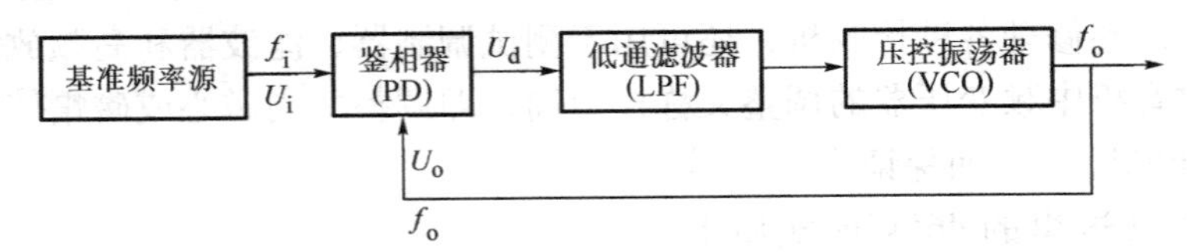

图2-11 基本锁相环电路框图

锁相环电路的工作过程（锁相原理）为：利用鉴相器（PD）比较f_i与f_o的相位差$\Delta\varphi$，输出与$\Delta\varphi$成正比的误差电压U_d，U_d经LPF滤波后送至VCO，改变VCO的固有振荡频率f_o，并使f_o向基准频率源输入频率f_i靠拢，这个过程称为频率牵引。当$f_o=f_i$时，环路很快就稳定下来，此时PD的两个输入信号的相位差为一个恒定值，即$\Delta\varphi=C$（C为常量），这种状态称为环路的相位锁定状态。

可见，当环路锁定时，输入信号频率f_i等于输出信号频率f_o，输出频率f_o具有与f_i相同的频率特性，即锁相环能够使VCO输出频率的指标与基准频率的指标相同。

锁相技术在频率合成中的应用非常广泛，其具体内容可参考其他有关书籍。

2.4 函数信号发生器

函数信号发生器实际上是一种能产生正弦波、方波、三角波等多种波形的信号发生器（频率范围约几毫赫到几十兆赫），由于其输出波形均为数学函数，故称为函数信号发生器。现代函数信号发生器一般具有调频、调幅等调制功能和压控频率（VCF）特性，被广泛应用于生产测试、仪器维修和实验室等工作中，是一种不可缺少的通用信号发生器。

2.4.1 函数信号发生器的组成与原理

函数信号发生器的构成方式有多种，主要介绍以下比较常见的两种。

1. 方波—三角波—正弦波方式（脉冲式）

脉冲式函数信号发生器先由施密特电路产生方波，然后经变换得到三角波和正弦波形，其组成如图2-12所示。它包括双稳态触发器、积分器和正弦波形成电路等部分。双稳态触发器通常采用施密特触发器，积分器则采用密勒积分器。

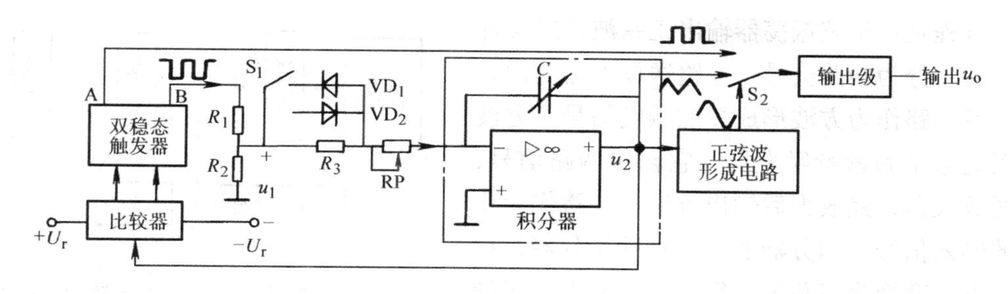

图 2-12　脉冲式函数信号发生器的组成原理框图

脉冲式函数信号发生器的工作过程为：假设开关 S_1 悬空，当双稳态触发器输出为 $u_1 = U_1$ 时，积分器输出 u_2 将开始线性下降，当 u_2 下降到参考电平 $-U_r$ 时，比较器使双稳态触发器翻转，u_1 由 U_1 变为 $-U_1$，同时 u_2 将以与线性下降时相等的速率线性上升。当 u_2 上升到等于参考电平 U_r 时，双稳态触发器又翻转回去，于是完成一个循环周期。不断重复上述过程，可以得到方波信号 u_1、三角波信号 u_2，u_2 经过正弦波形成电路再变换成的正弦波，三种波形最后经过输出级放大后，在输出端即可得到所需的各自波形。上述过程的工作波形如图 2-13a 所示。

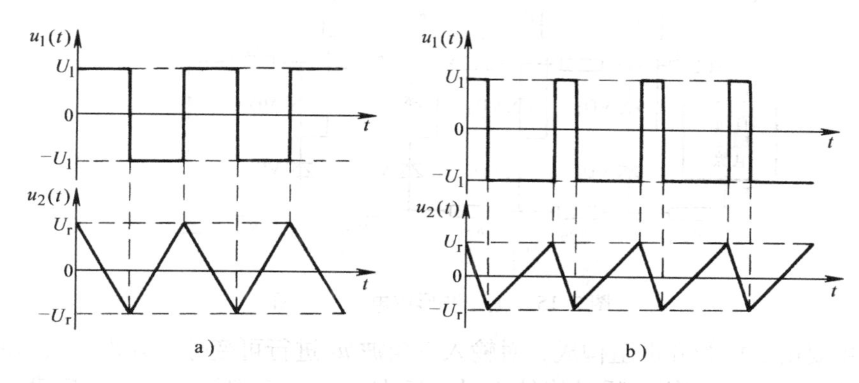

图 2-13　脉冲式函数信号发生器的工作波形图

若 S_1 与 VD_2 相接，当触发器输出为 U_1 时，VD_2 导通，R_3 被短路，积分器输出很快下降。当下降到 $-U_r$ 时，触发电路翻转，触发器输出为 $-U_1$，VD_2 截止，R_3 接入电路，积分器输出缓慢上升，形成正向锯齿波 $u_2(t)$，触发器输出为矩形波 $u_1(t)$，如图 2-13b 所示。若 S_1 与 VD_1 相接，则可得到反向锯齿波和极性相反的矩形波。

综上可见，脉冲式函数信号发生器无独立的主振器，而是由施密特触发器、积分器和比较器构成自成闭合回路的自激振荡器，它产生的最基本波形是方波和三角波。调换积分电容或改变电位器 RP 可以改变输出信号的频率。如果在电阻 R_3 两端并接一支二极管 VD_1（或 VD_2），可使积分器充放电时间常数不等，由此得到矩形波和反向锯齿波（或正向锯齿波），如果再改用电位器调整比较器参考电压 U_r，可以改变矩形波的占空比。

2. 正弦波—方波—三角波方式（正弦式）

正弦式函数信号发生器先振荡出正弦波，然后经变换得到方波和三角波，其组成如图 2-14 所示。它包括正弦振荡器、缓冲级、方波形成器、积分器、放大器和输出级等部分。

其工作过程是：正弦振荡器输出正弦波，经缓冲级隔离后，分为两路信号，一路送放大器输出正弦波，另一路作为方波形成器的触发信号。方波形成器通常是施密特触发器，它输出两路信号，一路送放大器，经放大后输出方波；一路作为积分器的输入信号。积分器通常为密勒积分器，积分器将方波变换为三角波，经放大后输出。三种波形的输出选择由开关进行控制。

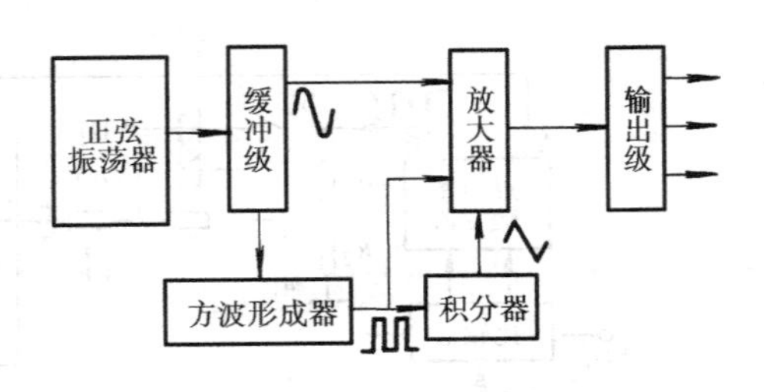

图 2-14 正弦式函数信号发生器的组成框图

2.4.2 正弦波形成电路

在前面讲过的脉冲式函数信号发生器中，正弦波形成电路起着非常重要的作用，它主要用于将三角波变换成正弦波。能够完成这种变换的电路种类较多，如二极管网络、差分放大器等。图 2-15 所示为典型的二极管网络变换电路。

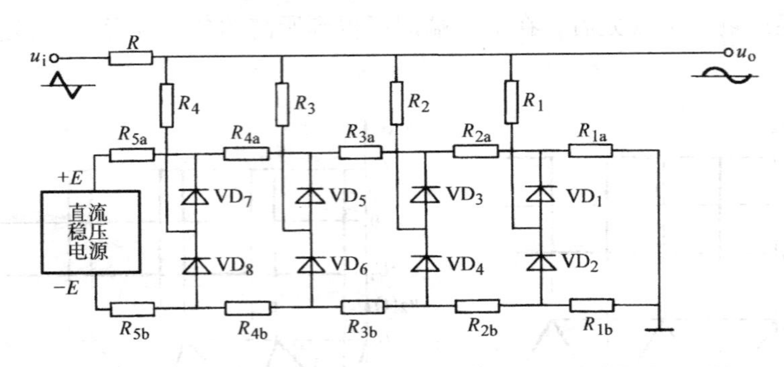

图 2-15 正弦波形成电路原理图

该电路主要由二极管和电阻构成，对输入三角波 u_i 进行可变分压处理。具体原理如下。

在三角波的正半周，当 u_i 瞬时值较小时，所有的二极管都被 $+E$ 和 $-E$ 截止，u_i 经电阻 R 直接输出，即 $u_o=u_i$，输出与输入波形相同。

当 u_i 瞬时值上升到 U_1 时，二极管 VD_1 导通，电阻 R、R_1、R_{1a} 构成第一级分压器，输入三角波，通过该分压器分压后送到输出端，u_o 比 u_i 有所降低，即

$$u_o=\frac{R_1+R_{1a}}{R+R_1+R_{1a}}u_i$$

当 u_i 瞬时值上升到 U_2 时，二极管 VD_3 导通，电阻 R_2、R_{2a} 接入，与第一级分压器电阻共同构成第二级分压器。此时，分压比进一步减小，u_o 的衰减增大。

$$u_o=\frac{R_2+R_{1a}+R_{2a}}{R+R_2+R_{1a}+R_{2a}}u_i$$

随着 u_i 的不断增大，VD_5、VD_7 依次导通，分压比逐步减小，u_o 的衰减幅度更大，使输出由三角波趋于正弦波。

同理，当 u_i 由其正峰值逐渐减小，二极管 VD_7、VD_5、VD_3、VD_1 依次截止，分压比又逐渐增大，u_o 的衰减幅度逐渐变小，三角波也趋于正弦波。以上描述的是正半周的情况，对于负半周依此类似，如图 2-16 所示。

2.4.3　函数信号发生器的性能指标

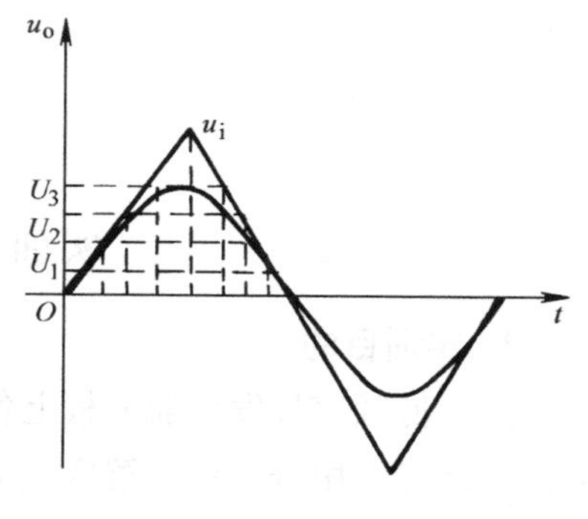

图 2-16　正弦波形成电路的工作波形

（1）输出波形　有正弦波、方波、三角波和脉冲波等，具有 TTL 同步输出及单次脉冲输出等。

（2）频率范围　一般分为若干频段，如 1～10Hz、10～100Hz、100Hz～1kHz、1～10kHz、10～100kHz 和 100kHz～1MHz 6 个频段。

（3）输出电压　一般指输出电压的峰—峰值。

（4）输出阻抗　函数波形输出 500Ω；TTL 同步输出 600Ω。

（5）波形特性　正弦波形特性一般用非线性失真系数表示，一般要求小于等于 3%；三角波形特性用非线性系数表示，一般要求小于等于 2%；方波的特性参数是上升时间，一般要求小于等于 100ns。

本 章 小 结

信号发生器是电子测量中最基本的电子仪器，主要用来提供电参量测量时所需的各种激励电信号，其输出幅值和频率按需要可以进行调节。

1. 正弦信号发生器广泛应用于线性系统的测试中。按其产生的信号频段，可分为超低频、低频、视频、高频、甚高频和超高频信号发生器。

2. 衡量信号发生器的主要性能指标有：频率准确度、频率稳定度、输出特性、输出形式和非线性失真度等。

3. 低频信号发生器的主振器为 *RC* 振荡器，以产生 1Hz～1MHz 的正弦信号为主，也可输出脉冲波形。它主要用于测试调整低频放大器、传输网络等，还可用于调制高频信号发生器或标准电子电压表等，是一种实际工程上应用广泛的多功能仪器。

4. 高频信号发生器常以 *LC* 振荡器为主振器，通常频率范围为 200kHz～30MHz，可输出调幅波、载波等多种波形。主要用于调试各类接收机的选择性、灵敏度、调幅等特性，其输出信号的频率和电平在一定范围内可调节并能准确读数，特别是能输出微伏级的小信号，以满足接收机测试的需要。高频信号发生器中可采用锁相环技术以提高输出信号频率的稳定度和准确度。

5. 函数信号发生器是一种低频范围内的多波形发生器，可以输出正弦波、方波、三角波等多种波形。除了作为正弦信号发生器使用外，还可以用于测试各种电路的瞬态相应特性、数字电路的逻辑功能、模-数转换器及锁相环的性能等。按其结构可分为脉冲式、正弦式等，主要用于要求不高的场合。

6. 阻抗匹配是信号发生器使用时应特别注意的问题，只有在输出阻抗匹配的情况下，信号发生器才能正常工作。

综合实训

实训一 低频信号发生器的使用

1. 实训目的

熟悉低频信号发生器面板上各开关旋钮的名称与作用，掌握低频信号发生器的基本使用方法。通过使用进一步理解低频信号发生器的原理。

2. 实训器材

1）低频信号发生器一台。

2）示波器一台。

3）电子电压表一台。

3. 实训过程

（1）了解低频信号发生器面板结构与各开关旋钮的名称与作用 低频信号发生器种类繁多，下面仅以GAG—808G型低频信号发生器为例进行说明，如图2-17所示。

1）电源开关：信号发生器电源总开关，按下时，开启电源。

2）电源指示灯：打开电源时，电源指示灯亮。

3）输出衰减调节旋钮（输出粗调）：调节该旋钮可以对输出信号幅度进行衰减。

4）信号输出端：信号发生器输出接线柱，输出阻抗为600Ω。

5）波形变换开关：按下时输出方波，弹出时输出正弦波。

6）频率倍乘按钮：用于波段变换，共有×1、×10、×100、×1k、×10k五档，与频率度盘的乘积等于输出信号的频率。

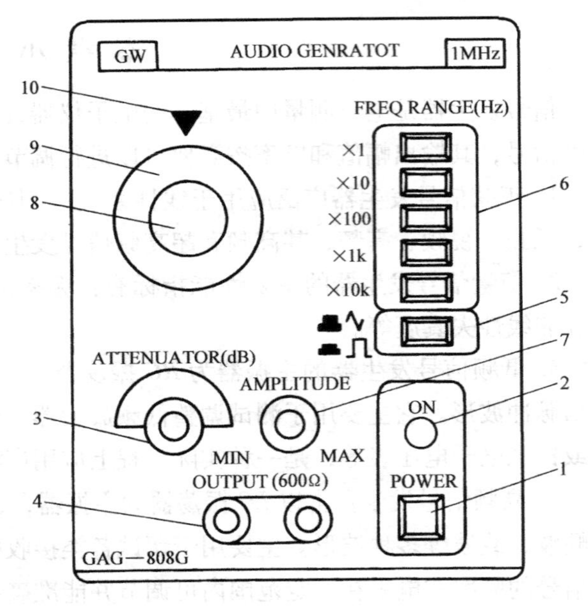

图2-17 GAG—808G型低频信号发生器面板结构图

1—电源开关 2—电源指示灯 3—输出衰减调节旋钮 4—信号输出端 5—波形变换开关 6—频率倍乘按钮 7—幅度调节旋钮 8—频率度盘调节旋钮 9—频率度盘标尺 10—频率度盘指针

7）幅度调节旋钮（输出细调）：顺时针调节输出信号增大；反之，减小。

8）频率度盘调节旋钮：频率细调旋钮，调节该旋钮带动频率度盘标尺移动，选定输出信号的频率。

9）频率度盘标尺：标尺上标有10~100个频率刻度。

10）频率度盘指针：指示频率度盘所选数值。

GAG—808G型低频信号发生器的输出频率范围为10Hz~1MHz，输出衰减器分

0～－50dB共六档，每档相差10dB。当衰减为0dB时，最大输出电压超过7V，输出阻抗为600Ω。

（2）低频信号发生器的使用

1）将低频信号发生器的输出端与示波器及电子电压表相连，注意各仪器必须接地。

2）调节幅度调节旋钮（置于0dB衰减）和频率波段、倍乘、细调旋（按）钮，输出一个幅度为20V、频率为1kHz的正弦波信号。同时，调节示波器，使屏幕上显示出稳定的正弦波形，并用示波器测周法验证输出频率。逐步增加输出幅度衰减（dB），用电子电压表测试输出端电压并填入表2-3。

表2-3　输出电压幅度衰减的测试

输出幅度（0dB衰减）	$U_{om}=20V$，$f=1kHz$					
衰减分贝数/dB	0	10	20	30	40	50
电子电压表的测量值/V						
实际输出幅度计算值/V						

4. 实训报告

1）由于实训时所用的低频信号发生器不尽相同，请画出你所使用的低频信号发生器面板结构简图，并注明其型号以及主要开关旋钮、接线柱的作用。

2）在实训报告中要认真分析测量得到的数据、以及测量中波形产生异常现象的原因。

3）分析产生误差的主要原因并提出减少误差的方法。

实训二　高频信号发生器的使用

1. 实训目的

熟悉高频信号发生器面板结构及各开关旋钮的名称与作用，掌握高频信号发生器的基本使用方法及其应用。通过正确操作与使用进一步理解高频信号发生器的原理。

2. 实训器材

1）高频信号发生器一台。

2）示波器一台。

3）电子电压表一台。

4）超外差式调幅收音机一台。

3. 仪器原理

高频信号发生器种类较多，下面仅以XFG—7型高频信号发生器为例进行说明。

XFG—7型高频信号发生器既能产生调幅波，又能产生等幅波，是一个具有标准频率与标准输出电压的高频信号发生器。它主要应用于高频放大器、调制器以及滤波器性能指标的测量，特别适用于无线电接收机性能指标的测试。其组成框图如图2-18所示。

主振器是一个*LC*振荡电路，高频放大器具有放大、调幅作用。细调衰减器用来连续调节输出幅度，调节范围在0～1V之间。步进衰减器用于对输出信号作进一步衰减，其输出电压最大仅为0.1V。为了获得更小的输出电压，信号发生器还配有一根内藏分压器的输出电缆，分压比分别为1:1和1:10，这根电缆的插口上分别对应标有“1”和“0.1”字样，由此可选择附加分压。

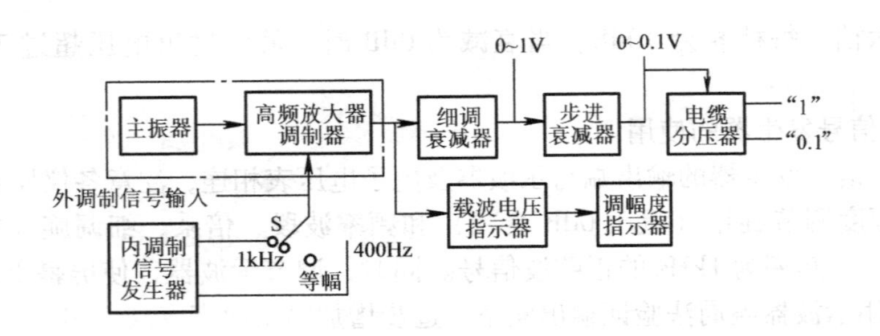

图 2-18 XFG—7 型高频信号发生器组成框图

4. 实训过程

熟悉如图 2-19 所示高频信号发生器的面板结构及其各开关旋钮的名称与作用。高频信号发生器的操作使用方法如下。

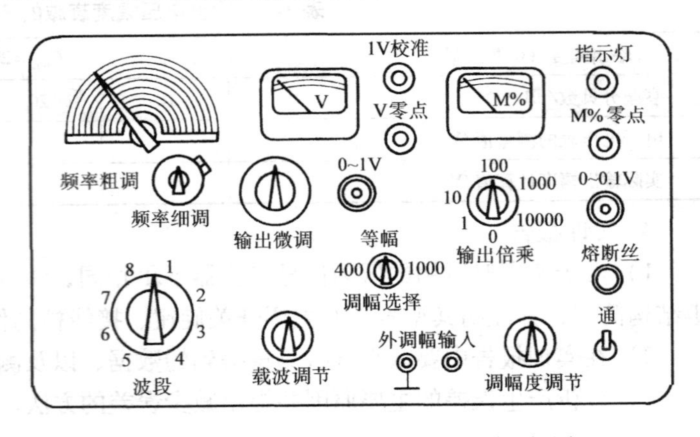

图 2-19 XFG—7 型高频信号发生器面板图

（1）准备工作 通电开机前将“载波调节”、“调幅度调节”和“输出微调”各旋钮都反时针旋转到底，将“输出倍乘”开关置于“1”。

（2）调零 开机前对指示电表进行机械调零。开机后，将“波段开关”置于任意两档之间（使主振器停振），调节“V零点”旋钮使 V 表指针处在零点。然后将“波段开关”调至任意档使振荡器振荡，调节“载波调节”旋钮，使 V 表指针指在红线 1 上，调节“M%零点”旋钮使 M%表指针指在零点。

（3）调节频率 将“波段开关”置于所需波段位置，调节频率调节“粗调”、“细调”旋钮得到准确的输出频率。

（4）调节电压 调节“载波调节”旋钮使 V 表指针指在红线“1”上，根据所需电压选择输出插孔。

输出电压在 0.1V 以上时选择 0～1V 插孔。输出电压由“输出微调”旋钮读出，其读盘最大读数为 1V。调节“输出微调”旋钮至所需的输出电压值。

输出电压在 0.1V 以下时选择 0～0.1V 插孔。输出电压等于输出微调读数与输出倍乘开关读数的乘积。

>> **小提示** 这时的单位为微伏（μV）。

如果要求输出低阻抗的微弱信号，可在 0～0.1V 插孔上加接带有分压器的电缆，并在“0.1”插口处引出信号，输出电压为上述读数方法所得结果的 1/10。

（5）高频等幅信号输出 将“调幅选择”开关置于等幅位置。

（6）调幅波输出　根据调制信号来源分为内调幅和外调幅。

内调幅时，将“调幅选择”开关置于400Hz或1kHz位置，在V表指示为“1”情况下，调节“调幅度调节”旋钮使M%表指针指在所需的位置上。最常用的标准调幅度为30%。

外调幅时，将“调幅选择”开关置于等幅位置，在外调幅输入接线柱上接入频率在50Hz～8kHz范围的低频正弦信号作为外调制信号，其他操作与内调幅相同。

5. 使用举例与注意事项

（1）高频等幅输出

1）“调幅选择”开关置于“等幅”位置。

2）接通电源，预热10min。

3）电零校正，将“波段”置于任意两档之间（空档），使振荡器不工作。这时，如果表头“V”有指示，说明零点没有调好，应调节“V”零点电位器，使指针指零。调好零点后，将“波段”开关拨到所需波段。

4）频率选择。用“调谐”旋钮调节至需要的频率。

5）输出电压选择。调节“载波调节”旋钮，使伏特指针指“1”（红线处）。若要求输出大于0.1V，应选“0～1V”插孔；若要求输出在0.1V以下，应选“0～0.1V”插孔。

在根据所需输出电压选择输出插孔时，应调节“输出倍乘”及“输出微调”旋钮，必须使电压表“V”指针指在“1”上。

例如：如输出“0～0.1V”插孔，“输出倍乘”指向10，“输出微调”指向2，则在电缆终端0.1处的输出电压是$(10\times2\times0.1)\mu V=2\mu V$；在电缆终端1处的输出电压是$(10\times2\times1)\mu V=20\mu V$。

（2）调幅波输出

1）内调节：“调幅选择”放在“400Hz”或“1000Hz”处。调节“调幅度调节”由M%表直接按指示调幅度。一般在30%调幅度的调幅波用得较多。

2）外调制：“调幅选择”置于“等幅”位置。由“外调幅输入”接入外部音频（低频）信号发生器。信号发生器必须在20kΩ负载上能有100V电压输出，才能在50Hz～8kHz范围内达到100%的调幅。这时，“调幅选择”置于“等幅”位置上。

（3）使用注意事项

1）在调制（外或内调制）工作时，因M%指针指示的调幅度仅在伏特计指在“1”时是正确的，因此，必须随时调节“载波调节”，使伏特计指针始终保持在“1”处。

2）使用内调幅时，绝不允许在接线柱上再加外调制信号。

3）使用0～0.1V插孔时，须用插孔盖把0～1V插孔盖住，反之亦然。

4）接收机测试时需加等效天线。高频信号发生器的典型应用是用来测试接收机的性能。为了使接收机符合实际工作情况，必须在接收机与仪器间接一个等效的天线，等效天线接在电缆分压器的分压接线柱与接收机的天线接线柱之间。

5）阻抗匹配问题。信号发生器只有在阻抗匹配情况下才能正常工作。否则，除引起衰减系数误差外，还影响前级电路的工作，降低信号发生器的功率，在输出电路中出现驻波。因此，在阻抗失配的状态下，应在信号发生器的输出端与负载间加一个阻抗变换器。

（4）收音机中频调试

1）按图2-9所示方法连接好仪器。

2）调节高频信号发生器的频率为465kHz，调幅度30%，输出电压不超过300mV，用电子电压表监测。

3）用无感螺钉旋具反复调节各中周（从后级到前级的次序），直至收音机的输出最大。

习 题

1. 根据不同的划分方式，信号发生器可分为几大类？

2. 信号发生器一般由哪几部分组成？简述各部分的作用。

3. 信号发生器的主要技术指标有哪些？输出频率的准确度由什么来保证？

4. 为什么说正弦信号发生器适用于线性系统的测试？

5. 低频信号发生器在使用时应注意哪些问题？它主要用于测试什么产品？

6. 高、低频正弦信号发生器输出阻抗一般为多少？使用时，若阻抗不匹配会产生什么影响？怎样避免产生不良影响？

7. 高频信号发生器的主振级有什么特点？为什么高频信号发生器在输出与负载之间需采用阻抗匹配器？

8. 基本锁相环由哪些部分组成？其工作原理是什么？

9. 图2-20是常用的基本锁相环路，图中倍频器的倍频系数或分频器的分频系数 n，能在频率预置时设计，以使这些锁相环路中的压控振荡器处于锁相环的捕捉范围内，于是在环路的输出端可得到输入信号的分频、倍频或差频等信号。若 $f_i=1\text{MHz}$，$f_2=0.5\text{MHz}$，$n=1\sim10$，求 f_o 的频率范围。

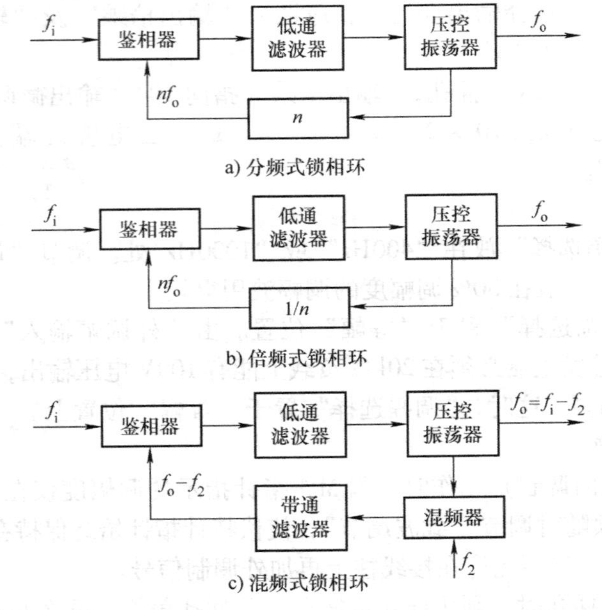

图2-20 基本锁相环电路框图

10. 分别解释什么叫调谐信号发生器和锁相信号发生器？为什么采用锁相信号发生器可使主振频率指标达到与基准信号相同的水平？

11. 函数信号发生器的主要构成方式有哪些？简述正弦波形成电路的工作过程。

12. 函数信号发生器与正弦信号发生器都能产生正弦信号，二者有什么区别？

13. 如何根据测试需要合理选择各种信号发生器？

14. 在调试调幅收音机中周时，高频信号发生器应输出载频信号还是调幅信号？为什么调幅度表在30%处都有红线标出？

第3章 电子示波器及其测量技术

引　言

本章主要介绍电子示波器的类型；示波管及波形显示原理、通用电子示波器的组成及原理；示波器的双踪显示原理；通用电子示波器的正解选择与使用；通用示波器的基本测量方法；电子示波器的发展等。

学习目标

应知：电子示波器的作用
电子示波器的类型
示波管及波形显示原理
电子枪、偏转系统及荧光屏的作用
时间基线的产生
扫描的过程及作用
通用示波器的组成及主要技术指标
双踪示波器显示方法中的交替显示、断续显示方式
通用示波器的选择及基本使用方法
示波器发展趋势

应会：通用示波器各单元的操作
示波器对电压、电流的测量
示波器对相位的测量
示波器对频率、周期的测量
李萨育图形法测频率的方法及应用

3.1 概述

电子示波器（简称示波器）是一种以阴极射线管作为显示器的显示信号波形的测量仪器。它对电信号的分析是按时域法进行的，即研究信号的瞬时幅度与时间的函数关系。

电子示波器不仅能定性观察电路的动态过程，如电压、电流或经过转换的非电量等的变化过程；还可以定量测量各种电参数，如测量脉冲幅度、上升时间等；测量被测信号的电压、频率、周期、相位等。利用传感技术，示波器还可以测量各种非电量甚至人体的某些生理现象。所以，在科学研究、工农业生产、医疗卫生等方面，示波器已成为被广泛使用的电子仪器。

3.1.1 电子示波器的特点

作为广泛使用的电子测量仪器，电子示波器具有以下主要特点。

1）具有良好的直观性，可直接显示信号的波形，也可测量信号的瞬时值。

2）灵敏度高、工作频带宽、速度快，对观测瞬变信号的细节带来了很大的便利。

3）输入阻抗高（兆欧级），对被测电路的影响小。

3.1.2 电子示波器的类型

电子示波器种类型号繁多，根据其用途及特点的不同，可分为以下几大类。

（1）通用示波器　应用了基本显示原理，可对电信号进行定性和定量观测。

（2）取样示波器　采用取样技术将高频信号转换成模拟的低频信号，再应用通用示波器的基本显示原理观测信号。取样示波器一般用于观测频率高、速度快的脉冲信号。

（3）记忆示波器和存储示波器　这两种示波器均具有存储信息功能，前者采用记忆示波管存储信息，后者采用数字存储器存储信息。它们能对单次瞬变过程、非周期现象、低重复频率信号进行观测。

（4）数字示波器　被测信号经模-数转换器送入数据存储器，应用微处理器以数字形式处理并记录波形，自动显示测量结果，测量速度更快、重复性更高。

（5）逻辑示波器　又称逻辑分析仪，主要用以分析数字系统的逻辑关系。

本章将介绍通用示波器的基本原理、基本使用方法和测试技术。

3.2 示波管及波形显示原理

3.2.1 示波管

示波管（或称阴极射线管 CRT）——示波器的核心组件，是一种将被测电信号转换成光信号的显示器件（真空电子管）。它分为静电偏转式和磁偏转式两大类，在电子示波器中应用最广的是静电偏转式，其结构如图 3-1 所示。主要由三部分构成，即电子枪、偏转系统和荧光屏。整个示波管密封在玻璃壳内，成为大型的电子真空器件。

>> **小常识：显示器原理**

通常所说的 CRT 纯平显示器，用的即是阴极射线管原理。CRT 的特点是：可视角度大、无坏点，色彩还原度高、色度均匀、分辨率可调节、响应时间极短、价格便宜等。

LCD（Liquid Crystal Display）即液晶显示器。液态的晶体，是一种特殊的有机化合物，处于固态和液态之间，兼具固态物质和液态物质的双重特性。与传统的 CRT 相比，LCD 功耗低、无辐射、无频闪，能够降低视觉疲劳，但它的价格较昂贵。

1. 电子枪

电子枪的作用是发射电子并形成很细的高速电子束，去轰击荧光屏使之发光。电子枪由

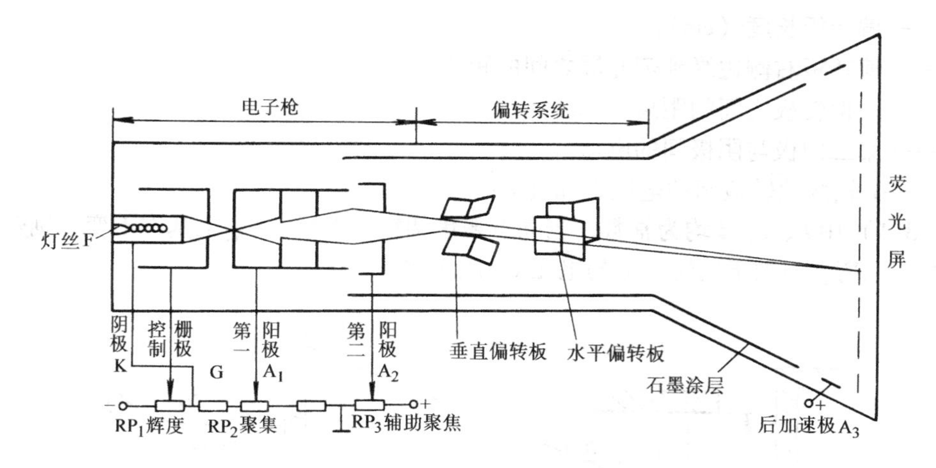

图 3-1　示波管结构示意图

灯丝（F）、阴极（K）、栅极（G）、第一阳极（A_1）和第二阳极（A_2）组成。除灯丝之外，其余电极的结构均为金属圆筒形，且所有电极的轴心都保持在同一条轴线上。灯丝用于加热阴极。阴极表面涂有氧化物，在灯丝加热下可以发射电子。栅极是一个顶端有小孔的圆筒，套在阴极外边，其电位比阴极低，对阴极发射出来的电子起控制作用，它控制射向荧光屏的电子流密度，从而改变荧光屏亮点的辉度。调节电位器 RP_1 改变栅、阴极之间的电位差，即可达到此目的，故 RP_1 在面板上的旋钮标为“辉度”。

第一阳极和第二阳极对电子束有加速作用，同时和控制栅极构成对电子束的控制系统，起聚焦作用。调节 RP_2 可改变第一阳极的电位，调节 RP_3 可改变第二阳极的电位，使电子束恰好在荧光屏上汇聚成细小的亮点，以保证显示波形的清晰度。因此，把 RP_2 和 RP_3 分别称为“聚焦”和“辅助聚焦”电位器，仪器面板上对应的旋钮分别是“聚焦”和“辅助聚焦”旋钮。

>> **小提示**　在调节“辉度”旋钮时会影响聚焦效果，因此，示波管的“辉度”与“聚焦”并非相互独立，要配合调节。

2. 偏转系统

如图 3-1 所示，在第二阳极的后面，用两对相互垂直的偏转板组成偏转系统。垂直（Y 轴）偏转板在前（靠近第二阳极），水平（X 轴）偏转板在后，两对极板间各自形成静电场，分别控制电子束在垂直方向和水平方向的偏转。

从电子枪射出的电子束，若不受电场的作用，则将沿直线向荧光屏方向运行，在荧光屏中心轴线位置显示出静止的光点。若电子束受到电场的作用，则其运动方向就会偏离中心轴线，即荧光屏上的光点位置就会产生位移。如果电场是周期性交变的，则荧光屏上将显示出一条光点的轨迹。

电子束在偏转电场作用下的运动规律可用图 3-2 来分析，其偏转位移 y（cm）可由式（3-1）来表示。

$$y \approx \frac{Ll}{2dU_{A2}}U_y \tag{3-1}$$

式中 l——偏转板长度（cm）；

L——偏转板右侧边缘到荧光屏之间的距离（cm）；

d——两偏转板之间的距离（cm）；

U_{A2}——第二阳极与阴极间的电压（V）；

U_y——Y 轴两偏转板间的电压之和（V）。

式（3-1）中 L、l、d 均为常数，当亮点聚焦调整好以后，U_{A2} 也基本不变，则荧光屏上的亮点偏转距离 y 与加于偏转板上的电压 U_y 成正比。

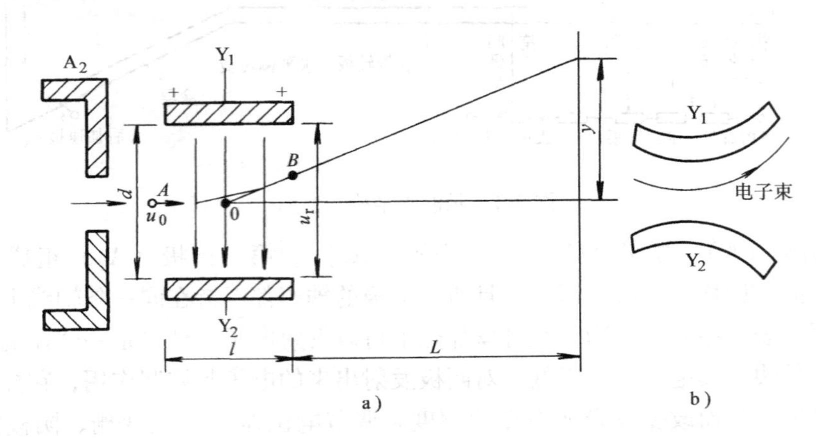

图 3-2 电子束的偏转规律

设
$$S_y = \frac{2dU_{A2}}{Ll}$$

则
$$y = \frac{1}{S_y}U_y,\ S_y = \frac{U_y}{y}$$

称 S_y 为示波管 Y 轴偏转灵敏度，表示亮点在荧光屏上偏转 1cm 所需加于偏转板上的电压值（峰—峰值）。此值越小表示灵敏度越高。偏转灵敏度是与外加偏转电压大小无关的常数。

同理，X 轴偏转板也有灵敏度的数值

$$S_x = \frac{U_x}{x}$$

3. 荧光屏

荧光屏一般为圆形或矩形的，其内壁沉积有磷光物质，形成荧光膜，面向电子枪的一侧。它在受到高速运动着的电子轰击后，将其动能转化为光能，产生亮点。当电子束随信号电压偏转时，这个亮点的移动轨迹就形成了信号的波形。

当电子束停止作用后，光点仍能在屏幕上保持一定的时间才消失。激励过后，亮点辉度下降到原始值的 10% 所延续的时间称为余辉时间。不同荧光材料余辉时间不一样，小于 10μs 的为极短余辉；10μs ~ 1ms 为短余辉；1ms ~ 0.1s 为中余辉；0.1 ~ 1s 为长余辉；大于 1s 为极长余辉。由于荧光物质有一定的余辉时间，同时由于人眼的惰性（视觉暂留现象），所以，尽管电子束在某一瞬间只能使荧光屏上一点发光，但我们看到的却是光点在荧光屏上移动的效果。

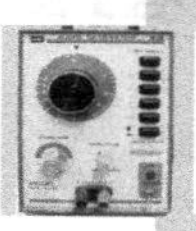

小常识：视觉暂留效应

人眼在观察景物时，光信号传入大脑神经需经过一段短暂的时间，视觉形象并不立即消失，这种残留的视觉现象称为“视觉暂留”。即物体在快速运动时，影像消失后，人眼仍能继续保留其影像0.1～0.4s左右。

这种现象是人特有的生理现象，被应用于电影、动画的拍摄和放映中。将一帧帧画面快速连续播放，就会由于视觉暂留效应使观看者产生画面连续变化的动态效果。

要根据示波器用途的不同选用不同余辉的示波管，显示高频信号的示波器宜用短余辉管；观察生物及自动控制等缓慢信号的超低频示波器宜用长余辉管；一般用途的示波器均用中余辉管。

电子打在荧光屏上，只有少部分能量转化为光能，大部分则变成热能。所以不应使亮点长时间停留在一处，以免荧光粉损坏而形成斑点。另外，在使用示波器时，也不要把亮点调到最亮，所调节亮点的亮度便于观察波形即可。

圆形荧光屏，承受压力性能较好，但屏幕利用率不高，线性度较差。中间比较平整的部分称为有效面积。而矩形荧光屏比较平整，有效面积较大。使用示波器时应尽量使波形显示在有效面积内，减少测量误差。

为了测量波形的高度或宽度，在荧光屏上还常有一定的刻度线。它可以刻在屏外一块有机玻璃内侧，制成外刻度片，标有垂直和水平方向的刻度，并且易于更换。但是，波形与刻度片不在同一平面上，会造成较大的视差。另一种是内刻度线，分度刻在荧光屏玻璃内侧，以消除视差，使测量准确度较高。

3.2.2　波形显示原理

用示波器显示被测信号的波形，基本上有两种类型：一种是显示任意两个信号 x 与 y 的关系；另一种是显示随时间变化的信号。

1. 电子束沿 u_y 与 u_x 作用的合成方向运动

因为电子束沿垂直和水平两个方向的运动是互相独立的，打在荧光屏上亮点的位置取决于同时加在垂直和水平偏转板上的电压。当示波管的两对偏转板上不加任何信号时，亮点则打在荧光屏的中心位置。

若仅在 Y 轴偏转板加一个随时间变化的电压，例如，$u_y=U_m\sin\omega t$，则电子束沿垂直方向运动，任一瞬间的偏转距离正比于该瞬间 Y 偏转板上的电压，其轨迹为一条垂直直线，如图3-3a所示，因为光束水平方向未受到偏转。同理，若仅在 X 轴偏转板上加正弦波电压 u_x，则电子束沿水平方向运动，轨迹为一条水平线，如图3-3b所示。在 Y 轴和 X 轴同时加同一正弦波电压时，亮点在荧光屏上的位置由电压 u_y 和 u_x 共同决定。如果 $u_x=u_y$，因为在同一时刻，X、Y 方向偏转的距离相同，则在荧光屏上显示一条直线，这条直线与水平轴呈45°，如图3-3c所示。

2. 显示随时间变化的波形

（1）扫描的概念　上述几种情况均不能显示被测电压信号 u_y 的波形。为了显示 u_y 的波

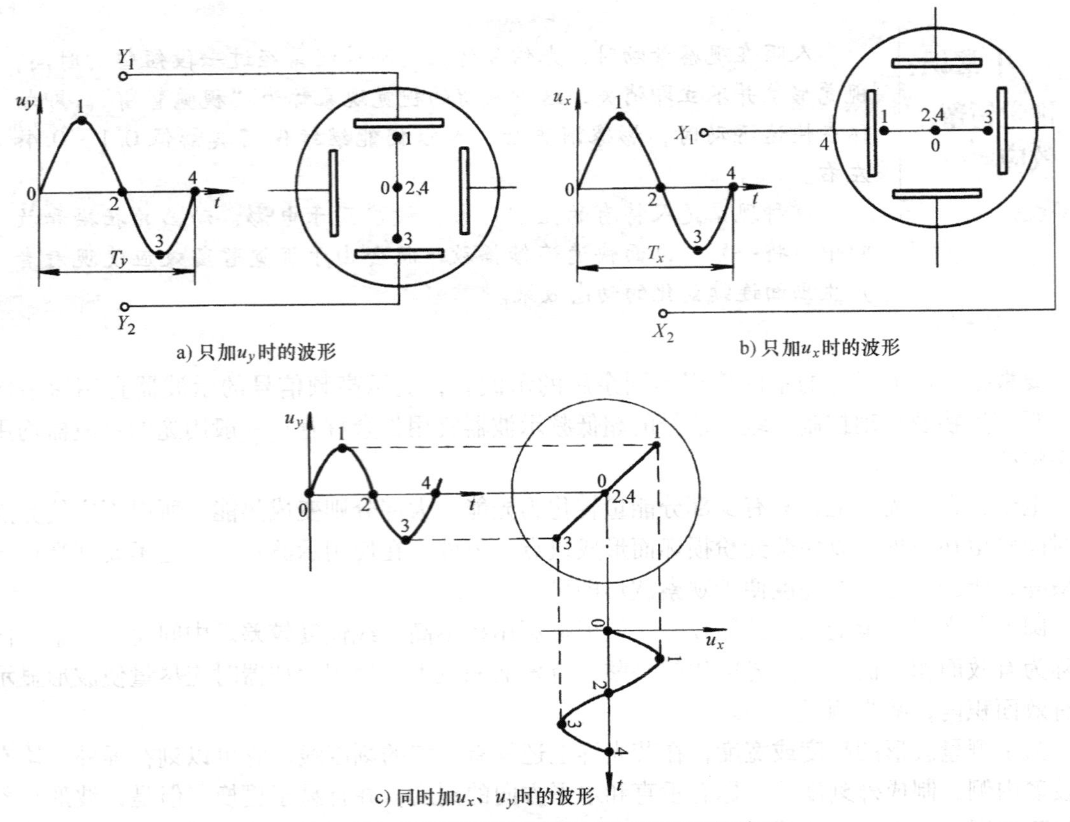

图 3-3 显示波形与偏转极板所加电压的关系

形，必须在 Y 轴偏转板加有 u_y 信号的同时，在 X 轴偏转板加随时间线性变化的扫描电压（锯齿波形电压），如图 3-4 所示。若在 Y 方向不加电压，则光点在荧光屏上构成一条反映时间变化的直线，称为时间基线，如图 3-3b 所示。

当锯齿波电压达到最大值时，屏幕上光点亦达到最大偏转，然后锯齿波电压迅速返回起始点，光点也迅速返回最左端，再重复前面的变化。光点在锯齿波作用下移动的过程称为扫描，能实现扫描的锯齿波电压叫扫描电压，光点自左向右的连续移动称为扫描正程，光点自屏幕的右端迅速返回起点称为扫描回程。

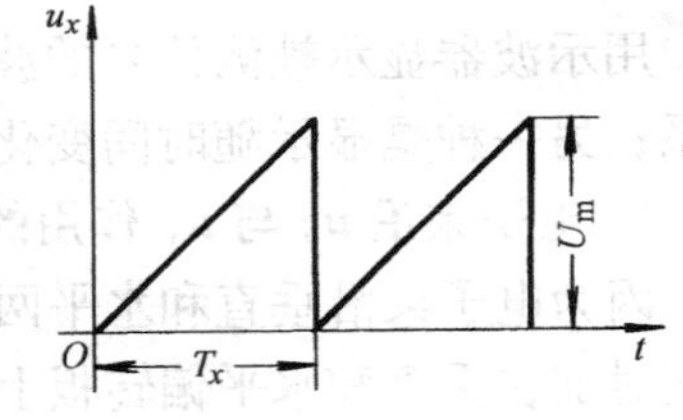

图 3-4 锯齿波电压波形

当 Y 轴加被观测的信号，X 轴加扫描电压，则屏幕上光点的 Y 和 X 坐标分别与这一瞬时的信号电压和扫描电压成正比。由于扫描电压与时间成比例，所以荧光屏上所描绘的就是被测信号随时间变化的波形，如图 3-5 所示。图中 u_y 的周期为 T_y，如果扫描电压 u_x 的周期 T_x 等于 T_y，则在 u_y 及 u_x 共同作用下，亮点的轨迹正好是一条与 u_y 相同的正弦曲线。亮点从 0 点经 1、2、3 至 4 点移动为正程，从 4 点迅速返回到 0′点的移动为回程，如图 3-5 所示。

（2）同步的概念　上述为 $T_x = T_y$ 的情况，如果 $T_x = 2T_y$，其波形显示如图 3-6 所示，可以观察到两个周期的信号电压波形。如果波形多次重复出现，而且重叠在一起，就可以观察到一个稳定的图像。

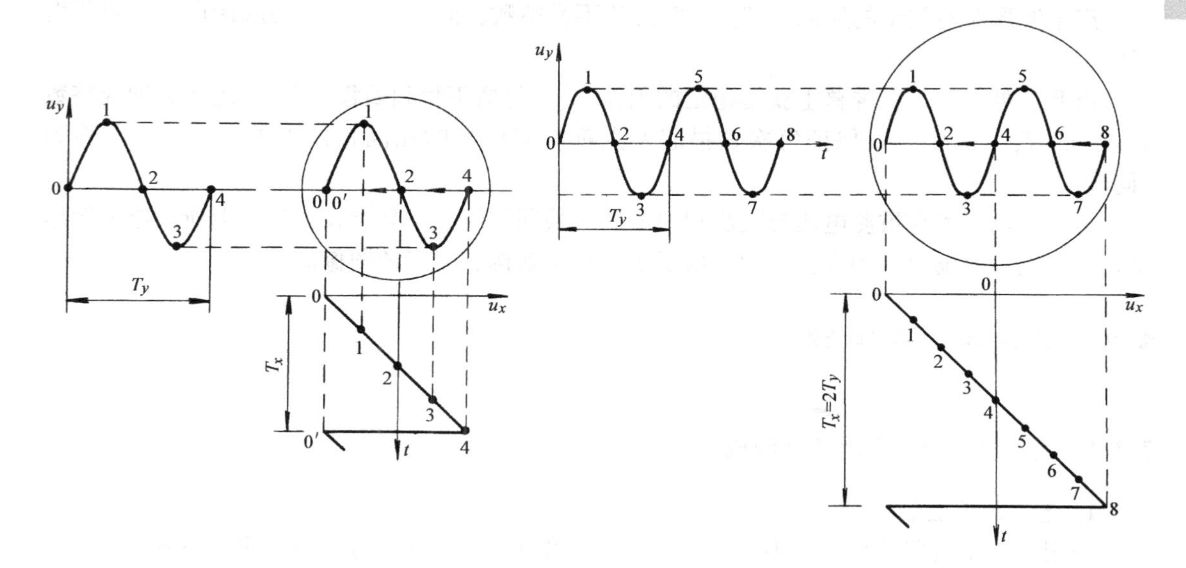

图 3-5　显示波形原理　　　　　　　　　　图 3-6　$T_x = 2T_y$ 时显示的波形

由图 3-6 可见，欲显示多个周期的波形图，应增加扫描电压 u_x 的周期，即降低 u_x 的扫描频率。在使用示波器时应当根据原理进行适当调节。荧光屏上显示波形的周期个数为

$$n = \frac{T_x}{T_y}$$

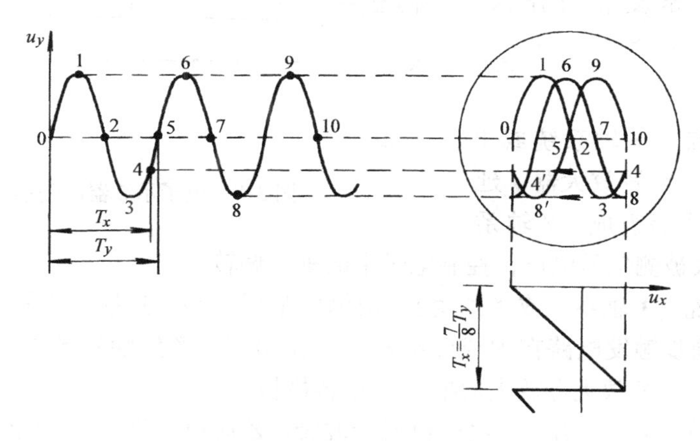

图 3-7　$T_x = 7/8T_y$ 时显示的波形

式中 n 应为整数。若 n 不为整数，则会有什么样的结果呢？图 3-7 所示波形是 $T_x = 7/8T_y$ 时的情况。在第一个扫描周期显示出 0 ~ 4 点之间的曲线，并由 4 点跳到 4′点；第二个扫描周期，显示4′~8点之间的曲线；第三个扫描周期显示出 8′~10 点之间的曲线，这样所显示的波形是不“稳定”的，即每次显示的波形不重叠，图中的波形如同向右跑动一样。

想一想　如果 $T_x = 9/8T_y$，则波形向哪个方向跑？

产生波形左右跑动的原因是 T_x 与 T_y 之比不是整数，而形成每次扫描起始点不一致所引起的。

由此可见，为了在屏幕上获得稳定的图像，T_x（包括正程和回程）与 T_y 之比必须成整数关系，即 $T_x = nT_y$，以保证每次扫描起始点都对应信号的相同相位点上，这种过程称为“同步”。

总之，电子束在被测电压与同步扫描电压的共同作用下，亮点在荧光屏上所描绘的图形反映了被测信号随时间的变化过程，由于多次重复就构成稳定的图像。

3.3 通用电子示波器

3.3.1 通用电子示波器的基本组成

1. 电子示波器的结构

通用电子示波器的种类很多，但无论何种类型都由以下几部分组成：垂直系统（*Y* 轴系统）、水平系统（*X* 轴系统）和主机部分（*Z* 轴系统），如图 3-8 所示。

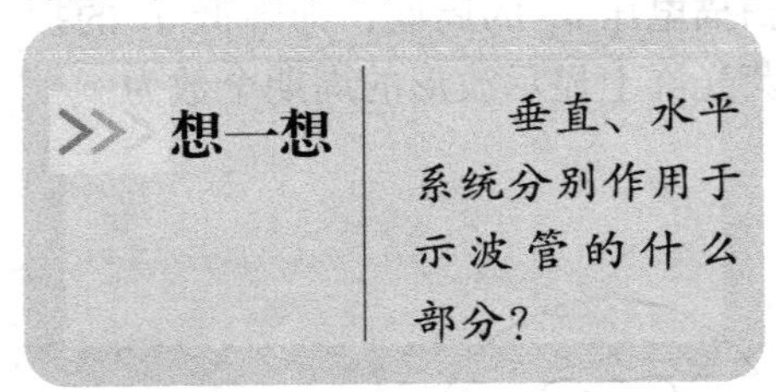

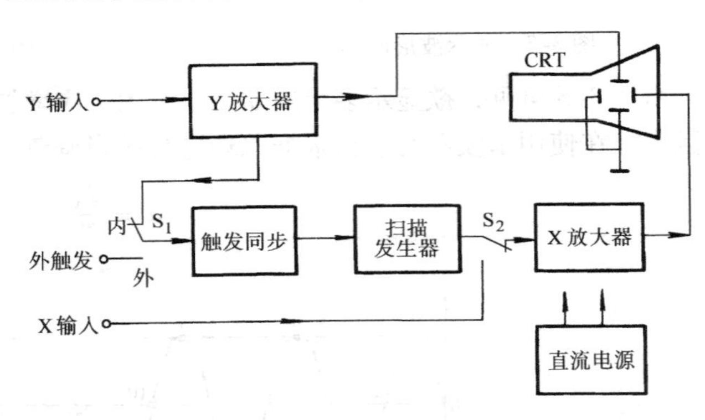

图 3-8 电子示波器的基本组成

(1) 垂直系统（*Y* 轴系统或 *Y* 通道） 由衰减器、前置放大器、延迟线和后置放大器等组成。*Y* 轴系统主要作用是放大被测信号电压，控制电子束的垂直偏转。

(2) 水平系统（*X* 轴系统或 *X* 通道） 由触发整形电路、扫描发生器及 X 放大器组成，如图 3-8 所示。同步触发电路在内或外触发信号作用下，产生触发脉冲，去触发扫描发生器，产生锯齿波，由 X 放大器放大后推动 X 偏转极板。

(3) 主机部分（*Z* 轴系统） 主机包括示波管、*Z* 通道（图中未示出）、整机供电电源和校准信号发生器等。示波管是显示器；*Z* 轴系统将 *X* 轴系统产生的增辉信号放大后加到示波管的控制栅极；校准信号发生器是一个标准方波电压发生器，方波的幅度频率是准确的，用这个已知的信号去校准 *X*、*Y* 轴的坐标刻度。

2. 通用示波器的主要技术性能

示波器的技术性能有几十项，为了正确选择和使用示波器，必须了解以下主要性能指标。

(1) 频率响应（频带宽度） 示波器的频带宽是指加至输入端的信号（包括 *Y* 轴和 *X* 轴，不加说明时均指 *Y* 轴）其上限频率 f_H 与下限频率 f_L 之差。一般情况 $f_H >> f_L$，所以频

率响应可用上限频率f_H来表示。例如，GOS—6013C 型示波器$f_H = 100MHz$，此值越大越好。

（2）时域响应（瞬态响应） 表示放大电路在方波脉冲输入信号作用下的过渡特性。常用参数有上升时间（t_r）、下降时间（t_f）等。

Y轴系统的频带宽度f_B与上升时间t_r之间有确定的内在联系，一般有

$$f_B \cdot t_r \approx 350$$

式中，f_B及t_r的单位分别为 MHz 与 ns。因为$f_B \approx f_H$，所以也就有$f_H \cdot t_r \approx 350$。当已知$f_H$的值时，就可以算出上升时间

$$t_r \approx \frac{350}{f_H}$$

例 3.1 已知GOS—6013C型示波器$f_H = 100MHz$，求示波器的上升时间是多少？

解： 因为

$$f_H = 100MHz$$

所以

$$t_r \approx \frac{350}{f_H} = \frac{350}{100}ns = 3.5ns$$

此值越小越好。

上述两项指标在很大程度上决定了可以观测的信号的最高频率值（指周期性连续信号）或脉冲信号的最小宽度。

（3）偏转灵敏度 指输入信号在无衰减情况下，亮点在屏幕上偏转 1cm（或 1 格—div）所需信号电压的峰—峰值（U_{p-p}）。其单位为U_{p-p}/cm 或U_{p-p}/div，它反映示波器观察微弱信号的能力。其值越小，偏转灵敏度越高。一般示波器的偏转灵敏度为几十毫伏，例如，GOS—6013C 型示波器Y轴的最高偏转灵敏度$S_y = 2mVU_{p-p}/cm$。

（4）输入阻抗 用在示波器输入端测得的直流电阻值R_i和并联电容值C_i分别给出。希望R_i值越大、C_i值越小越好。一般示波器R_i值和C_i值分别在 MΩ 和 pF 数量级。例如，CA8040 型示波器的$R_i = 1M\Omega$，$C_i = 25pF$。

（5）扫描因数 表示在无扩展情况下，亮点在屏幕上x轴方向移动单位长度 1cm（或 1 格—div）所表示的时间，其单位为t/cm。其中t可取 μs、ms 或 s。

扫描因数愈高（即t/cm 值愈小），表明示波器能够展开高频信号或窄脉冲信号波形的能力愈强。

3.3.2 示波器的垂直系统（Y轴系统）

Y轴偏转系统是传送被测信号的通道。它的作用是引入被测信号，将其不失真地放大后传送到 Y 偏转板，使屏幕上显示大小适中的信号波形，其性能的优劣直接影响到测量结果的准确度，这些性能主要有：足够的频带宽度和灵敏度、小的上升时间等。

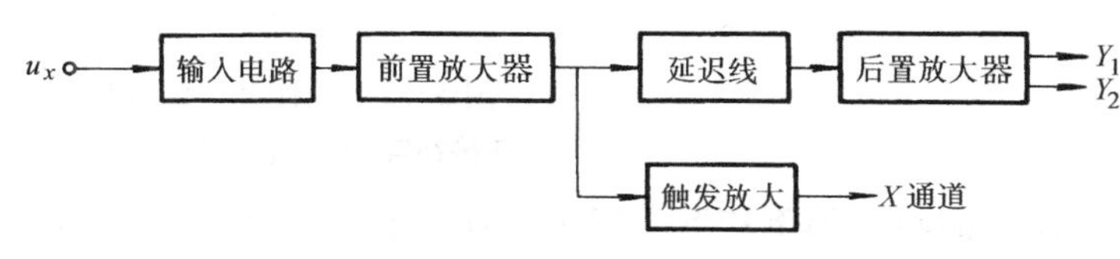

图 3-9 Y通道的基本组成

Y轴偏转系统（Y通道）主要由输入电路、前置放大器、延迟级、后置放大器及电子开关（双踪示波器特有）等组成，如图 3-9 所示。

1. 输入电路

输入电路的基本作用是引入被测信号，为前置放大器提供良好的工作条件，并在输入信号与前置放大器之间起着阻抗变换、电压变换的作用。它包括探极、交直流耦合开关、高阻抗输入衰减器、阻抗变换倒相器等电路，如图 3-10 所示。

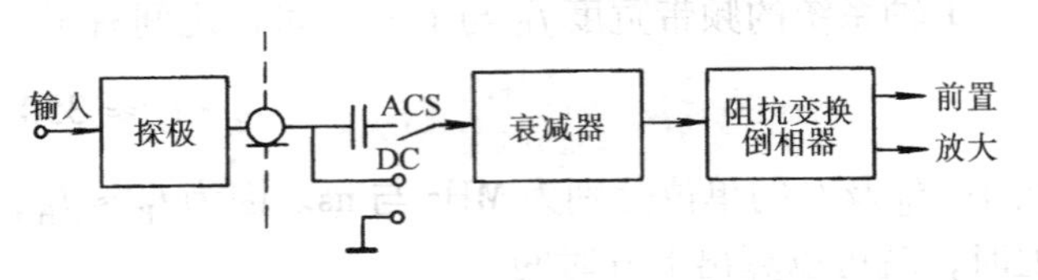

图 3-10 输入电路框图

（1）探极 探极装在示波器机体的外面，用电缆线和仪器相连接，它用于直接探测被测信号、提高示波器的输入阻抗、减小波形失真、展宽示波器的带宽。探极分为无源探极和有源探极两种，应用较多的是前者。无源探极是一个衰减器，衰减比有 1:1、10:1、100:1 三种，多用于观察低频信号；有源探极内部包括有高输入阻抗放大器，多用于探测高频信号。

（2）交直流耦合方式选择开关 它有三个档位（仪器面板上有设置）：DC、AC、⊥，如图3-10所示的耦合方式部分。在直流“DC”位置，信号可直接通过；在交流“AC”位置，信号经 C 耦合至衰减器，此时只有输入交流信号才可以通过；在“⊥”（接地）位置，若无需断开被测信号的情况下，可为示波器提供接地参考电平。

（3）衰减器 对应示波器面板上的 Y 轴灵敏度粗调旋钮，衰减器是为测量不同幅度的被测信号而设置的。其作用是在测量幅度较大的信号时，经衰减后使屏幕上显示的波形不至于因过大而失真。衰减器常使用阻容分压器电路，其原理如图 3-11 所示。

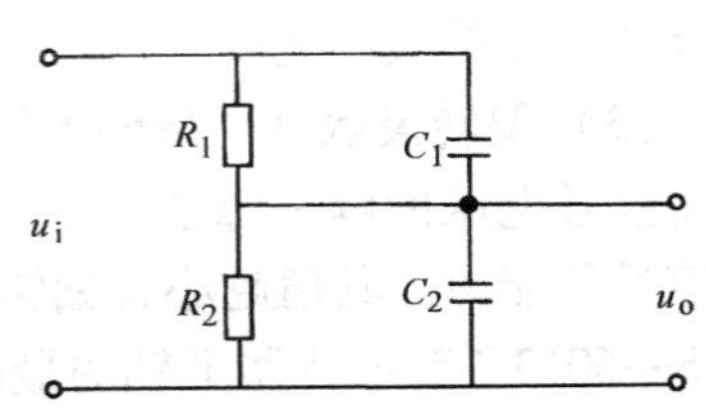

图 3-11 阻容衰减器原理图

衰减器的衰减量为输出电压 u_o 与输入电压 u_i 之比，也等于 R_1C_1 的并联阻抗 Z_1 与 R_2C_2 的并联阻抗 Z_2 的分压比。其中，C_1 做成可调电容，当满足 $R_1C_1=R_2C_2$ 时，衰减器的分压比则为

$$\frac{u_o}{u_i}=\frac{Z_2}{Z_1+Z_2}=\frac{R_2}{R_1+R_2}$$

这时分压比与频率无关。满足上式的情况称为最佳补偿。如图 3-12 所示为几种补偿情况。

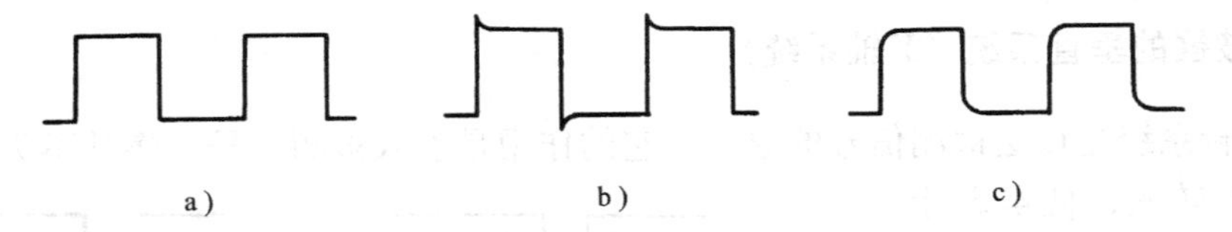

图 3-12 几种补偿的波形

a）正确补偿 b）过补偿 c）欠补偿

（4）阻抗变换倒相器 阻抗变换倒相器用于变换阻抗。因输入电路要求有高阻抗，而放大电路的输入阻抗并不高，为了保证 Y 轴输入端为高阻抗，在衰减器和放大电路之间必须插入阻抗转换电路，并且把单端输入的被测信号变成对称输出的平衡信号。

2. 延迟线

对延迟线的要求是：延迟时间应足够长和稳定，以补偿 X 轴系统扫描电路启动时间的

延迟。

因为扫描信号的引出是从 Y 轴系统分离出来，并且要经过一定的过程才能产生，所以它和被观测信号相比总是滞后一段时间 t_D，如图 3-13 所示。

若不在 Y 轴系统增加延迟线，被观测脉冲信号的上升过程就无法完整地显示于屏幕上。因为，有一段时间扫描尚未开始，根据波形显示原理，就会出现图 3-13 所示情况。延迟线的作用就是把加到 Y 轴偏转板的脉冲信号也延迟一段时间，使信号出现的时间滞后于扫描开始时间，这样就能够保证在屏幕上可以扫描出包括上升时间在内的脉冲全过程。

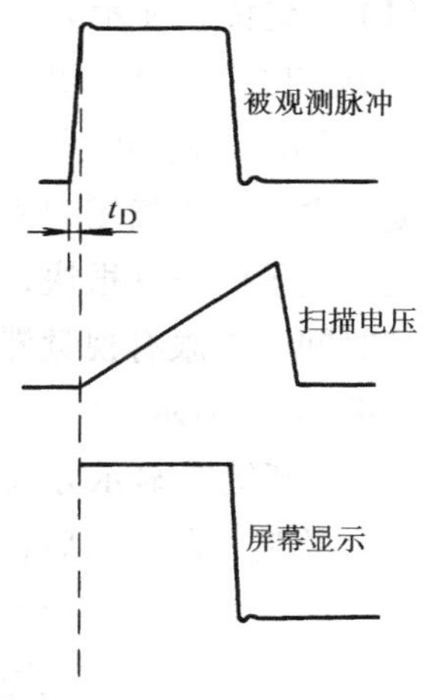

图 3-13　没有延迟线时的情况

3. Y 轴系统的放大器

Y 放大器使示波器具有观测微弱信号的能力。通常把 Y 放大器分成前置放大器和输出放大器两部分。前置放大器的输出信号一方面引至触发电路，作为同步触发信号；另一方面经过延迟线延迟以后引至输出放大器。这样，就使加在 Y 偏转板上的信号比同步触发信号滞后一定的时间，保证在屏幕上可看到被测脉冲的前沿。

Y 轴采用变换放大器的增益的方法，进行“倍率”调节。例如，许多示波器 Y 轴的“倍率”开关有“×5”和“×1”两个位置，在通常情况下“倍率”开关置于“×1”位置，若把“倍率”开关置于“×5”，则放大器增益增加 5 倍，这便于观测微弱信号或看清波形某个局部的细节。但在进行定量计算时要注意其中的换算。

Y 轴通过调节放大器的增益还可以实现灵敏度微调。当灵敏度微调电位器处于极端位置时，示波器灵敏度微调处于“校正”位置，在用示波器作定量时，放大器的增益应是固定的，此时应将灵敏度微调于“校正”位置。

Y 放大器的输出级常采用差分电路，以使加在偏转板上的电压能够对称。Y 轴“移位”调节就是改变差分电路的直流电位，它能使屏幕上的波形上下平移，以便观察和读数。

4. 双踪显示基本原理

在实际测试中，常常希望把两个相关的信号波形同时显示在屏幕上，以便进行信号之间的比较或显示两个信号叠加波形，即“和”、“差”的显示。常用的方法在通用示波器的 Y 轴系统中加入电子开关 S_1、S_2，其工作过程如图 3-14 所示。

>> **小提示**　在测放大电路的输出电压放大倍数时，常将输入、输出波形双踪显示，以便直观看到两个信号的幅度变化及相位关系。

采用单束示波管“同时”显示两个被测信号波形的示波器，即双踪示波器。双踪示波器仍属于通用示波器范畴，但较之一般单踪示波器不同之处在于：在 Y 通道中多设一个前置放大器、两个电子开关。电子开关的打开、闭合可受固定频率的方波控制，也可受扫描锯齿波控制；通过电子开关的切换，可使示波器有五种显示方式：Y_A、Y_B、$Y_A \pm Y_B$、交替和断续。前三种均为单踪显示，Y_A、Y_B 与普通示波器相同，此时的 S_1 或 S_2 处于恒接通状态；$Y_A \pm Y_B$ 显示的波形为两个信号的和或差（与“极性”选择开关相配合），此时把 S_1 和 S_2

恒接通。下面重点讨论后两种显示方式。

(1)"交替"显示方式　当扫描电压第一次扫描时，S_1 闭合、S_2 断开；第二次扫描时，S_1 断开、S_2 闭合，如此重复下去。因为扫描频率较高，两个信号轮流显示的速度很快，加之荧光屏有余辉时间、人眼有视觉滞留效应的缘故，从而获得两个波形似乎同时显示在屏幕上的效果，如图 3-15 所示。"交替"方式适用于显示高频信号。

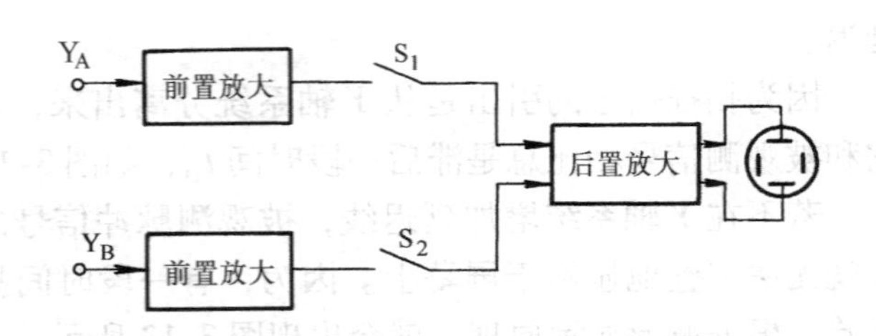

图 3-14　电子开关的工作原理

(2)"断续"显示方式　这种方式就是在一次扫描时间内轮番开、闭 S_1 和 S_2，显示出被测信号的某一段，以后各次扫描重复以上过程；这种显示出来的波形实际上是由许多线段组成的，如果开关的转换频率很高，那么这些线段也就很密集，所以人眼看上去就好像是连续的波形。这种工作方式适用于观测低频信号，如图 3-16 所示。

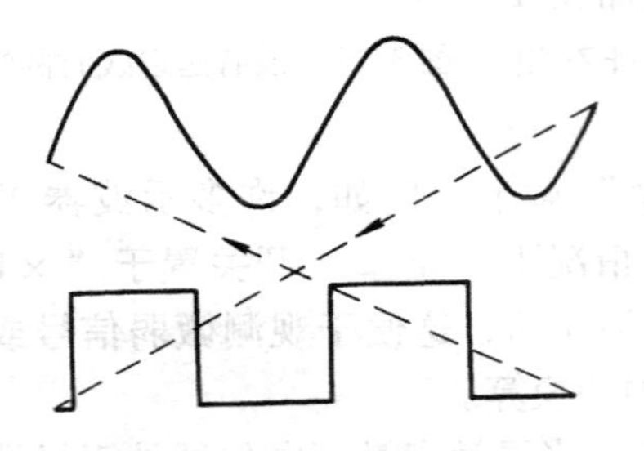
图 3-15　"交替"显示方式

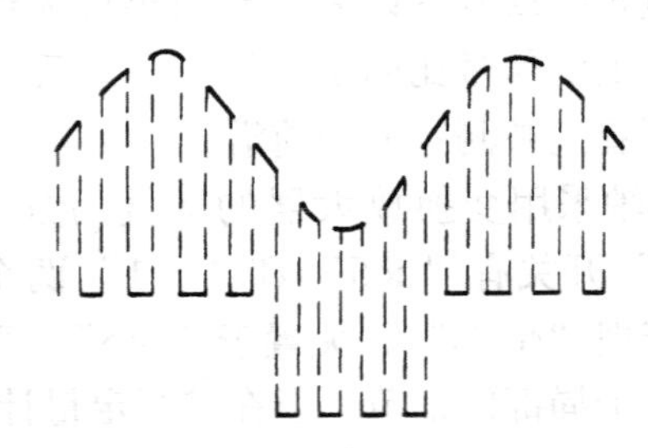
图 3-16　"断续"显示方式

3.3.3　示波器的水平系统（*X* 轴系统）

X 轴系统（*X* 通道）的作用是产生一个与时间呈线性关系的锯齿波电压。当这个扫描电压的正程加到水平偏转板上时，电子束就沿水平方向偏转，形成时间基线。

X 通道主要包括触发整形电路、扫描发生器、X 放大器等部分，如图 3-17 所示。

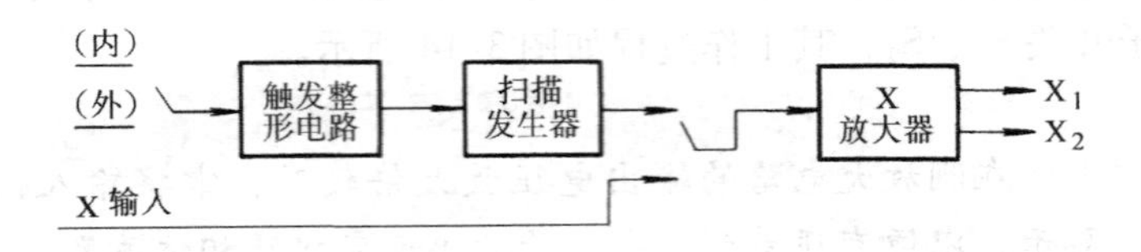

图 3-17　*X* 通道的基本组成

1. 触发整形电路

触发整形电路的作用在于把来源不同的触发信号整形为具有一定波形、一定幅度的触发脉冲信号。其主要功能有触发源选择、输入耦合方式选择、触发放大器、触发极性转换、触发脉冲整形电路等，其框图如图 3-18 所示。

触发整形电路的原理如图 3-19 所示。

（1）触发源选择　触发源选择一般有两种，即内触发和外触发：内触发的触发信号取自 Y 通道中的被测信号，后者取自外部信号源。由转换开关 S_1（对应面板上“极性”开关）选择不同的触发信号源。

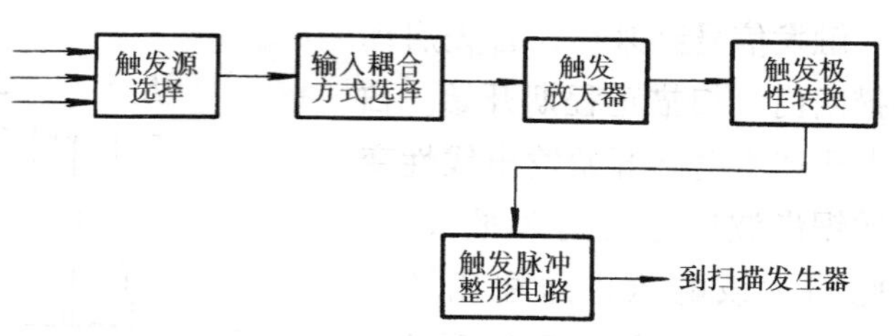

图 3-18　触发整形电路框图

（2）触发耦合方式　为了适合不同的信号频率，示波器设有多种耦合方式。由开关 S_2 选择。

DC 端：直流耦合。用于接入直流或缓慢变化的信号，或者频率较低且有直流成分的信号。

AC 端：交流耦合。用于观察由低频到较高频率的信号。

AC 端（H）：高频耦合。用于观察高频（一般大于 5MHz）的信号。

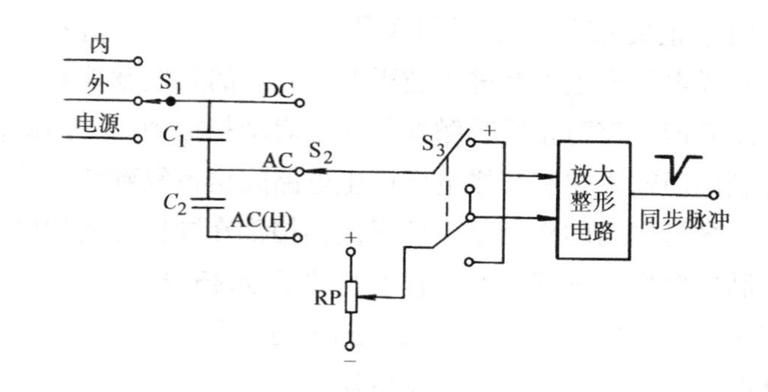

图 3-19　触发整形电路原理图

（3）触发极性选择　触发极性开关 S_3 用于确定在触发信号的哪一点上产生触发脉冲。当触发点在触发脉冲的上升段时，称之为正极性触发；当触发点在下降段时，称之为负极性触发。

（4）触发电平调节　触发电平是指触发点位于触发信号波形的上部、中部及下部，由 RP 电位器调节。

触发极性、电平的不同作用对显示脉冲信号或只显示周期连续信号中的某一段具有明显的作用，如图 3-20 所示。

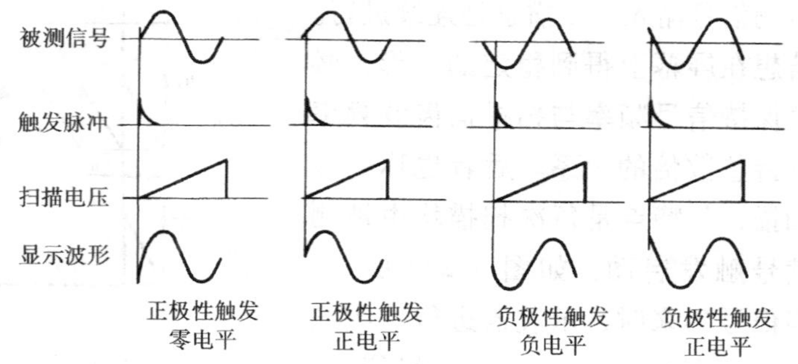

图 3-20　触发极性、电平的不同对波形显示的影响

（5）放大整形电路　一般由电压比较器、施密特电路、微分电路组成。电压比较器将触发信号与 RP 确定的电平进行比较，其输出信号再经整形产生矩形脉冲，经微分电路之后变换为扫描发生器所需要的触发脉冲。

2. 扫描发生器

扫描发生器电路在触发脉冲启动下，产生周期线性变化的锯齿波扫描电压。为了使显示的波形清晰稳定，要求输出线性度好、频率稳定、幅度相等的锯齿波电压且扫描时间因数应能调节，它的组成如图 3-21 所示。

扫描发生器电路主要包括扫描闸门、扫描电压产生电路（锯齿波发生器）、比较电路、释抑电路等。上述电路组成一个闭环，也称扫描发生器环。

触发信号到来后，首先启动扫描闸门，扫描正程期开始。扫描电压产生电路开始输出线性变化的锯齿波形电压到X放大器，与此同时该电压也送往比较电路。当扫描锯齿波电压达到预定幅度后，比较电路应送出使扫描闸门停止的信号，令闸门关闭，使扫描电压产生电路进入逆程期。此后的触发脉冲对闸门是不起作用的，但是进入逆程期尚未结束前，需防止后续触发脉冲去启动扫描闸门。因此，为了保证扫描起始电平的稳定，要等到闸门输入端和扫描电压产生电路完全恢复到初始状态后，才去“释放”闸门。

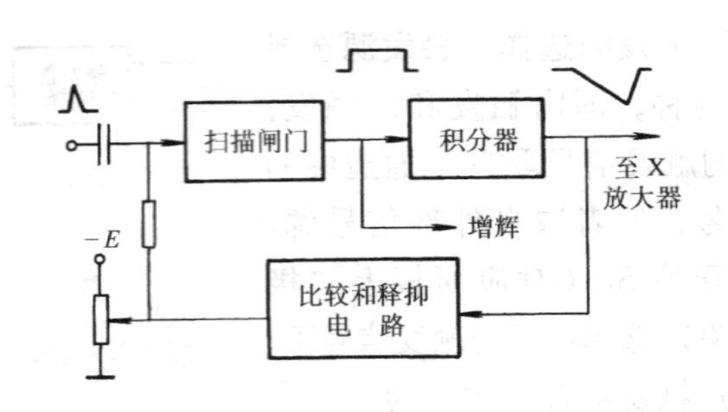

图3-21 扫描发生器电路原理图

释抑电路的作用是保证每次扫描都在同样的起始电平上开始，以获得稳定的图像；当触发脉冲触发扫描闸门使扫描发生器开始扫描时，释抑电路就“抑制”触发脉冲继续触发，直至一次扫描的全过程结束，扫描电压回复到起始电平；此时，释抑电路才“释放”触发脉冲，使之再次触发扫描发生器。

扫描通常分连续扫描和触发扫描两种形式。连续扫描是在示波器的水平偏转板上加上不间断的锯齿波，如图3-22b、c所示。无论有无被测信号输入，扫描总是连续进行。若想在屏幕上得到稳定的波形，必须保持信号频率与扫描锯齿波频率维持整数倍的关系。后者也称等待扫描，其特点是每次扫描均由被测信号触发启动，如图3-22d所示。当信号到来时，示波器进行一次扫描。没有信号时，扫描也就停止，等待下一次信号的到来。现代通用示波器广泛采用了这种触发扫描方式。

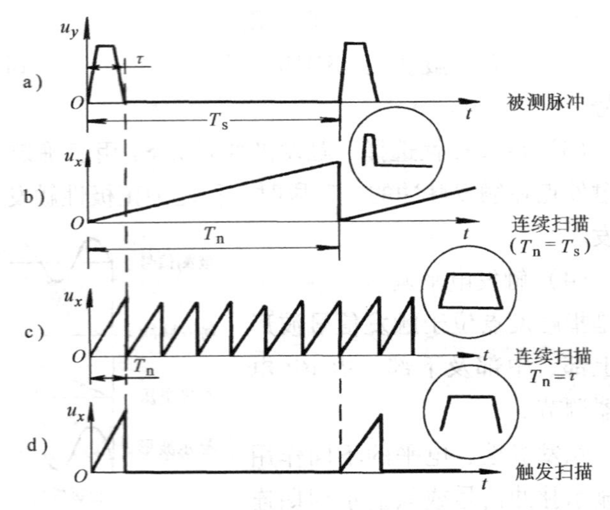

图3-22 连续扫描与触发扫描的比较

3. X放大器

X放大器的作用是为示波管的水平偏转板提供对称的推动电压，使电子束能在水平方向满偏转。同时，当示波器工作在X-Y方式时，外加的X输入信号也要由X放大器传送到X偏转极板。

与Y放大器类似，改变X放大器的增益可以使亮点在屏幕的水平方向得到扩展或对扫描因数进行微调，或校准扫描因数。改变X放大器有关的直流电位也可以使光迹产生水平位移。

3.3.4 主机系统（Z轴系统）

通用示波器的主机系统主要包括低压直流电源，高频高压直流电源及校准信号发生器。

低压直流电源的作用主要是为各单元电路提供工作电压。

高频高压直流电源的作用是为示波管各电极供给合适的工作电压。另外，还有 Z 轴放大器，用来进行辉度调节。

校准信号发生器的作用是用来产生幅度已知的、精度较高的稳定方波，以便校准示波器垂直（Y 轴）系统的灵敏度。通用示波器常提供 1V、1kHz 的标准方波信号。

3.4 通用电子示波器的使用

在电子测量中，通用电子示波器是最常用的仪器。使用示波器进行有效测量时，必须合理地选择各种示波器，并应能正确地操作。

3.4.1 示波器的选择

示波器的选用要根据被测对象来进行选择，目的是要求不失真地重现被测信号的波形，选用应考虑以下几点。

1. 根据被测信号的波形和个数来选择

若需要观测一个低频正弦信号，可选用普通示波器；若需要同时观测和比较两个信号，则可选择双踪示波器等。

2. 根据被测信号的频率来选择

示波器 Y 轴系统的通频带愈宽，被测信号的波形失真愈小。因此，一般要求示波器通频带宽 f_B 应大于被测信号最高频率 f_M 3 倍以上，即 $f_B > 3f_M$。例如，要观测频率为 50MHz 的正弦信号，则应选择通频带宽大于 150MHz 的示波器。

3. 根据示波器的上升时间来选择

一般要求示波器本身的上升时间应比被测脉冲信号的上升时间小 3 倍以上。又知，示波器通频带宽 f_B 与上升时间 t_r 的关系为

$$f_B t_r \approx 350$$

式中，f_B 及 t_r 的单位分别为 MHz 与 ns。

若要选择 t_r 为被测信号上升时间 t_s 的 1/3 时，即

$$t_r = \frac{1}{3}t_s$$

则应选择示波器的通频带宽为

$$f_B \approx \frac{350}{t_r} = \frac{350}{\frac{1}{3}t_s} \approx \frac{1000}{t_s}$$

另外，根据被测信号幅度选择示波器要有相适应的 Y 轴灵敏度。同时，也要注意扫描因数的范围。扫描因数反映了在 X 方向被测信号展开的能力，扫描因数越高展开高频信号的能力越强；相反，在观测缓慢变化信号时又要求有较低的扫描因数。

3.4.2 示波器的正确使用

正确使用示波器时要注意以下几点。

1. 用光点聚焦，不要用扫描线聚焦

很多使用者习惯于在有扫描线情况下调节聚焦，当输入信号并在 *Y* 方向展开时，就会出现一条带状波形。正确的方法是在未接入信号时先使屏幕上只出现一个亮点，并通过“聚焦”、“辉度”及“辅助聚焦”各旋钮的调节，使亮点聚至最小。有时为了使亮点尽量小，宁可将辉度调暗一些，这样有利于提高波形的分辨力，减小测量误差，又可以避免亮点辉度过强而损坏荧光屏。

2. 探头的使用

一般示波器与探头应配套使用，不能互换，否则会带来测量误差。

使用前可以将探针接至“校正信号”输出端，在屏幕上应显示出标准方波，否则要调节探极进行校正。

3. 注意屏幕有效面积的使用

屏幕的有效面积是屏幕比较平整的部分，测量时应将波形主要部分显示在有效面积范围内，可以提高测量的准确度。

4. 善于使用灵敏度选择开关

Y 轴偏转灵敏度开关的最小数值档（即最高灵敏度档），反映观测微弱信号的能力。而允许的最大输入信号电压的峰—峰值是由灵敏度开关最大数值档（即最低灵敏度档）决定的。若输入电压超出仪器允许的最大电压（峰—峰值），则应先衰减，以免损坏示波器。一般情况下，使用此开关调节波形大小适中，以便能清楚地观测。

5. 正确使用辉度开关

显示波形时，辉度不宜调得过亮。屏幕上亮点不要长时间停留在一个位置，以免缩短示波管的寿命；中途暂时不使用时，应将辉度调暗。

3.5 SR8 型示波器的面板图

下面以常用的 SR8 型双踪示波器为例，介绍其使用方法。SR8 型双踪示波器原理框图如图 3-23 所示。

3.5.1 主要技术性能

1. *Y* 轴系统

（1）输入灵敏度　10mV/div ~ 20V/div，分 11 档。

（2）频带宽度　DC 为 0 ~ 15MHz；AC 为 10Hz ~ 15MHz。

（3）输入阻抗　直接输入为 1MΩ//35pF，经探头输入为 10MΩ//15pF。

（4）最大输入电压　DC 为 250V；AC 为 500V。

（5）上升时间　≤24ns。

2. *X* 轴系统

（1）扫描速度　0.2μs/div ~ 1s/div，分 21 档。处于“扩展 ×10”档时，最快扫描可达 20ns/div。

（2）*X* 外接　灵敏度≤3V/div，带宽 0 ~ 500，输入阻抗为 1MΩ//35pF。

3. 标准信号

频率为 1kHz、幅度为 1V 的矩形波。

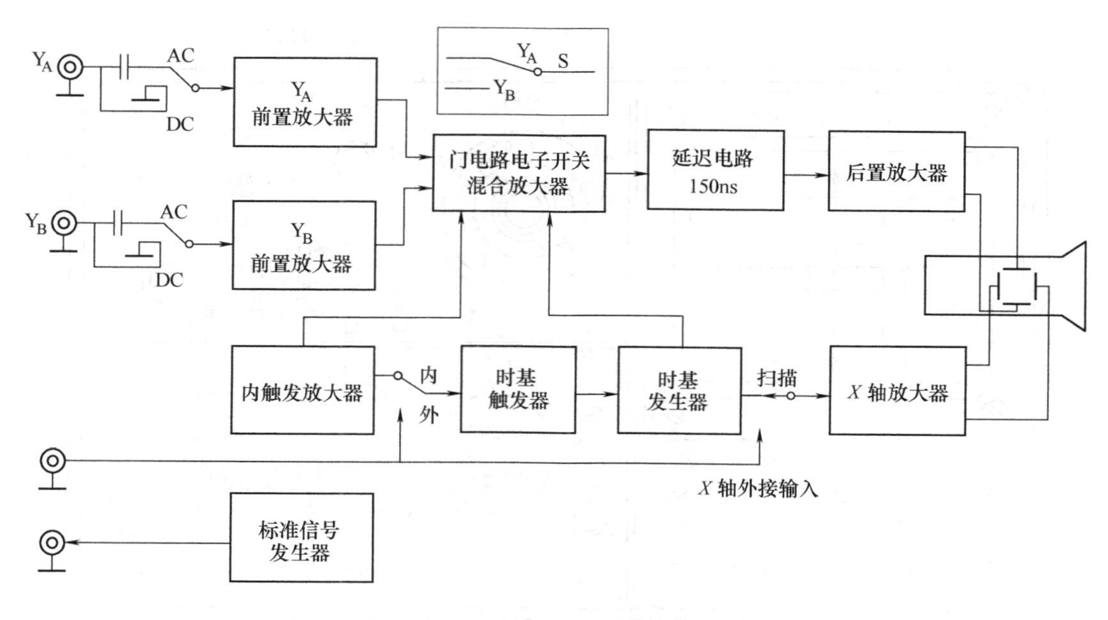

图 3-23 SR8 型双踪示波器原理框图

3.5.2 面板布置

SR8 型双踪示波器仪器面板布置如图 3-24 所示。面板上各种开关旋钮主要分三大功能区：位于面板左方的示波器显示控制区；位于面板右上方的 *X* 轴系统控制区；位于面板右下方的 *Y* 轴系统控制区。

1. 示波管显示控制区

（1）电源开关及指示灯　打开示波器的电源开关，指示灯就亮。

（2）辉度旋钮　用于调节波形的亮度。

（3）聚焦与辅助聚焦　两旋钮配合使用，用于调节波形的清晰度。

（4）标尺亮度　用于调节屏幕前坐标片上刻度线的照明亮度，以便观测。

（5）寻迹按键　用于判断光点偏离的方位。按下该键，光点回到显示区域。

（6）校正信号输出插座与开关　提供 1kHz、1V 的校正方波信号。

2. *Y* 轴偏转系统

（1）显示方式开关　共有五种工作方式可供选择。“交替”档适用于较高频率信号的测量；“断续”档适用于较低频率信号的测量；“Y_A+Y_B”档可获得两信号的叠加；“Y_A”或“Y_B”档为 Y_A 通道或 Y_B 通道单独工作（作单踪示波器使用）。

（2）输入耦合方式选择（DC—⊥—AC）开关　“DC”档用于观测直流信号，“⊥”档无信号输入，“AC”档用于观测交流信号。

（3）灵敏度选择（V/div）开关　该开关为套轴结构。外层黑色旋钮起粗调作用，调节范围为 10mV/div ~ 20V/div，分 11 档；内层红色旋钮起微调作用，作定量测试时，应将该旋钮顺时针旋至“校准”处。

（4）平衡电位器　当 *Y* 轴放大器输入级不平衡时，屏幕上的波形就随“V/div”微调旋钮的转动而产生垂直方向移动。此刻，用旋具调节平衡电位器就能减弱这种现象。

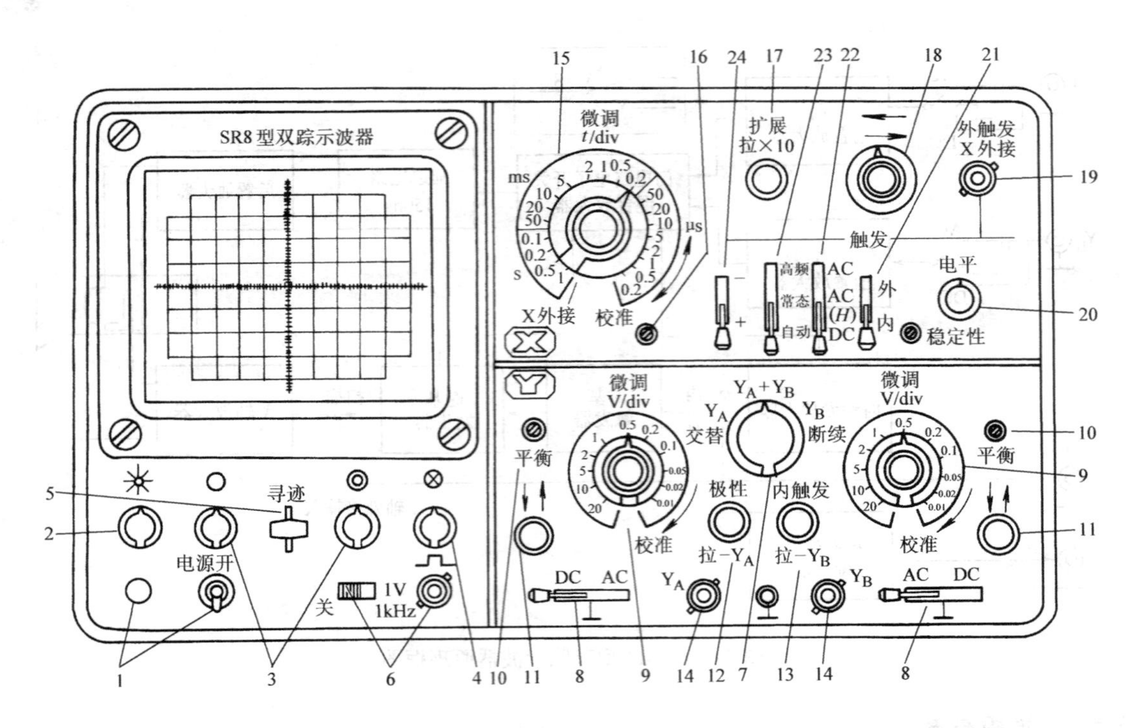

图 3-24 SR8 型双踪示波器面板图

1—电源开关及指示灯 2—辉度旋钮 3—聚焦与辅助聚焦 4—标尺亮度 5—寻迹按键 6—校正信号输出插座与开关 7—显示方式开关 8—输入耦合方式选择开关 9—灵敏度选择开关 10—平衡电位器 11—*Y* 轴移位旋钮 12—Y_A 通道极性转换开关 13—触发源选择开关 14—*Y* 通道输入插座 15—扫描速度选择开关 16—扫描校正电位器 17—扫描速度扩展开关 18—*X* 轴移位旋钮 19—外触发 X 外接插座 20—触发电平旋钮 21—触发源选择开关 22—触发耦合方式开关 23—触发方式选择开关 24—触发极性开关

（5）*Y* 轴移位旋钮　用于调节波形在垂直方向的位移。

（6）Y_A 通道极性转换（极性 · 拉 $-Y_A$）开关　此开关为按拉式结构。开关拉出时，从 Y_A 通道输入的信号为倒相显示。

（7）触发源选择（内触发 · 拉 $-Y_B$）开关　此开关也为按拉式结构。开关在按（常态）位置时，扫描触发信号取自 Y_A 和 Y_B 通道的输入信号，两通道可同时显示各自的被测信号，但显示的两个信号波形不能作时间上的比较与分析；开关在拉（$-Y_B$）位置时，扫描触发信号只取自 Y_B 通道的输入信号，此时，适用于“交替”或“断续”工作方式。

（8）*Y* 通道输入插座。

3. *X* 轴偏转系统

（1）扫描速度选择（*t*/div）开关　该开关为套轴结构。外层黑色旋钮起粗调作用，调节范围为 0.2μs/div ~ 1ms/div，分 21 档；内层红色旋钮起微调作用，作定量测试时，应将该旋钮顺时针旋至“校准”处。

（2）扫描校正电位器　借助机内 1kHz 方波校正信号，对扫描速度进行校正。

（3）扫描速度扩展（扩展 · 拉 ×10）开关　开关为按拉式结构。拉出此开关，扫描速度标称值可扩展 10 倍。

（4）*X* 轴移位旋钮　用于调节信号波形在水平方向上的位移。

（5）外触发 X 外接插座　作外触发时连接触发信号用；作 X 输入时，连接 *X* 轴外接

信号。

(6) 触发电平旋钮　用于调节触发信号电平，使触发信号在某一电平启动扫描。

(7) 触发源选择（内、外）开关　处于“内”档时，触发信号取自Y轴通道的被测信号；处于“外”档时，触发信号取自外来信号源。

(8) 触发耦合方式（AC、AC（H）、DC）开关　AC档属于交流耦合状态，其触发性能不受直流分量的影响；AC（H）档属于低频抑制状态，能抑制低频噪声和低频触发信号；DC档属直流耦合状态，可用于对变化缓慢的信号进行触发扫描。

(9) 触发方式选择（高频、常态、自动）开关　高频档用于观测高频信号。不必调整电平旋钮就可对被测信号进行同步；常态档采用来自Y轴或外接触发源的输入信号并行触发扫描，是常用的触发方式；自动档用于观测较低频率的信号，不必调整电平旋钮就能对被测信号进行同步。

(10) 触发极性（+、-）开关　“+”档是以触发输入信号波形的上升沿进行触发启动扫描的，“-”档是以波形的下降沿进行触发启动扫描的。

3.5.3　示波器的使用方法

1. 使用前准备

1）正确设置面板各旋钮位置。使用示波器前，应将面板上主要旋钮旋至相应位置，表3-1是示波器使用前各主要旋钮的初始位置。

表3-1　仪器面板主要旋钮的初始位置

开关或旋钮名称	位　置	开关或旋钮名称	位　置
辉度	中间	*X*轴电平	中间
校准信号开关	关	扫描速度及微调	50μs/div，校准
内、外触发	内	内触发·拉-Y_B	按下
触发耦合	AC	输入耦合	AC
触发方式	自动	显示方式	Y_A或Y_B
触发极性	+	极性·拉-Y_A	按下
*X*轴位移	中间	*Y*轴位移	中间
*Y*轴扩展	按下	灵敏度开关及微调	根据输入信号大小选择V/div，校准

2）接通电源，电源指示灯亮。

3）找亮点。调节“辉度”旋钮使亮点的亮度适中，如果找不到亮点，可以按下“寻迹”开关寻找光点所在位置，然后适当调节“*X*轴位移”、“*Y*轴位移”，使亮点呈现在屏幕中心位置。

4）聚焦与辅助聚焦。调节聚焦和辅助聚焦旋钮，使屏幕上亮点最小且清晰。

2. 示波器使用时的注意事项

1）测量中，使用探头时，实际输入示波器的电压是经衰减后的电压，因此，在测量结果处理时，应将示值乘以探头衰减倍数。

2）在交流耦合方式下，测量较低频率信号时，会出现严重失真。

3）在使用示波器时，输入线必须使用示波器专用的屏蔽电缆线。

4）在进行定量测量时，*X*轴扫描速度选择开关和*Y*轴灵敏度开关中的内套微调开关旋至“校准”位置。

5）在进行定量测量中，应调节被测信号波形占满整个屏幕，减小测量误差。

3.6 示波器的基本测量方法

示波器的基本测量技术，就是利用示波器对信号进行时域分析，一般可以完成的测量有电压的测量、时间的测量、频率的测量、相位的测量等。

3.6.1 电压的测量

利用示波器测电压有其独特的特点。它可以测量各种波形的电压幅度，例如：脉冲电压、正弦电压和各种非正弦波电压等。更具实际意义的是，它可以测量一个脉冲电压波形的各部分的电压幅度。

电压测量又分直流电压测量和交流电压的测量。无论进行哪一种测量，都应将示波器的 Y 轴灵敏度开关“V/div”的“微调”旋钮顺时针方向转至“校准”位置。当 Y 轴微调处于“校准”位置时，Y 轴系统的电压增益为定值。

1. 直流电压的测量

用来测量直流电压的示波器，其频率响应的下限频率必须从直流开始，否则不能用于直流电压的测量。测量方法如下。

1）先将触发方式开关置于“自动”或“高频”位置，使屏幕上出现扫描基线，再将 Y 轴输入耦合方式开关置于“⊥”处，然后调节 Y 轴“移位”旋钮使扫描线位于屏幕中间。

2）确定被测电压极性。接入被测电压，将 Y 轴输入耦合方式开关置于“DC”处，观察扫描光迹的偏移方向，若光迹向屏幕上方偏移，则被测电压为正极性，否则为负极性。

3）将 Y 轴输入耦合方式开关置于“⊥”处，然后按照直流电压极性的反方向，调节 Y“移位”旋钮，将扫描线移动到屏幕的合适位置上（整刻度线上为宜），将此处定为零电平线，此后不再移动 Y 轴“移位”旋钮。

4）测量直流电压值。将 Y 轴输入耦合再次拨到“DC”处，选择合适的 Y 轴偏转灵敏“V/div”，使屏幕显示尽可能多地覆盖 Y 方向分度格数（在有效面积范围内），以提高测量的准确度。

5）观察扫描线在 Y 轴方向平移的分度格数 H，如图 3-25 所示。与 Y 轴灵敏度开关“V/div”指示值 S_y 相乘，即为被测信号的直流电压值

$$U = HS_yK$$

式中 H——扫描线在 Y 轴方向移动的格数（div）；

S_y——所选用的 Y 轴偏转灵敏度（V/div）；

K——探极衰减系数。

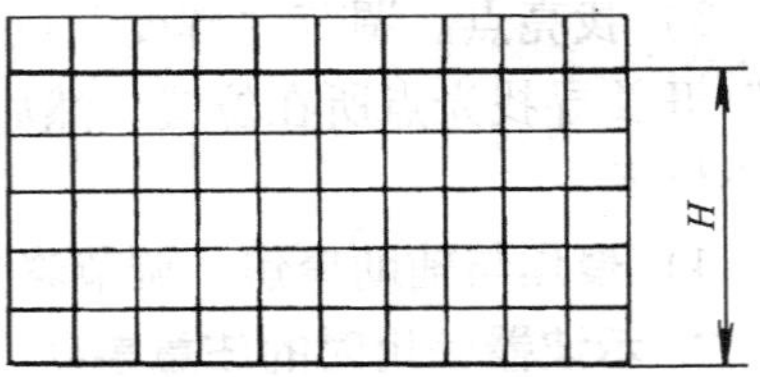

H

图 3-25 直流电压的测量

例 3.2 Y 轴灵敏度开关置 0.5 处，读出水平扫描线上移 6 个格，且信号输入经 10:1 探极，则直流电压为

$$U = HS_yK = (6 \times 0.5 \times 10)\text{V} = 30\text{V}$$

2. 交流电压的测量

示波器只能测出被测电压的峰值、峰—峰值、任意时刻的电压瞬时值或任意两点间的电

位差值，如果需要求被测电压的有效值或平均值，则必须进行换算。

测量方法如下。

1）测量时先将 Y 轴输入耦合方式开关置“⊥”处，调节 Y“移位”旋钮使扫描线至屏幕中心（或所需位置），以此作为零电平线，此后不再移动 Y“移位”。

2）将 Y 轴输入耦合开关置于“AC”处。当信号频率很低时，则应置于“DC”处。

3）选择合适的 Y 轴灵敏开关（V/div），使显示的波形在 Y 轴方向中心位置尽可能展开。

4）按坐标刻度片的分度读出波形中所测点到零电平间的分度格数 H，与 Y 轴灵敏开关“V/div”指示值 S_y 相乘，则可求出被测点的电压

$$u = H \times S_y \times K$$

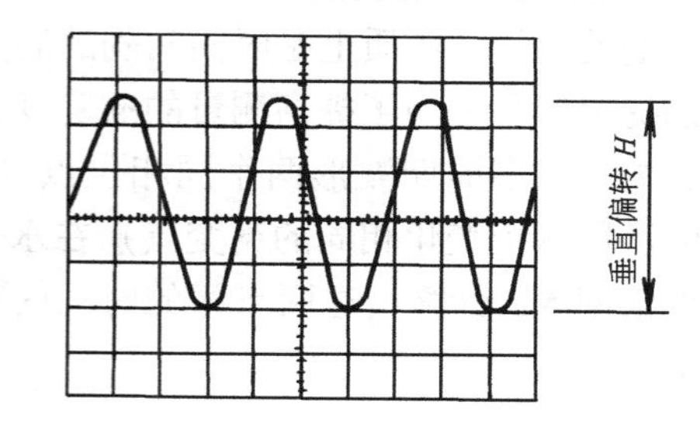

图 3-26　正弦电压的测量

若被测电压是正弦波，则读出整个波形所占 Y 轴方向的分度格数 H，如图 3-26 所示。与 Y 轴灵敏开关“V/div”指示值 S_y 相乘，即为被测信号的交流电压峰—峰值

$$U_{P-P} = H \times S_y \times K$$

其峰值电压为 $U_P = \dfrac{U_{P-P}}{2}$；有效值为 $U_{rms} = \dfrac{U_P}{\sqrt{2}}$。

>> **小提示**　其他波形的有效值与峰值之间关系详见本书第 5 章表 5-1。

3.6.2　时间和频率的测量

时间是描述周期性现象的重要参数，时间包括时刻和时间间隔，示波器所进行的时间测量是指后者。实际测量时，其原理与用示波器测量电压的原理类同，区别在于测量时要利用示波器的 X 轴扫描因数开关“t/div”，将其“微调”旋扭顺时针方向转至“校准”位置，此时 X 轴系统的电压增益为定值。

1. 时间间隔的测量

在屏幕上调出适度的被测波形，读出被测两点间距离 D 在水平方向上所占的分度格数，由扫描因数 S_x(t/div) 标称值及扩展倍率 K，即可算出被测信号的时间间隔 T，如图 3-27 所示。

$$T = S_x \times D \div K$$

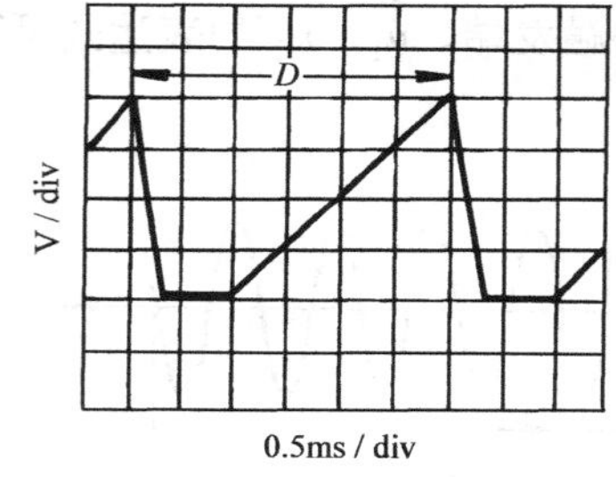

图 3-27　时间间隔的测量

式中　T——任意两点的时间间隔；

S_x——X 轴扫描因数（t/div）；

D——被测两点间距离在水平方向所占分度格数（div）；

K——X 轴扩展倍率（根据需要选用）。

>> 想一想　如何进行脉宽的测量？它和时间间隔的测量有何关系？

2. 周期和频率的测量

周期的测量，本质上是时间间隔的测量，因此可采用前面介绍的方法来测得。在这里需要特别提出的是，为了提高测量的准确度，常常在屏幕显示多个周期（例如 N 个周期）的波形，先读出多周期波形两个同相位点（正弦波可取两个峰顶或两个方向相同的过零点，脉冲波可取两个变化相同的突变点）在水平方向所占格数 D，由扫描因数 $S_x(t/\text{div})$ 标称值及扩展倍率 K，计算出这两点间的时间间隔，然后再求出一个周期值，如图 3-27 所示。公式如下

$$T = \frac{S_x D}{KN}$$

这种方法称为多周期测量法，是测量学中常用的一种方法，如图 3-28 所示。

被测信号的频率为

$$f = \frac{1}{T} = \frac{KN}{S_x D}$$

3. 相位的测量

相位测量是指两个同频信号之间相位差的测量。设有两个频率的正弦信号电压，其表达式为

$$u_1 = U_{m1}\sin(\omega t + \theta_1)$$
$$u_2 = U_{m2}\sin(\omega t + \theta_2)$$

它们之间的相位差为

$$\Delta\theta = (\omega t + \theta_2) - (\omega t + \theta_1) = \theta_2 - \theta_1$$

可见，它们的相位差等于初相位之差，是一个常量。若 u_1 作为参考信号，当 $\Delta\theta > 0$ 时，认为 u_2 超前 u_1；若 $\Delta\theta < 0$ 时，则 u_2 滞后 u_1。

用示波器测量相位差可用单踪示波器测量，也可用双踪示波器进行测量。

（1）单踪示波法　单踪示波法测量相位差的电路接法如图 3-29 所示。当测量 u_1、u_2 之间的相位差时，若以 u_1 作为参考信号，可认为 u_1 的初始相位为零，这时应将 u_1 接至示波器的外触发端。u_1、u_2 的表达式可写为

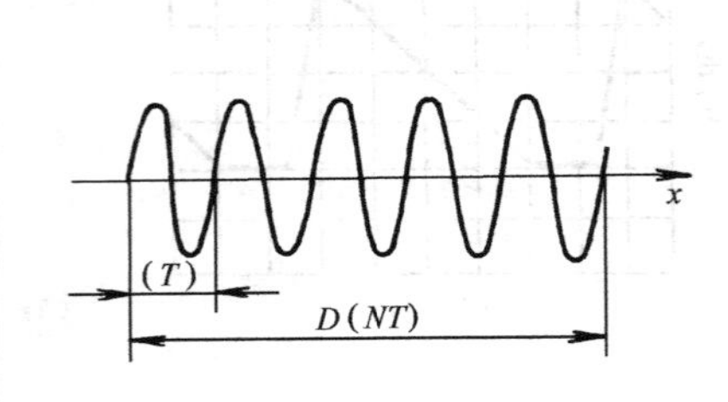

图 3-28　示波器的多周期测量法

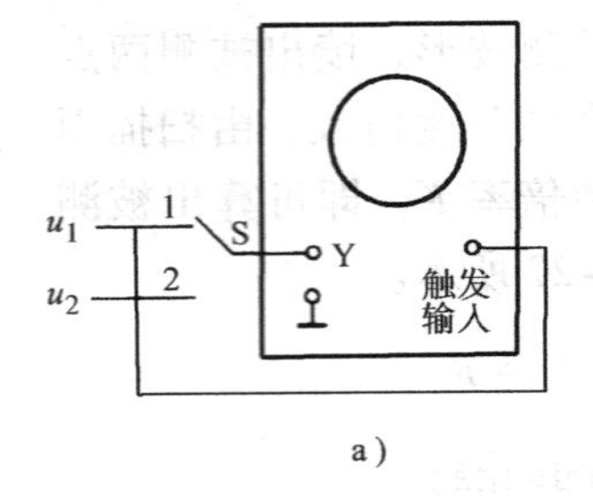

a)

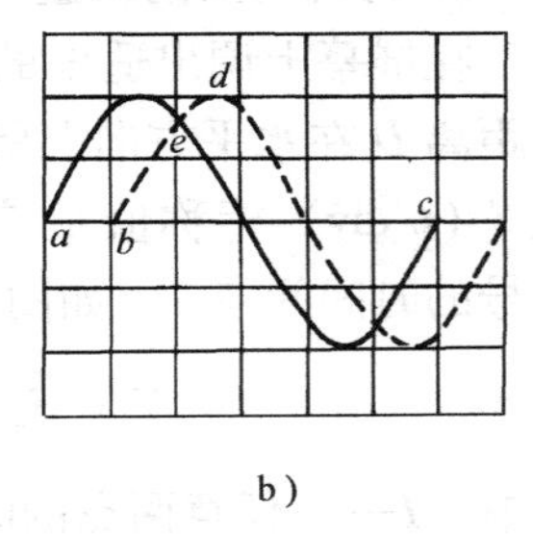

b)

图 3-29　单踪示波法测量相位差

$$u_1 = U_{m1}\sin(\omega t)$$

$$u_2 = U_{m2}\sin(\omega t + \Delta\theta)$$

测量时，首先令开关置于“1”处，显示出 u_1 的波形，如图 3-29b 所示的实线。调整仪器使显示波形的起始点固定在某一位置 a，读出 ac 的长度并记录下来。然后将开关置于“2”处，这时显示出 u_2 的波形，如图 3-29b 所示的虚线，读出 ab 的长度，则相位差可按下式计算，即

$$\Delta\theta = \frac{ab}{ac} \times 360°$$

为便于直接读数，也可以将 ac 长度调整为 6 格，则每格为 60°。

>> **想一想**　在进行相位的测量时，X 轴扫描因数的“微调”开关是否一定要置于“校准”位置？

（2）双踪示波法　使用双踪示波器测量相位时，可将被测信号 u_1、u_2 分别接至 Y 轴系统的两个通道输入端，并选择 u_1 作为触发信号（超前者）。适当调整“Y 移位”，使两个信号重叠起来，如图 3-30 所示。这时可以从图中直接读取 ab 和 ac 的长度。并按式 $\Delta\theta = \frac{ab}{ac} \times 360°$ 计算相位差。

4. 李萨育图形法测频率

使示波器工作在 X-Y 显示方式，在 X、Y 轴系统同时加入两个正弦信号，此时，屏幕上显示的波形就是李萨育图形。李萨育图形的形状与输入的两个正弦信号的频率和相位有关，因此，可以通过对图形的分析来确定信号的频率及两者的相位差，这种方法称之为波形合成法。

在测量时，应把示波器的触发源选择开关置于“外”处。

测量时仪器的连接方法如图 3-31 所示。

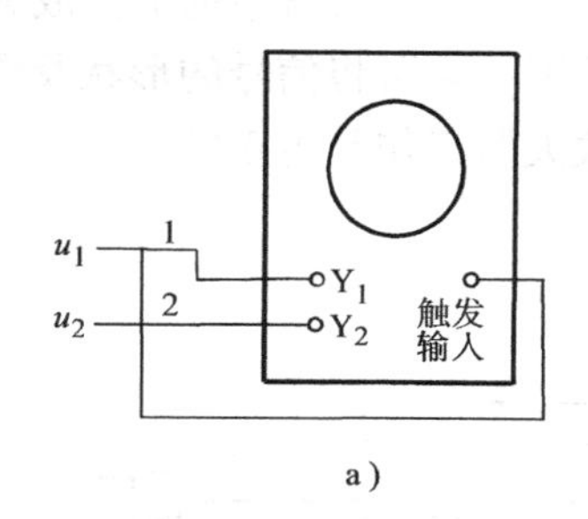

a)　　b)

图 3-30　双踪示波器法测量相位差

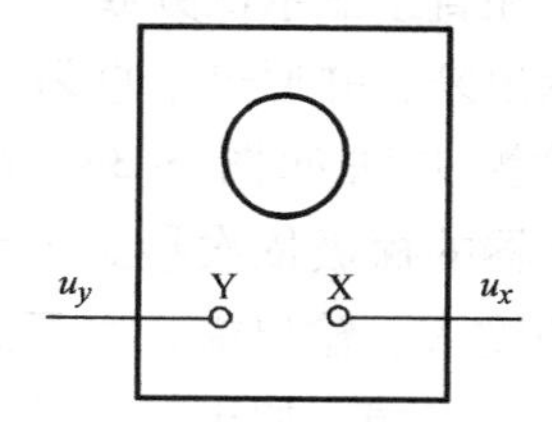

图 3-31　李萨育图形法测频率连接图

其中，被测信号从 Y 通道输入，标准信号源接入 X 通道。调节标准信号源直到屏幕上出现稳定的图形，图形的形状取决于被测信号与标准信号的频率比，图 3-32 所示是一些典型的李萨育图形。如果用 f_y 表示被测信号的频率，f_x 表示标准信号的频率，两者有以下关系

$$\frac{f_y}{f_x} = \frac{m}{n}$$

式中的 m、n 分别表示假设在李萨育图形上作的一条水平线和一条垂直线与图形的交点数，且水平线和垂直线不通过图形交点或与图形相切。

图 3-32 典型的李萨育图形

例 3.3 调节示波器和标准信号显示出如图 3-33 所示的图形，且标准信号源的输出频率 $f_x=2\text{kHz}$，求 f_y。

解： 假设水平线与图形最多可以有三个相交点，即 $m=3$；同理 $n=2$，所以

$$f_y = f_x \frac{m}{n} = 2\text{kHz} \times \frac{3}{2} = 3\text{kHz}$$

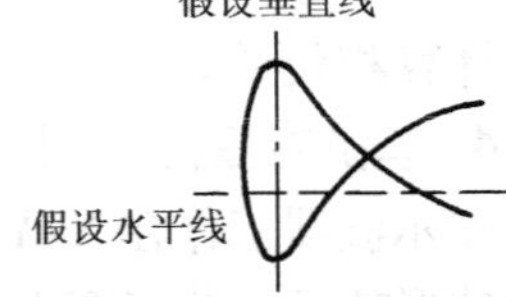

图 3-33 显示波形

用李萨育图形法测出的频率值是比较准确的，但这种方法只能测量低频率信号的频率。

5. 用示波器检测低频放大器

用示波器可对各种低频放大系统进行检测，如家用电器及电子仪器等设备中的低频放大电路。在直接显示低频放大器的信号时，示波器有点类似于电压表，它可将信号的形状及幅度显示出来，并通过垂直刻度读出电压值，也可以以此来判断放大器工作是否正常。

检测方法如图 3-34 所示。用示波器的探极依次接到各级放大器的输入、输出端，直至最后一级的输出端，如果整个放大器工作正常，则各测试点显示的波形将是相似的且幅度是增大的；用测量输入和输出端的信号幅度，可方便地求出各级的增益。当然，用这种方法也可以直观地显示信号的失真情况。总之，这是一种非常实用的检测手段，也是维修电子设备最常用的方法之一。

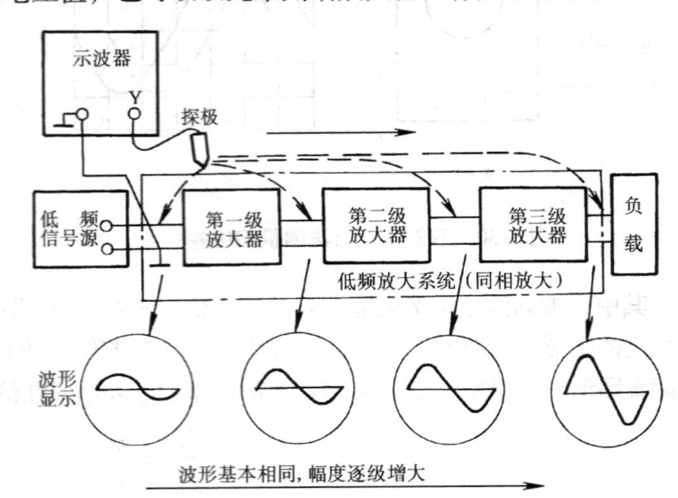

图 3-34 用示波器检测低频放大器

3.7　电子示波器的发展概况

电子示波器是1931年由美国无线电公司（RCA）首次制造成功，至今已有80多年的历史。其发展大致可分为以下几个阶段。

第一阶段为20世纪30～50年代。电子示波器用电子管制成，频带较窄，多用于定性测试。

第二阶段为20世纪60～70年代，除示波管外均用晶体管制成，准确度较高，并且具有双踪显示能力。出现了取样示波器，频带较高，可达到18GHz。60年代初制成了记忆示波器；60年代早期出现了存储示波器。

第三阶段是指20世纪80年代以后，由于出现了微处理器，使示波器向智能化方向发展。特别是便携式数字示波器的出现。传统的模拟示波器应用微处理器，以数字化形式处理并记录波形，带宽及触发情况都得到大幅度提高，波形测量速度更快、更准确，重复性更高。使用者可以像使用电脑一样，在屏幕上移动光标来测量时间和幅度，并直接获得测量数据，省去了繁琐的数格子和考虑比例因数等工作环节。

图3-35所示是一种数字式示波器的简化原理图。其核心是一个中央微处理器，被测信号经模-数转换器送入数据存储器。使用者可以通过键盘发出指令，使中央微处理器对存储数据进行加、减、乘、除等一系列运算，然后送给显示部分显示；也可以通过编程，将使用者的测量过程存储起来，遇到同类物理量的测量即可自动重复这一操作过程。

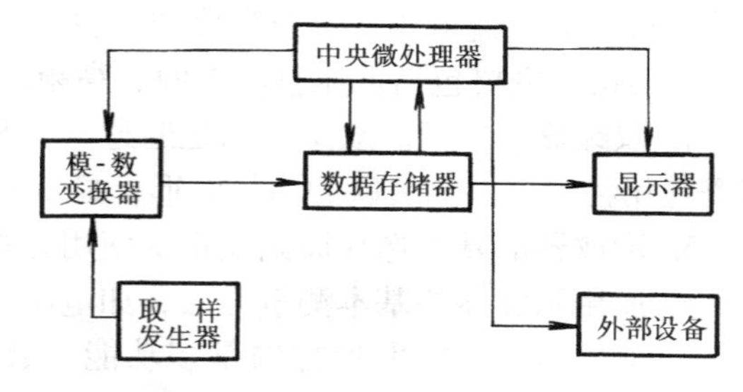

图3-35　数字式示波器简化原理图

数字式示波器已成为示波器的发展主流产品。它主要具有以下特点：

（1）波形处理能力强　数字式示波器应用了取样技术、数字技术和微处理器技术，它能对被测信号波形进行密集取样，取样值被存储在存储器中，然后根据需要取出取样值重新组合一个清楚的波形。也可以对多个波形进行类似的操作。

（2）具有移动光标测量功能　数字示波器的光标可以在屏幕上任意移动，将光标移到波形上（某个测量点上），就可以从屏幕上直接以数字形式读出结果。

（3）向多功能化发展　随着微处理器技术的应用推广，已出现了将数字万用表、频谱分析仪、频率计、信号发生器等多种电子仪器组合成便携式数字示波器，向着建立完整的测试工作站方向努力。例如，国产PY2000—Ⅲ型双踪数字示波器就带有数字电压表、信号发生器、频率计、频谱分析仪等功能，并且配有长时间信号记录仪。

本 章 小 结

电子示波器是应用最广泛的电子测量仪器，主要应用在时域测量中，可以直观地显示被测信号波形和对多种参数进行定量的测量。

1. 示波器的显示器件是阴极射线示波管，它将被测信号由电能转化成光信号。

2. 被测信号的波形显示在屏幕上，是因为示波管内的电子束同时受到 Y 轴方向被测信号和 X 轴方向扫描锯齿波电压共同作用的结果。屏幕上要显示稳定的波形，被测信号周期必须与扫描电压周期成整数倍的关系，即保持同步。

3. 通用电子示波器由 *Y* 轴系统、*X* 轴系统和 *Z* 轴系统组成。

Y 轴系统：*Y* 轴系统的任务是将被测信号进行不失真的衰减、放大、延时后对称地加到 *Y* 轴偏转板，同时，向 *X* 轴系统提供内触发信号。*Y* 轴系统由探极（在仪器外部）、耦合方式选择开关、衰减器、前置放大器、延迟线、后置放大器及触发放大电路等组成。对应仪器面板上常设有输入耦合方式开关、*Y* 轴偏转灵敏度开关（V/div）、Y 移位及双踪示波器中的显示方式开关等。

X 轴系统：*X* 轴系统的主要任务是产生并放大一个与时间成线性关系并与被测信号保持同步的锯齿波扫描电压。*X* 轴系统由触发整形电路、扫描发生器电路及 X 放大器组成。而触发整形电路由触发源选择、触发耦合方式、触发极性、触发电平及放大整形电路组成。扫描发生器电路由扫描闸门、锯齿波产生电路、电压比较及释抑电路组成。对应仪器面板上常设有扫描因数开关（*t*/div）、触发源选择开关、触发极性选择开关、触发电平选择开关、触发耦合方式、X 移位、寻迹、扫描因数扩展开关等。

示波器工作在 X-Y 工作方式时，X 放大器放大由仪器外部输入的信号。

Z 轴系统：*Z* 轴系统的主要任务是为示波管、各电极供给高频高压直流电压，为各单元电路提供低频直流电压，以及为校准示波器 *Y* 轴系统灵敏所提供的 1V、1kHz 的标准方波信号。*Z* 轴系统主要包括低压直流电源、高频高压直流电源及校准信号发生器。

4. 双踪显示原理。双踪显示是通过电子开关的转换，用同一种速度扫描，“同时”显示两个互相独立且互相关联的信号波形，显示方式有交替和断续两种。

5. 示波器的基本选择原则及正确使用方法。

6. 通用示波器的基本测量方法，如电压的测量、时间和频率的测量、相位的测量等。

7. 电子示波器的发展方向是多功能、数字式的智能化示波器，它的使用将会更简单、更快捷并且测量结果会更准确。

综 合 实 训

实训一 用示波器观测正弦信号的幅度

1. 实训目的

熟悉通用示波器面板上各开关旋钮的作用，示波器的基本使用方法，用示波器观测正弦信号。通过使用进一步了解示波器原理。

2. 实训仪器

1）示波器一台。

2）低频信号发生器一台。

3）电子电压表一台。

3. 实训过程

1）将低频信号发生器的输出端与示波器 *Y* 轴输入端相连。

2）调节信号发生器使其输出信号频率与电压值如表 3-2 所示，使用电子电压表进行监测。同时调节示波器，使屏幕上显示出稳定的正弦波形，并测出相应的幅度和周期；最后，把测量数据填入表 3-2 中。

表 3-2　测量数据

低频信号发生器的输出		50Hz	100Hz	500Hz	1kHz	5kHz	10kHz	500kHz	800kHz	1MHz
		0.5V	1V	1V	2V	2V	3V	4V	5V	6V
电子电压表的测量值										
示波器电压测量	“V/div”档级									
	读数（div）									
	U_{P-P}/V									
	U_{rms}/V									
示波器周期测量	“t/div”档级									
	读数（div）									
	周期									

4. 实训报告

1）实训报告要认真分析测量中的数据及测量中存在的异常现象。

2）分析产生误差的主要原因及减少误差的方法。

3）注意本实训中用电子电压表测量的是什么信号，在读数上有什么要求。

实训二　用李萨育图形法观测频率

1. 实训目的

掌握李萨育图形的调节方法，用李萨育图形法观测频率的基本方法。

2. 实训仪器

1）双踪示波器一台。

2）低频信号发生器两台。

3. 实训过程

1）将作为标准信号源的低频信号发生器接入示波器的 X 通道，把被测信号源接入 Y 通道。

2）调节被测信号发生器的频率输出分别为 50Hz、500Hz、1kHz、3kHz，再相应地调节标准信号发生器和示波器，使屏幕上显示出稳定的李萨育图形。

3）分析相应的李萨育图形，算出频率值，填入表 3-3 中。

表 3-3　李萨育图形法测量频率

被测信号源	50Hz	500Hz	1kHz	3kHz
李萨育图形				
m 值				
n 值				
标准信号频率 f_x				
被测信号频率 f_y				

4. 思考

1）李萨育图形的显示示波器以什么样的方式工作？

2）李萨育图形的调节过程中应注意什么问题？

3）李萨育图形法测量频率有什么特点？

5. 实训报告

1）认真整理实训报告，正确分析实训数据。

2）提出实训中存在的问题及解决办法。

实训三　使用示波器观测电路的波形

1. 实训目的

掌握用示波器观测实际电路（如电视机）波形的基本方法。

2. 实训器材

1）示波器一台。

2）黑白电视机一台。

3. 实训过程

1）分析黑白电视机的电路原理图，特别注意关键点的波形形状。

2）用示波器对这些关键点的波形进行观测，并把观测到的波形与原理图上的波形进行比较。

习　题

1. 示波管由哪几部分组成？各部分的作用分别是什么？

2. 通用示波器主要由哪几部分组成？各部分的作用分别是什么？

3. 延迟线的作用是什么？它对观测脉冲前沿有什么影响？

4. 设两对偏转板的灵敏度相同，如果在垂直、水平两对偏转板上分别加如下电压，则屏幕上显示什么波形？试用描点作图法画出其波形。

（1）$u_y = U_m \sin\omega t$，$u_x = U_m \cos\omega t$

（2）$u_y = U_m \sin\omega t$，$u_x = U_m \sin 2\omega t$

（3）$u_y = U_m \sin\omega t$，$u_x = U_m \sin\omega t$

5. 若要观测 100MHz 的信号，应选择示波器的频带宽度为多少？

6. 若要观测上升时间为 0.009μs 的脉冲信号，应选择频带宽度为多少的示波器？

7. Y 轴偏转灵敏度为 200mV/div 的 100MHz 示波器，观察 100MHz 正弦波，其峰—峰值为$\sqrt{2}$V，问屏幕上显示的波形高度为几个格？当 $u_y = 500$mV（有效值）时波形总高度又应为几个格？

8. 已知示波器的 Y 轴偏转灵敏度 $S_y = 0.5$V/div，屏幕有效高度为 10div，扫描因数为 0.1ms/div。被测信号为正弦波，屏幕上显示波形的总高度为 8div，两个周期的波形在 X 方向占 10div。求该被测信号的频率 f_y、振幅 U_m、有效值 U_{rms}。

9. 某示波器 X 方向最高扫描因数为 0.01μs/div，其屏幕在 X 方向可用宽度为 10div，如要观察两个完整周期波形，问示波器最高工作频率是多少？

10. 被测信号电压波形如图 3-36a 所示。屏幕上显示的波形有图 3-36b、c、d、e 几种情况。试说明各种情况下的触发极性与触发电平旋钮的位置。

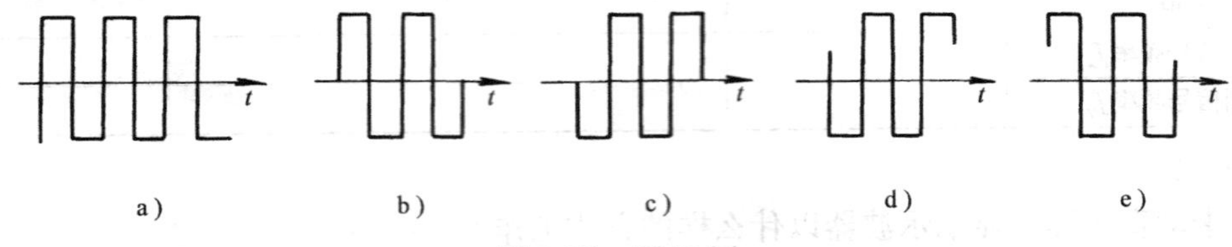

图 3-36　题 10 图

11. 示波器在正常工作的情况下，波形在屏幕的 X、Y 轴方向没有展开是什么原因？（简答）

第4章　万用表及其测量技术

引　言

本章掌握模拟、数字万用表的电压、电流、电阻测试原理；万用表使用方法；利用万用表进行电容量、电感量、二极管、晶体管等的测量，以及晶体管引脚的识别；掌握万用表测量中测量误差的处理方法。

学习目标

应知：万用表的分类
　　　万用表测直流电流、电压的基本原理
　　　万用表测交流电流、电压的基本原理
　　　万用表测电阻的基本原理
　　　模拟式万用表准确度等级的选用
　　　模拟式万用表测量电流、电压的量程选择
　　　模拟式万用表测量电阻的量程选择
　　　数字式万用表的分类
　　　模拟式万用表与数字式万用表红、黑表笔的区别
应会：使用模拟式万用表对电流、电压、电阻、电容、电感、二极管、晶体管等电参量进行测量
　　　使用数字式万用表对电流、电压、电阻、电容、电感、二极管、晶体管等电参量进行测量
　　　使用数字式万用表对LED数码管进行检测

4.1　概述

万用表全称是万用电表，万用表是电子测量技术领域中最早出现的测量仪表，它以测量电压、电流、电阻三大参量为主，所以也称为三用表，国家标准中称为复用表。万用表是一种具有多种测量功能、多个测量范围（量程）、应用非常广泛的便携式仪表，它具有操作简单、读数方便、可靠性高、价格低廉等特点，在相当长的时间内，仍然在发挥着它独特的作用。所以，本书以普遍使用、技术成熟的指针式万用表为基础，对常见万用表测试原理进行分析，掌握其使用方法和测试技术。

万用表种类繁多，根据其测量原理及测量结果的显示方式进行分类，一般可分为模拟式

万用表和数字式万用表两大类。

4.2 模拟式万用表

模拟式万用表虽然型号种类繁多，但其结构及原理基本相同，其结构框图如图 4-1 所示。

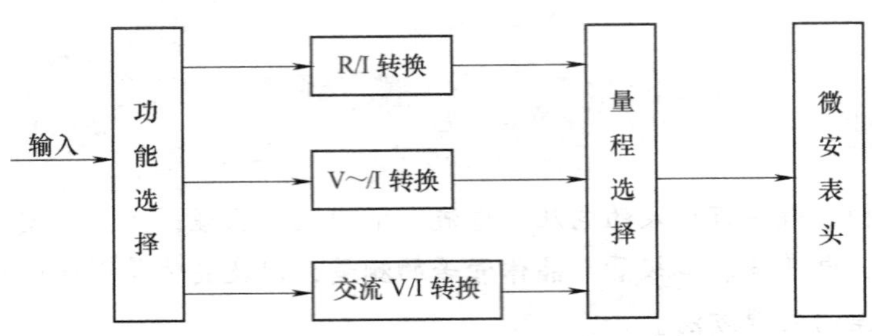

图 4-1 模拟式万用表结构框图

4.2.1 模拟式万用表的基本原理

模拟式万用表的基本测量过程是通过一定的测量机构，将被测的模拟电量转换成电流信号，再由电流信号去驱动表头指针偏转，通过相应的刻度板读数即可指示出被测量的大小，如图 4-2 所示。

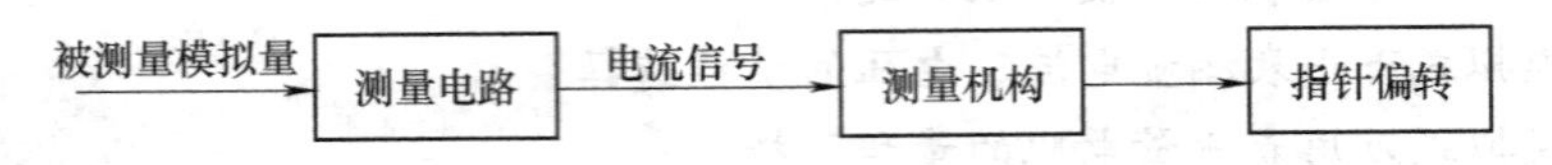

图 4-2 模拟式万用表的测量原理框图

万用表由表头、测量电路及转换开关构成。表头是一个高敏感度的直流电流表（微安表），用以指示被测量的值，是模拟式万用表的核心部件，它的性能是决定万用表主要技术指标的重要因素；测量电路将被测量转换为适合于表头指示的微小直流电流。万用表的测量电路实质上就是多量程的直流电流表、多量程的直流电压表、多量程的交流电压表以及多量程的电阻表等几种测量电路的组合。转换开关用以选择不同的测量电路和量程档级，以适应各种测量功能和量程的要求。

1. 直流电流的测量

万用表的表头是一个动圈式直流电流表，可以直接测量微小的直流电流。常用万用表的表头是一个 50μA 的直流电流表。若要测量的电流大于表头的最大电流（50μA），就要在表头上并联分流电阻，构成一个多量程的直流电流表，其原理图如图 4-3 所示。

电路中分流电阻 R_1、R_2、R_3 串联后再与表头并联，形成分流电路。当转换开关 S 接到不同位置时，分流电阻阻值不同，以达到变换电流量程的目的。

2. 直流电压的测量

万用表的表头是一个直流电流表，但由于表头具有一定的内阻 R_0，电流流过表头就会产生一定的电压降，这个电压的大小与通过的电流成正比。例如，若直流电流表表头为 50μA，其内阻为 2kΩ，当有 30μA 的直流电流通过表头时，表头两端会有 0.06V 的电压降。

可见，直接用直流电流表头只能测量很低的直流电压值，为了扩展表头测量直流电压的范围，需要在表头串联分压电阻，构成一个多量程的直流电压表，其原理图如图 4-4 所示。

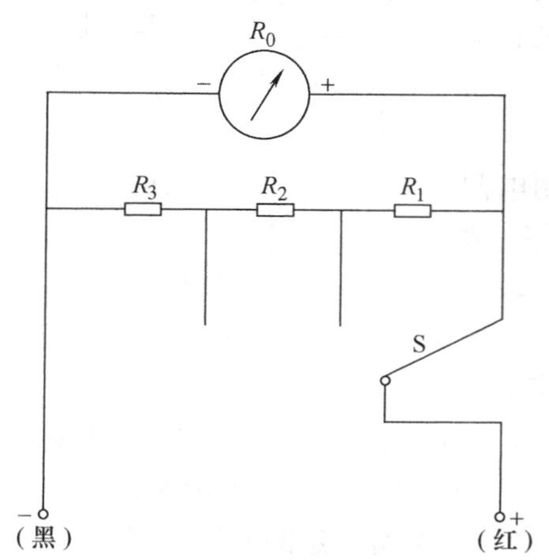

图 4-3　直流电流表分流原理图

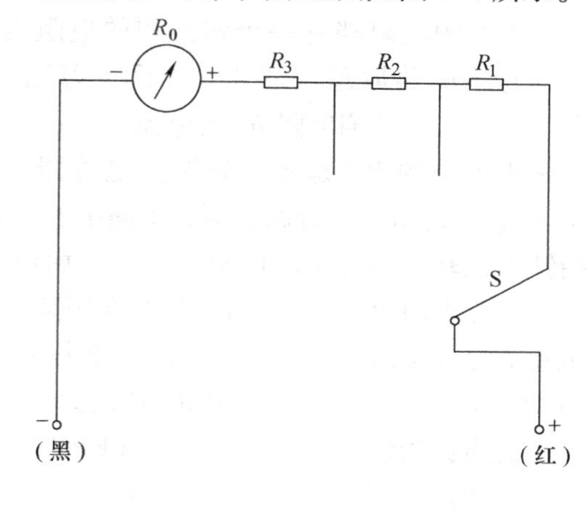

图 4-4　直流电压表分压原理图

电路中分压电阻 R_1、R_2、R_3 串联后再与表头串联，形成分压电路。当转换开关 S 接到不同位置时，分压电阻阻值不同，以达到变换电压量程的目的。

3. 交流电压的测量

万用表的表头是一个直流电流表，不能直接测量交流电压。为了使直流表头能测交流，必须增设整流电路，将被测的交流变成相应的直流，再作用于直流电流表。整流电路有半波整流和全波整流两种，实际万用表的交流电压测量电路多采用半波整流方式，如图 4-5 所示。

电路中的二极管 VD_1 的作用是半波整流。当交流电压正半周时，VD_1 导通，表头电阻 R_0 和分流电阻 R 上产生整流电流，使表针偏转。二极管 VD_2 为二极管反向保护，如果没有 VD_2，则负半周时反向电压几乎全部降到 VD_1 上，极有可能将 VD_1 击穿。接入 VD_2 后，负半周输入时，VD_2 导通，使 VD_1 两端电压很低，而不至于击穿。

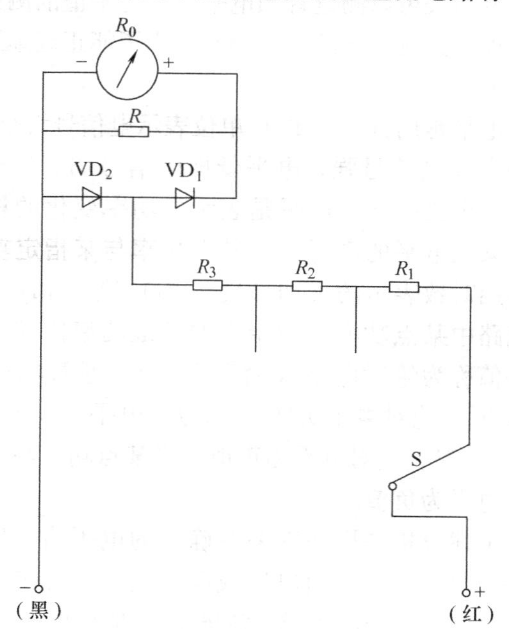

图 4-5　交流电压表整流、分压电路图

经整流后，流过表头的电流是单向脉动的。对于半波整流电路而言，电表指针偏转角度正比于半波整流电流的平均值。由于通常习惯于使用电压有效值表示交流电压，故万用表表盘上的刻度是经过换算把平均电压转换为有效电压而以有效值来表示的（正弦交流电流的有效值 $I_{有效} = 2.22I_{平均(半)}$）。即表头指针响应于正弦半波平均值，但表头标度是按正弦有效值刻度的，所以用万用表测量非正弦波形的交流电压时，会产生较大的读数误差。

4. 直流电阻的测量

万用表的电阻档是一个多量程的电阻表。测量直流电阻的基本电路原理如图4-6所示。万用表测量电阻，实质是测量流过被测电阻 R_x 的电流。

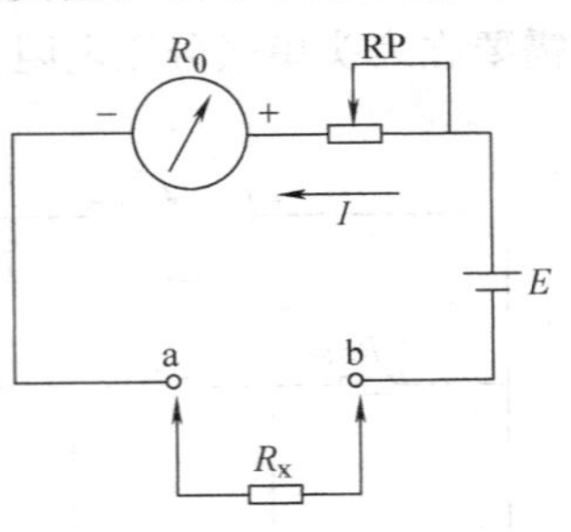

图4-6 直流电阻测量原理图

图4-6中的RP是零欧姆调整电位器。当被测电阻 $R_x=\infty$（即a、b两点开路）时，电路中的电流 I 为零，表头指针不偏转，指针指向电阻刻度的起始位置（即∞Ω）处。当被测电阻 $R_x=0$（即a、b两端短路）时，电路中的电流 I 为最大，$I=E/(R_0+\mathrm{RP})$，表头指针指向满刻度（即0Ω）处，此时可通过调节RP使之为0。当 $R_x=R_0+\mathrm{RP}$ 时，电路中的电流 I 为满度的一半，表头指针指示在刻度的正中间（即中心电阻值处）。同理，当电路中接入某一确定的被测电阻 R_x 时，电路中就产生相应的直流电流，表头指针就会有一定的偏转角度。

实际测量中，电阻的测量是通过被测电阻中的电流转换而实现的。当被测电阻 R_x 在0至∞之间变化时，表头指针就在满刻度与零电阻值之间变化，根据公式 $I=E/(R_0+R_x+\mathrm{RP})$ 可得出，电路中的电流与被测电阻是非线性关系，所以，测量电阻的标度尺的分度是不均匀的。被测电阻值越大，电流越小，所以，电阻标度尺是反向刻度的。

通常，万用表测量直流电阻原理图（即电阻表测量原理）如图4-7所示。

5. 音频电平的测量

万用表可以测量音频电平值。电平值的测量是以测量交流电压来实现的，因此，电平测量原理与交流电压的测量相同。为了能正确地运用万用表进行电平的测量，先简单地介绍一下电平的意义。

电平是用分贝（dB）单位表示电信号大小的物理量，电平高即电信号强，电平低即电信号弱。从分贝（dB）单位的定义分析，电平是表示电功率变化的相对值，电路中某点电平的高低是以某点功率与某指定功率的比值的常用对数表示的（即分贝（dB）值 $=10\lg(P_1/P_0)$）。若电路中某点功率与被指定的标准功率比较，而确定的电平值称为绝对电平（简称电平）。通常标准功率选用1mW时，绝对电平为零（称为零电平）。当某点功率大于1mW时，绝对电平为正值；当某点功率小于1mW时，绝对电平为负值。

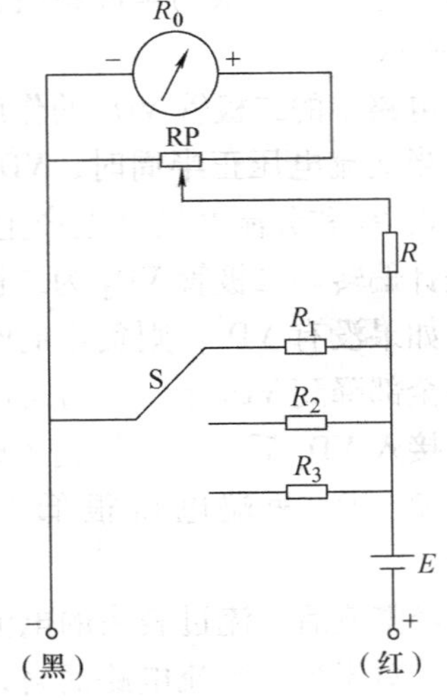

图4-7 电阻表测量原理图

上述分析是用功率关系确定的电平值，称之为功率电平。电平也可以由电压或电流关系来确定，这时的电平值自然为电压电平或电流电平（因为 $P=U^2/R=I^2R$，所以分贝（dB）值 $=10\lg(P_1/P_0)=20\lg(U_1/U_0)=20\lg(I_1/I_0)$）。

电平的实际应用中，通常规定在600Ω负载上输出1mW的功率作为零功率电平。零功率电平时负载上的电压为 $U_0=\sqrt{PR}=\sqrt{0.001\times600}\mathrm{V}=0.775\mathrm{V}$，此电压值即为零电压电平。有了零电压电平的定义，就可以求出任何一个电压的绝对电平分贝值。因此，电平的测量可

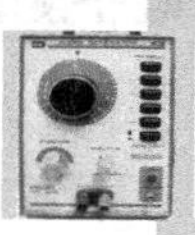

以转换为电压的测量。

在万用表中，分贝（dB）标度是与交流电压的最低档相对应的。国产万用表交流电压的最低档量程通常是 10V，所以 10V 标度尺上 0.775V 线就是零分贝标度线。根据这一关系，可以换算出交流电压标度线上任一电压值所对应的分贝值来。例如，对应于 0.245V 处的分贝值为

$$20\lg\frac{0.245}{0.775}=-10\text{dB}$$

对应于 7.75V 处的分贝（dB）值为

$$20\lg\frac{7.75}{0.775}=20\text{dB}$$

如果被测电平较高，就要把转换开关放置在较高量程档测试，例如放在 50V，这时测量结果的电压读数应按 50V 标度，即比 10V 标度大 5 倍。分贝读数也应比分贝标度盘上读数加 14dB。因为：

$$20\lg\frac{5U_1}{U_0}=20\lg5+20\lg\frac{U_1}{U_0}=14\text{dB}+20\lg\frac{U_1}{U_0}$$

可见，当量程开关放在高量程档时，实际分贝数等于分贝标度读数加上附加分贝数。

4.2.2 MF500 型万用表

MF500 型万用表是电子实验室最常见电子测量仪表，MF500 型万用表是一种高灵敏度、多量限的便携式整流系仪表。该仪表有 24 个，甚至更多的测量量程，能分别测量交直流电压、直流电流、电阻及音频电平。

1. MF500 型万用表的主要性能指标

（1）测量范围及基本误差

1）直流电流档：0—50μA—500mA 共分五档，误差为 ±2.5%；

2）直流电压档：0—2.5V—500V 共分五档，误差为 ±2.5%；2500V 档，误差为 ±4.0%；

3）交流电压档：0—10V—500V 共分四档，误差为 ±4.0%；2500V 档，误差为 ±5.0%；

4）直流电阻档：0—2kΩ—20MΩ 共分五档，误差为 ±2.5%；

5）音频电平档：-10—22dB。

（2）灵敏度

1）直流电压 2.5—500V 档，灵敏度为 20kΩ/V；2500V 档，灵敏度为 4kΩ/V；

2）交流电压档，4kΩ/V。

（3）工作环境　MF500 型万用表适合在周围气温为 0 ~ +40℃，相对湿度在 85% 以下的环境中工作。

2. MF500 型万用表整机原理图

万用表只用一只表头，可以完成对多种电量的测量，而且具有多档量程。这是通过各种测量线路把被测量转换成适合于表头指示的直流电流信号，也就是本章前一节所介绍的各种转换开关原理来实现的。因此，万用表的测量电路实质上就是多量程直流电流表、多量程直

流电压表、多量程整流式交流电压表、多量程电阻表及音频电平等几种电路的组合。MF500型万用表的整机原理图如图 4-8 所示。

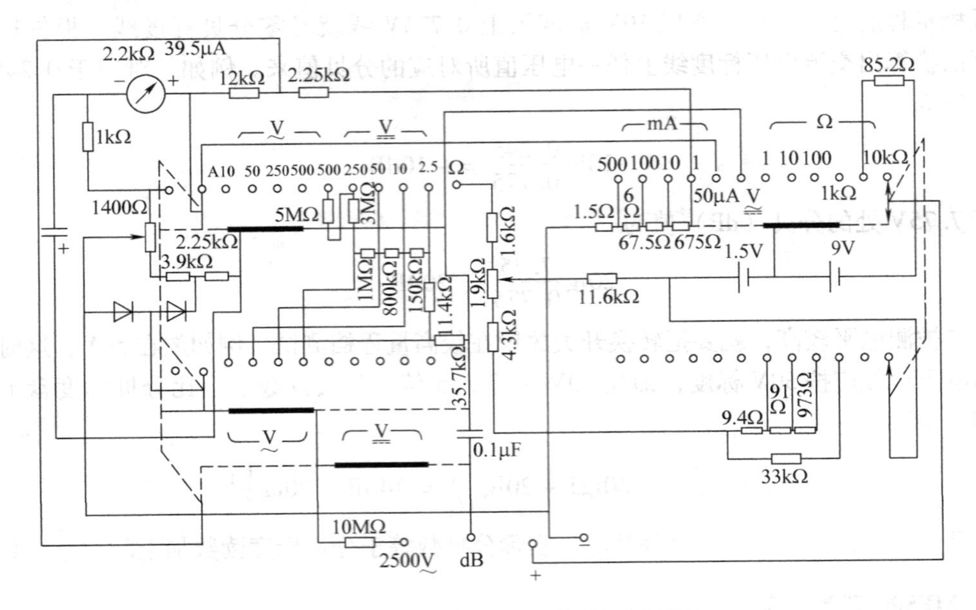

图 4-8 MF500 型万用表的整机原理图

由图可知，直流电流的测量通过各档倍率电阻（1.5Ω、6Ω、67.5Ω、675Ω）分流，把被测电流变成表头能测量的电流。直流电压的测量通过倍率电阻（11.4kΩ、150kΩ、800kΩ、1MΩ、3MΩ、5MΩ）将电压转换为电流，然后由表头指示。交流电压测量值则经过二极管整流得到。直流电阻的测量是根据欧姆定律实现的。

3. 转换开关

通过上面知识，可知万用表的“万用”是通过切换测量线路实现的。而完成这种“切换”的装置，是转换开关。它分为单转换开关和双转换开关两种，常用的为单转换开关。转换开关的机械结构由多个活动接触点和多个固定接触点组成，前者称为“刀”，后者称为“掷”，且刀和刀之间是联动的，转换开关可以使某些“刀”与“掷”闭合，接通所要求的测量电路。

4.2.3 模拟式万用表的使用

下面以 MF500 型万用表为例介绍模拟式万用表的使用。

1. 操作面板

MF500 型万用表的表盘及面板布置如图 4-9 所示。面板及表盘上标有许多数字、符号及刻度线，这些均是表示万用表的性能指标的，各功能旋钮和含义分别是：

（1）功能及量程转换开关 S_1、S_2 万用表的面板上有两个 12 档的波段开关 S_1 与 S_2，它们是万用表面板上最重要的两个转换开关，二者必须交替配合使用。当其中一个作为功能选择开关时，另一个则进行量程的选择。

“.”档为停止使用时的位置。万用表每次测量完毕或携带时，应置于该档。这时仪器内部电路呈开路状态，以防止因误置开关位置而造成仪表损坏。

"$\underset{\cong}{\mathrm{V}}$"档为测量交、直流电压时的位置。

"Ω"档为测量电阻时的位置，有五个不同的量程。

"50μA"和"mA"档为测量直流电流的位置，共五档。

"$\underset{=}{\mathrm{V}}$"档为测量直流电压时的位置。

"$\underset{\sim}{\mathrm{V}}$"档为测量交流电压时的位置。

"$\underset{=}{\mathrm{A}}$"档为测量直流电流时的位置。

（2）"Ω"旋钮，即"零欧姆调整电位器"　在万用表测量直流电阻（即万用表置于电阻档）时，将红、黑两根测试表笔短接，指针应指在"Ω"档刻度线的零点。否则，调节该旋钮进行电阻档调零。

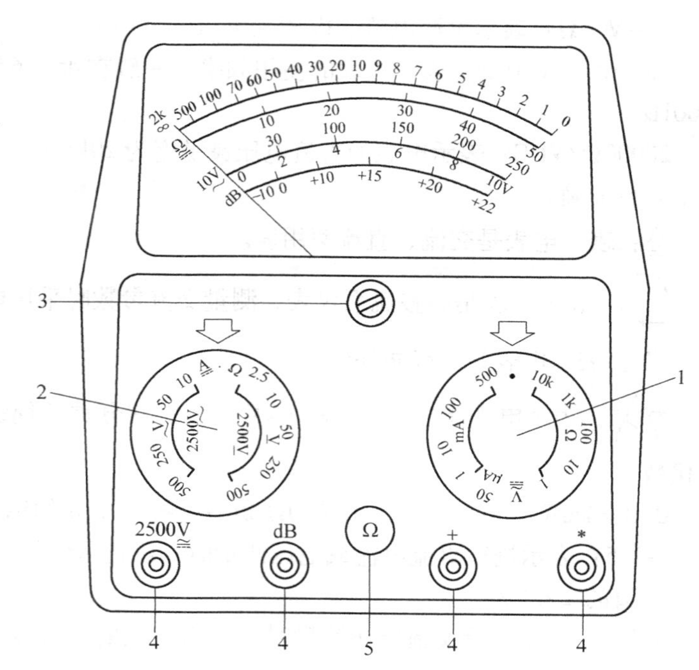

图 4-9　MF500 型万用表面板图

1、2—功能及量程转换开关　3—机械零点校正器

4—接线插口　5—零欧姆调整电位器

每次改换电阻档量程时，都应重复上述操作。

（3）机械零点校正器　使用万用表测量前，将电表水平放置，若表头指针静止时不指在"0"点位置上，调整机械零点校正器使指针指向"0"点。

（4）接线插口　万用表有四只接线插口，有交流、直流输入之分，使用时要谨防接错。

"＊"接线口，面板右下方第一个接线插口，它是公共接线口。进行测量时，接黑色表笔。

"+"接线口，进行测量时，接红色表笔。

"dB"接线口，进行音频电平测量时，接红色表笔。

"2500 $\underset{\cong}{\mathrm{V}}$"接线口，测量大于 500V 的交、直流高电压时接红色表笔。

2. 表头刻度与符号

（1）刻度　MF500 型万用表表头刻度盘上有四条刻度线，刻度线的两端标注着读测的种类。

四条刻度线自上而下分布如下：

∞ ~0 刻度线，它是直流电阻的读数标识线。

$0\sim\frac{50}{250}$刻度线，直流电压、直流电流和交流电压（除此 10 $\underset{\sim}{\mathrm{V}}$ 档之外）的读数标识线。

0 ~ 10 $\underset{\sim}{\mathrm{V}}$ 刻度线，10 $\underset{\sim}{\mathrm{V}}$交流电压的读数标识线。

−10 ~ 22dB 刻度线，音频电平的读数标识线。

（2）符号　万用表表头上有一些表示万用表的特性和使用范围的符号，为了能更好地识别和使用万用表，分别介绍这些常见的符号所代表的意义。

A—V—Ω：表示可测电流、电压和电阻的三用表。

45—65—1000Hz：表示电表的使用频率，一般在45～65Hz范围内，最高频率不得超过1000Hz。

20000Ω/VDC：表示电表的直流电压灵敏度为20kΩ/V。直流电压灵敏度Ω/V越高，测量结果越准确。

A≂：表示电表是交流、直流两用表。

：表示电表是属整流系仪表，测量交流参数时采用内部整流器。

Ⅲ：表示电表为三级防外磁场。

☆6：表示电表能经受50Hz、6kV交流电一分钟的绝缘强度试验，星号内的数字表示千伏数。

0dB＝1mW、600Ω：表示在600Ω负载阻抗上0dB的标称功率为1mW。

⎓2.5：表示进行直流电流或电压测量时，以指示值的百分数表示准确度等级为2.5级，即满度值的±2.5%。

～2.5：表示进行交流电压测量时，以指示值的百分数表示准确度等级为2.5级，即满度值的±2.5%。

V̰—2.5kV～4000Ω/V：表示测量交流电压时和用2.5kV档测量直流电压时电表的灵敏度为4000Ω/V。

⊓：表示电表必须水平放置。

3. 模拟式万用表的准确度等级及测量误差分析

万用表的准确度等级一般分为0.1、0.2、0.5、1.0、1.5、2.5、5.0七个等级。准确度是仪表示值（测量值）与被测量值（实际值）相符合程度的物理量，误差越小准确度越高。万用表七个等级中0.1级准确度最高，5.0级准确度最低。准确度等级是以其满度相对误差的大小不同来进行分级的；当满度相对误差小于0.1%、0.2%、0.5%、1.0%、1.5%、2.5%、5.0%时，其准确度等级分别为0.1、0.2、0.5、1.0、1.5、2.5和5.0级。

用万用表进行测量时会带来一定误差。误差来源于仪表本身的准确度等级所允许的最大绝对误差；使用仪表进行参数测量时，操作不当带来的人为误差和粗大误差。正确了解万用表的特点以及测量误差产生的原因，掌握正确的测量技术和方法，可以减小测量误差。

（1）人为误差　人为误差常表现为读数误差，它是影响测量准确度的主要原因之一，不可避免，但可以减小。因此，使用中要特别注意以下几点。

1）测量前要把万用表水平放置，进行机械调零。

2）读数时眼睛要与指针保持垂直。

3）测量电阻时，每换一次档都要进行调零。调不到零时要更换电池。

4）测量电阻或高压时，不能用手拿捏表笔的金属部位，以免人体电阻分流，增大测量误差或触电。

（2）电压、电流档量程选择与测量误差　直流电压、电流，交流电压、电流等各档，准确度等级的标定是由最大绝对允许误差与所选量程满度值的百分比表示：

$$\gamma_m = \frac{\Delta x_m}{x_m} \times 100\%$$

1）采用准确度不同的万用表测量同一电压所产生的误差。

例 4.1 测量一个 10V 的标准电压，用 100V 档、0.5 级和 15V 档、2.5 级的两块万用表测量，问哪块表测量误差较小？

解：第一块表测得最大绝对允许误差为

$$\Delta x_{m1} = \pm 0.5\% \times 100V = \pm 0.50V$$

第二块表测得最大绝对允许误差为

$$\Delta x_{m2} = \pm 2.5\% \times 15V = \pm 0.375V$$

由此可见，虽然第一块表准确度较高，但因为量程的选择与测量值相差较大，误差也较大。故在选用万用表时，并非准确度越高越好，还要选用合适的量程。

2）用一块万用表的不同量程测量同一个电压值所产生的误差。

例 4.2 MF500 型万用表，其准确度为 2.5 级，选用 100V 档和 25V 档测量一个 22V 标准电压，问哪一档误差小？

解：100V 档测得最大绝对允许误差为

$$\Delta x_{m1} = \pm 2.5\% \times 100V = \pm 2.5V$$

25V 档测得最大绝对允许误差为

$$\Delta x_{m2} = \pm 2.5\% \times 25V = \pm 0.625V$$

由此可见，用 100V 档测量 22V 标准电压，万用表上的指示在 19.5 ~ 24.5 V 之间；用 25V 档测量 22V 标准电压，万用表上的指示在 21.375 ~ 22.625V 之间，即用 100V 档测量的误差比 25V 档测量的误差大得多。故用一块万用表测量同一电压时，选用不同量程测量，得到的误差是不同的。在满足一定测量范围的情况下，应尽量选用量程小的档。

3）用一块万用表的同一量程测量不同电压值所产生的误差。

例 4.3 MF500 型万用表，其准确度等级为 2.5 级，用 100V 档测量一个 80V 和 30V 的标准电压，问哪一次测量误差小？

解：100V 档最大绝对误差：

$$\Delta X_m = 2.5\% \times 100V = \pm 2.5V$$

测量 80V 电压的最大相对误差：

$$\gamma_1 = \Delta X_m / U_1 \times 100\% = \pm 2.5/80 \times 100\% = \pm 3.1\%$$

测量 30V 电压的最大相对误差：

$$\gamma_2 = \Delta X_m / U_2 \times 100\% = \pm 2.5/30 \times 100\% = \pm 8.3\%$$

由此可见，同一量程测量不同电压时，被测量偏离满度值越大，误差就越大；反之，误差就越小。所以，在测量时，应使被测量指针在万用表满度值的 2/3 以上。

（3）电阻档量程选择与测量误差　电阻档的每一个量程均可以测量 0 ~ ∞ 的电阻值。欧姆表的标尺刻度是非线性、不均匀的倒刻度。且各量程的内阻等于中心刻度数的倍数，称作“中心电阻”。也就是说，被测电阻阻值等于所选档量程的中心电阻值时，电路中流过的电流是满度电流的一半，表头指针指示在标尺的中间刻度处，其准确度表示为

$$R\% = (\Delta R/\text{中心电阻}) \times 100\%$$

由此可见，用同一块万用表测量同一电阻值时，选用不同的量程所产生的误差相差

很大。

例 4.4 某型号万用表，其 R×10 档的中心电阻值为 250Ω；R×100 档的中心电阻值为 2.5kΩ，电表准确度等级为 2.5 级。用该电表测量一只 500Ω 的标准电阻，问用 R×10 档与 R×100 档测量，哪次测量误差大？

解：R×10 档测量的最大绝对误差为

$$\Delta R_1 = R_1\% \times 中心电阻 = \pm 2.5\% \times 250\Omega = \pm 6.25\Omega$$

用该档测量 500Ω 标准电阻，则示值范围为 493.75～506.25Ω。

R×100 档测量的最大绝对误差为

$$\Delta R_2 = R_2\% \times 中心电阻 = \pm 2.5\% \times 2500\Omega = \pm 62.5\Omega$$

用该档测量 500Ω 标准电阻，则示值范围为 437.5～562.5Ω。

由计算结果分析知道，选择不同的电阻档，测量产生的误差相差很大。因此，在选择测量量程时，尽可能能使被测量处于标度的中心位置，从而提高测量精度。

4. 模拟式万用表的基本使用方法

使用模拟式万用表完成一次参数的测量，应遵循以下步骤进行操作：

机械调零——接线端口选择——功能及量程的选择——测量过程——读数。

（1）机械调零　将万用表水平放置，观察表头指针是否指在零位上。若未指在零位上，调节电表面板上的机械零点校正器，使指针指准零位。

>> **小提示**　调节动作宜轻缓。

（2）接线端口选择　电表的红表笔插入标有“+”的接线端口，黑表笔插入标有“*”的接线端口。

在测量直流电流和直流电压时，红表笔应接被测电路的正级，黑表笔接负极。若不清楚被测电路的正、负极，可用以下方法判定：估计电流或电压值的大小并选择一合适量程，把黑表笔接在被测电路任一极上，同时用红表笔在另一极触碰一下。若表针正向偏转，则表明红表笔接的是正极，黑表笔接的是负极；若表针反向偏转，则结果相反。

测大于 500V 的直流电压时，红表笔插入“2500 V̲”接线口。

（3）功能及量程的选择　所谓功能选择就是根据被测量的不同，将功能转换开关旋至正确的位置。如测量电阻，则把转换开关旋至“Ω”档。

正确选择量程的方法是：在未知被测量值的大小时，应先选最大量程进行试测，根据指示结果的大约值，再准确选定测试量程。根据误差理论，测量电流或电压时，应使指针偏转至满度的 2/3 左右为宜。测量直流电阻时，应使指针偏转至中心刻度附近（中心刻度左右线性度好）。

（4）测量过程

1）电压测量　将万用表与被测电路并联。测直流电压时，红表笔接高电位，黑表笔接低电位。

2）电流测量　万用表串接在被测回路中。

3）电阻测量　测量前，要进行电气调零，即把两表笔短路相接，调节面板上“零欧姆

调整电位器”，使表针指在“Ω”档零点。如果调不到零点，说明万用表内电池可能不足。

测量直流电阻时，两手不能同时接触电阻，否则等于将人体电阻与被测电阻并联，使测量结果不准确。

测量电路中的电阻阻值时，应将被测电路的电源切断，如果电路中有电容器，应先将其放电后才能测量，切勿在电路带电情况下测量电阻。

>> 小提示

ⅰ. 每变换一档电阻量程，需要重新检查进行电气调零。

ⅱ. 切勿带电测量电阻。

ⅲ. 为了确保安全，测量交直流 2500V 高压时，应将表笔一端固定接在电路低电位上，将另一支表笔去接触被测高压电源，测试过程中应严格执行高压操作规程，双手应带高压绝缘橡胶手套，地板上应铺置高压绝缘橡胶板。

ⅳ. 电平的测量　电平的测量主要用于测量电信号的增益。测量方法与交流电压的测量相同，测量结果等于读得分贝值与所用交流电压档分贝修正值之和。

MF500 型万用表各交流电压档的分贝修正值见表 4-1。

表 4-1　交流电压档分贝修正值

~	dB
10V	0
50V	+14
250	+28

>> 小提示

一旦因量程选择错误，保护电路工作而使仪表输入（+）端与内部电路断开，可打开仪表背面的电池盒盖，取出 9V 电池，更换熔丝管，（熔丝管规格应为 250V/0.5A，电阻 <0.5Ω）使仪表恢复正常。

（5）读数　读数时一定注意：不同的测量功能就在相应的刻度线上读取数据；操作者的视线应正视电表指针，视线尽量与表针在同一垂直平面上，以减小操作者视角不同而引起的误差。

（6）其他要注意事项

1）每次使用之前必须核对量程转换开关是否符合待测的内容，切勿用电流、电阻档测量电压，以免烧坏万用表。

2）每次更换电阻档或同一档使用时间过长时，一定要重新调整零点。

3）万用表使用完毕后，应将转换开关旋至交流电压的最高档。以防下次测量时的误操作损坏电表。

4）测量过程中，手不要接触表笔的金属部分，以确保测量准确度和人身安全。

5）测量过程中，不要带电拨动转换开关，尤其是在测量高电压或大电流时，更应注意。否则，会使万用表毁坏。如需换档，应先断开表笔，换档后再去测量。

6）测量大电容时，先要给电容放电，以免电容上储存的电荷在瞬间放电而烧坏万用表。

7）测量有感抗电路的电压时，必须在切断电源之前把万用表与电路断开，防止由于自感高压损坏万用表。

8）万用表长期不用时，要把电池取出来，以免日久电池漏液腐蚀电表。

4.2.4 模拟式万用表应用实例

1. 二极管的测量

万用表含内置电源，把万用表的表笔接触到二极管的两个引脚上，二极管两端相当于加上了电压。二极管的主要特性是单向导电性，也就是在正向电压的作用下，导通电阻很小；而在反向电压作用下导通电阻极大或无穷大。根据这一特性，用万用表的欧姆档测出二极管的正向电阻和反向电阻就可判断它的极性及其质量的好坏。

利用万用表欧姆档 R×100（或 R×10）档（因为 R×1 档的电流太大，容易烧坏二极管；R×10k 档的内部电源电压太大，易击穿二极管），进行二极管的测试及判别。具体操作：将万用表两表笔分别接在二极管的两个电极上，读出测量的阻值；然后将两表笔对换，再测量一次，记下测量结果。若两次测得结果相差很大，说明该二极管性能良好；并根据测量阻值小的那次的表笔接法（称之为正向连接），判断出与黑表笔连接的是二极管的正极，与红表笔连接的是二极管的负极。因为万用表的内电源的负极与万用表的“+”插孔（即黑表笔端）相连。

在测试过程中，若被测管的正向电阻很大甚至无穷大，表明管子内部开路；若反向电阻很小或为零，则表明管子内部短路。

2. 发光二极管的测量

发光二极管是一种将电能转换成光能的特殊二极管，发光二极管（Light Emitting Diode）简称 LED。发光二极管工作在正向区域。其正向导通工作电压高于普通二极管，通常正向导通电压为 1.8～2.5V。外加正向电压越大，LED 发光越亮，但外加正向电压不能超过其最大工作电流，以免烧坏管子。

对 LED 的检测采用万用表的 R×10k 档（内部电源为 9V），其测量方法及对其质量好坏判别与普通二极管相同，但 LED 的正向、反向电阻均比普通二极管大得多。在测量 LED 的正向电阻时，可以看到二极管有发光现象。

3. 晶体管的测量

用万用表测量晶体管，可以判定晶体管的引脚电极、型号以及管子的好坏。使用万用表电阻档 R×100（或 R×1k）进行测定。

根据 PNP 管、NPN 管结构的原理，可以将晶体管视为由两个二极管反向串联而成，如图 4-10 所示。

（1）晶体管的引脚电极、型号的判定

1）判定基极 b　用一支表笔（假定为红表笔）接某被测管的任一电极，将另一支表笔

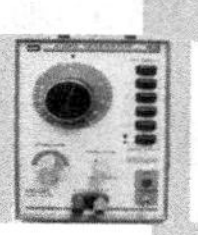

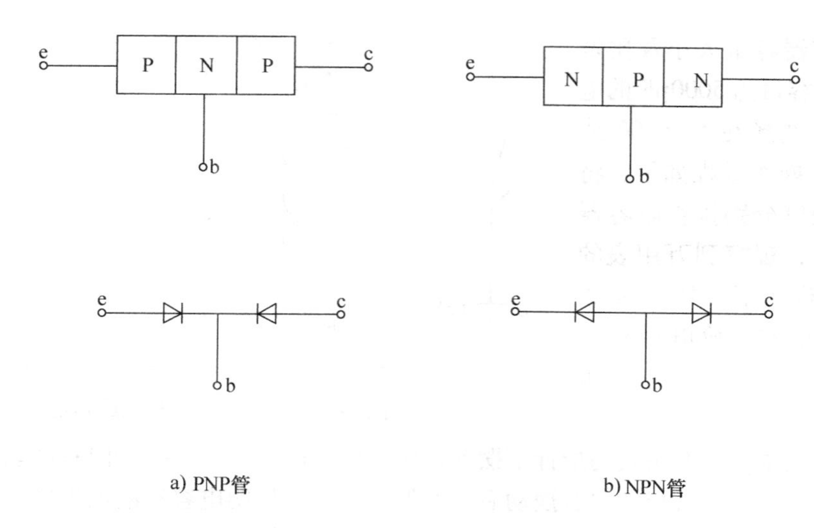

a) PNP管　　b) NPN管

图 4-10　晶体管的结构示意图

（黑笔）依次触碰另两个电极。若测出的阻值均很大或均很小，则红表笔所接电极为基极；若测得的阻值一大一小，则红表笔所接的电极不是基极；将红表笔更换一个电极，重复以上步骤，直至测出基极为止。

2）NPN 型与 PNP 型判定　将红表笔接在基极上，用黑表笔依次接触另两个电极。根据三极管结构示意图原理，若测得的阻值均很大，所测的管子为 NPN 型；若测得的阻值均很小，则为 PNP 型。

3）发射极与集电极的判定　确定了基极后，将其中一表笔接假设的发射极 e，另一表笔接假设的集电极 c，同时用手指捏住 b、c 两极，但两极不能相碰，观察电表指针摆动幅度大小，摆幅较大的一次，若被测管子为 NPN 型，则红表笔所接为 e 极，黑表笔所接为 c 极；若被测管子是 PNP 型，则红表笔所接为 c 极，黑表笔所接为 e 极。

（2）晶体管质量好坏的判定

晶体管质量好坏的判定仍可根据晶体管结构原理，通过测量晶体管任意两个电极间的电阻来实现。

若被测管子良好，测量结果均为低电阻值。若被测管是硅管，电表指针就指在刻度线中间或偏右处；若是锗管，电表指针指在满刻度附近。

4. 变压器绕组极性的判定

变压器在供电的某一瞬间，一次绕组的某一端与二次绕组的某一端，电位极性均为正或均为负，则称这两端为同极性端或同名端、同相端。当两只变压器并联使用时，就不能把极性接错，否则就会造成无输出电压，甚至烧毁变压器。所以，在连接变压器线路时，首先要确定变压器绕组的极性。

极性判定方法如图 4-11 所示。T 为被测变压器，E 为 1.5V 的干电池，N_1 为一次绕组，N_2 为二次绕组，S 为开关。将万用表置于直流电压 1V 或 2.5V 档，接入 N_2。观察开关 K 闭合一瞬间电表指针的摆动方向，若表针迅速向右摆动又回到零点，则说明 a 与 c 为同名端；否则，电表指针左摆，则 a 与 c 是异名端。

5. 电容器的检测

电容器的检测一般采用万用表的电阻档。

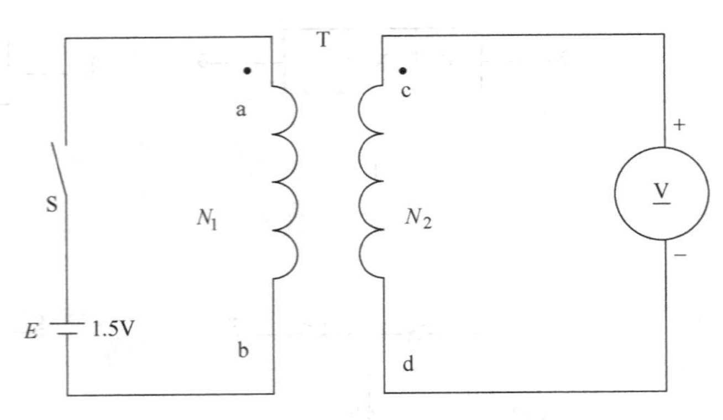

图 4-11 变压器绕组极性的判定

(1) 电容器容量大小及质量的判别 对于容量为5000pF的电容器，电阻档选择在R×100或R×1K档，其操作过程如下：将万用表的两表笔分别接在电容器的两个引脚上，观察到万用表的指针快速摆动一下，然后复原（这是电容器的充、放电过程）。电容器的容量越大，指针摆幅也越大。

在检测过程中，若万用表的指针不摆动，说明电容已开路；若指针向右摆动后，不再复原，说明电容被击穿；若指针向右摆动后，回偏量很小，说明电容有漏电现象。指针稳定后的读数即为电容的漏电电阻值。正常情况下，电容器的绝缘电阻为$10^8\sim10^{10}\Omega$。

5000pF以下容量的电容器用万用表测量时，由于其电容量小，无法看出电容器的充、放电过程。这时，应选用具有测量电容器功能的数字万用表进行测量。

若是电解电容，把红表笔接电容器的负端，黑表笔接正端，这时万用表指针将摆动一定幅度，然后恢复到零位或零位附近。电解电容器的容量越大，充电时间越长，指针摆动得也越大。若表笔接反，测出的漏电阻值会较小。

>> 小提示　测量电容器时，不要用手接触被测电容器的引脚或万用表表笔的金属部分，以免人体电阻并在电容的两端，引起测量误差。

(2) 电解电容器的正、负极判别 一些耐压较低的电解电容器，如果正、负引线标志不清时，可根据它的正接时漏电电流小（电阻值大），反接时漏电电流大的特性来判断。

具体方法是：用红、黑表笔接触电容器的两引线，记住漏电电流（电阻值）的大小（指针回摆并停下时所指示的阻值），然后把此电容器的正、负引线短接一下，将红、黑表笔对调后再测漏电电流。以漏电流小的示值为标准进行判断，与黑表笔接触的那根引线是电解电容器的正端。

这种方法对本身漏电流小的电解电容器而言，比较难于区别其极性。

(3) 可变电容器的检测 可变电容有一组定片和一组动片。用万用表电阻档可检查它动、定片之间有否碰片现象（短路），用红、黑表笔分别接动片和定片，旋转轴柄，电表指针不动，说明动、定片之间无短路（碰片）处；若指针摆动，说明电容器有短路的地方。

6. 电感器的检测

用万用表最小电阻档（R×1档，一般电感器的电感线圈的电阻值为几欧或几十欧）测量电感器的通断。具体操作：万用表的两只表笔分别接触电感器的接线端，若测得线圈的电阻远大于标称值或趋于无穷大，说明电感器内部断路；若测得线圈的电阻远小于标称阻值或趋于0，说明电感线圈内部短路。

4.3 数字式万用表

4.3.1 数字式万用表结构图

数字式万用表种类也很多，它测量的基本量是直流电压，核心电路是由 A－D 转换器、显示电路等组成。被测信号通过转换电路转换成直流电压再进行测量，其基本结构框图如图 4-12 所示。

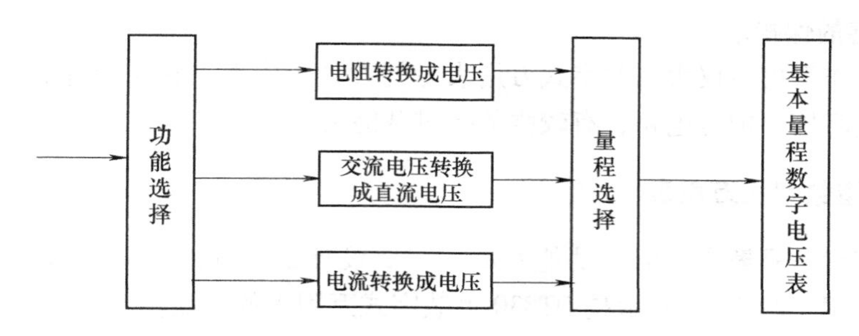

图 4-12 数字式万用表结构框图

4.3.2 数字式万用表的分类

国内外生产数字式万用表多达数百种，其分类方法也很多。如果按显示器显示结果的位数分，可分为三位半、五位、八位等；按 A－D 转换方式可分为比较型和积分型等等。

4.3.3 数字式万用表的性能特点

1. 显示直观

采用数字显示，直观、能消除视差、读数准确、快速。新型数字式万用表还有各种标记符号，如测量功能、量程、单位特殊标记等，读数更加方便，有助于正确地操作，便于记录，易于与微型计算机连接进行数据处理。

2. 测量速度快

数字式万用表每秒钟对被测电量的测量次数称为测量速率，完成一次测量过程所需时间为测量周期。数字式万用表的测量速率一般为 2～5 次/s，即每 0.2～0.4s 电表就刷新一次读数。测量速度主要取决于电表内转换电路的速率，较高的测量速率可达几万次/秒。

模拟式万用表由于表头转动部件受惯性影响较大，指针从开始偏转到稳定下来大约需要几秒。所以，数字式万用表的测量速率要快得多。

3. 测量参数多

数字式万用表不仅可以测量直流电压（DCV）、直流电流（DCA）、交流电压（ACV）、交流电流（ACA）、电阻（Ω）、二极管正向压降、晶体管共射极电流放大系数（h_{FE}）、还可以测量交流电流（ACA）、电容（C）、电导（nS）、温度（T）、频率（f）、检查线路通断等等。

4. 输入阻抗高

数字式万用表的输入阻抗（R_i 和 C_i）较高，通常 R_i 为 10MΩ，高档数字式万用表可达

10GΩ 或更高。从而在测量中减小测量误差。

5. 抗干扰能力强

数字式万用表由于有较高的输入阻抗和灵敏度，也易于引起干扰，一般有串模干扰和共模干扰两种。干扰电压以串联的方式与被测量一起作用于仪表的输入端形成串模干扰；而干扰电压和输入信号同时加在仪表两输入端形成共模干扰。数字式万用表中的 A－D 转换器，对 50Hz 工频一类的周期信号产生的串模干扰有很强的抑制能力，同时对共模干扰也有较强的抑制能力。一般数字式万用表的共模抑制比为 80～120dB，高档的可达 100～160dB，抑制比的数值越大，抗干扰能力就越强。

6. 具有完善的保护功能

为避免误操作而损坏仪表，数字式万用表专门设计了完善的保护电路，如过电流保护、过电压保护、电阻档保护等电路，有较强的抗过载能力。

4.3.4 DT830 型数字式万用表

数字式万用表型号繁多，但其功能及应用方式没什么区别，下面介绍普通 DT830 型数字式万用表的使用，图 4-13 所示是 DT830 型数字式万用表的表盘。

1. DT830 型数字式万用表的主要技术指标

DT830 型数字式万用表基本档共有 28 个：

DCV：200mV、2V、20V、200V、1000V；

ACV：200mV、2V、20V、200V、750V；

DCA：200μA、2mA、20mA、200mA；

ACA：200μA、2mA、20mA、200mA；

Ω：200Ω、2kΩ、20kΩ、200kΩ、2MΩ、20MΩ。

二极管的检测档；

晶体管检测档：NPN 型管的检测，测量 NPN 型晶体管的 h_{FE} 值；
PNP 型管的检测，测量 PNP 型晶体管的 h_{FE} 值。

检测线路的通断（蜂鸣器）；

附加档 2 个：DCA 10A；ACA 10A。

DT830 型数字式万用表采用 9V 叠层电池供电，总电流约 2.5mA，整机功耗约为 17～25mW。

如果在高温（超过 40℃）、强阳光、高湿度（相对湿度 >80%）、寒冷（低于 0℃）的环境下使用数字式万用表，将损坏液晶显示器和其他元器件。因为液晶材料是介于固态和液态之间的一种晶状物质，当温度超过规定值时会发生液化；而当温度低于 0℃ 则会发生固化，这些都会降低其使用寿命。尽管规定的工作温度范围一般是0～

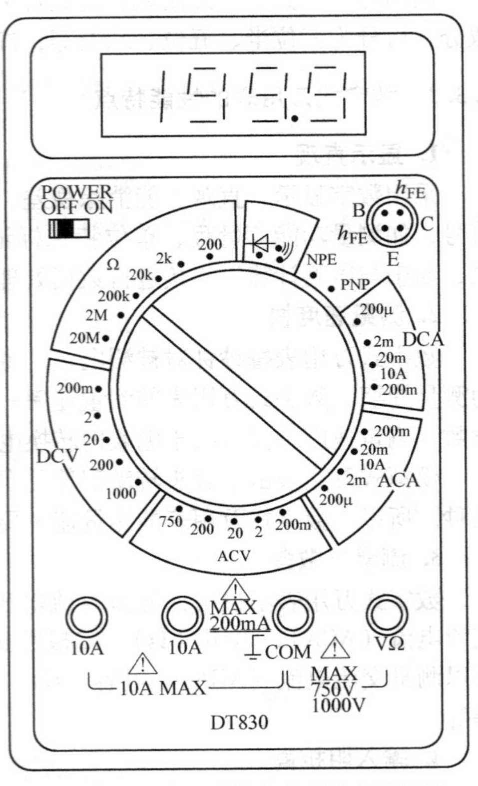

图 4-13 DT830 型数字式万用表面板图

40℃，但准确度指标只在规定的温度范围内才能保证，超出此范围将带来温度附加误差。

因此，数字式万用表应当在干燥、无强光、无强磁场、环境温度适宜、无震动的条件下使用。

使用数字式万用表之前，应当认真阅读有关的使用说明书。

将电源开关（ON-OFF）置于“ON”位置，检查万用表内部电池电压值。如果电池电压不足，则会显示电池低电压符号，此时应及时更换新电池。

尽管数字式万用表采用较完善的过电压保护与过电流保护措施，仍须防止出现操作上的误动作（如：用电流档去测量电压等），以免损坏仪表。在测量之前，必须仔细核对一下量程开关（或按键）的位置，检查无误后才能实际测量。对于能自动选择量程的数字式万用表，也要注意功能键不能按错，输入插孔也不允许接错。

电表表笔插孔旁边的正三角中的感叹号，表示输入电压或电流不应超过指示值。

测试前，功能开关应置于所需的量程位置。

2. 数字式万用表的基本测量方法

（1）直流电压的测量　将功能量程选择开关拨至“DCV”区域内合适的量程档，红表笔插入“V. Ω”插孔，黑表笔插入“COM”插孔，然后将电源开关拨至“ON”位置，将表笔与被测电路并联接入，显示器将显示被测电压的值。在显示直流电压值的同时，也显示红表笔端的极性。

如果显示器只显示“1”，表示超量程，功能开关应置于更高的量程（其他参数的测量相同）。

>> **小提示**　测量直流电压的最大值不得超过1000V。

（2）交流电压的测量　将功能量程选择开关拨到“ACV”区域内合适的量程档，表笔接法同直流电压的测量。将电源开关拨至“ON”的位置，即可进行交流电压的测量。

>> **小提示**　测量交流电压最大不得超过750V（有效值），且要求被测电压的频率在45～500Hz范围内。

（3）直流、交流电流的测量　将功能量程选择开关拨至“DCA”或“ACA”区域内合适的量程档，红表笔接“mA”插孔（被测电流≤200mA）或接“10A”插孔（被测电流>200mA），黑表笔插入“COM”插孔，然后接通电源，将数字式万用表串接于电路中，显示器即显示被测电流值，在显示直流电流的同时，将显示红表笔端的极性（测直流电流时，不必考虑正、负极性，电表可自动显示极性）。

（4）电阻的测量　将功能量程选择开关拨至“Ω”区域内的合适量程档，红表笔接“Ω”插孔，黑表笔接“COM”插孔。接通电源，将两表笔接于被测电阻两端，显示器将显示被测电阻值。

(5) 二极管的测试 将功能量程选择开关拨至二极管符号"—▷|—"档，红表笔插入"V. Ω"，黑表笔插入"COM"插孔。接通电源，两表笔接到被测二极管两端或将二极管插入晶体管专用管座 C 和 E 孔，显示器将显示二极管正向压降的 mV 值。当二极管反向连接时，显示超量程"1"标志。

检测二极管的质量及管型的鉴别：

1）数字式万用表的红表笔是内电池的正极；黑表笔是电池的负极。

2）测量结果：若显示测量值在 1V 以下，则红表笔接的引脚为正极，黑表笔接的为负极；若显示测量值为"1"V（超量程），则黑表笔接的引脚为正极，红表笔接的为负极。

3）测量显示为：550～700mV（即 0.55～0.70V）为硅管；150～300mV（即 0.15～0.30V）为锗管。

4）两次不同方向测量显示若均超量程时，说明管子内部开路；若均显示为"0"V，说明管子被击穿或内部短路。

(6) 晶体管的测量 将功能量程选择开关拨至"h_{FE}"位置（有的数字式万用表为"NPN"或"PNP"标识），接通电源，将晶体管的三个引脚按被测管型的不同，分别插入"h_{FE}"相应的管座内，此时显示器将显示出晶体管的放大系数 h_{FE} 值。

检测晶体管的质量及管型的鉴别：

1）极性判别 用红表笔接晶体管的引脚，黑表笔依次接另外两个引脚，若均显示超量程或电压均较小时，红表笔连接的为基极 b；若一次显示为超量程，一次显示电压较小，则红表笔接触的不是基极 b，换引脚重复上述测试。

2）判别管型 在上面的测试中，显示超量程的为 PNP 型管；电压均较小（0.5～0.7V）的为 NPN 型管。

3）判别 c、e 极 当确定了管型，若已知为 NPN 型管，基极 b 插入 B 管座，其他两引脚分别插入 C、E 管座，显示器显示 h_{FE} 值在 1～10（或十几）时，则晶体管接反（因为 c、e 引脚插反时，晶体管没有放大能力或放大倍数很小）；若 h_{FE} 值在 10～100（或更大）时，接法正确，则插在 E 管座的引脚是发射极 e，插在 C 管座的引脚是集电极 c。

3. 使用数字式万用表的注意事项

1）测量时应注意欠电压指示符号，若欠电压符号被点亮，应及时更换电池。为延长电池的使用寿命，在每次测量结束后，应立即关闭电源。

2）严禁在测量高电压或大电流的过程中转换开关，以防电弧烧坏触点。

3）测电流时，应按要求将仪表串入被测电路，若无显示，应首先检查 0.5A 的熔断丝是否接入插座。

测量前，若无法估计被测电压或电流的大小，应先选择最高量程档试测，然后根据显示结果选择合适的量程。

4）选择电压测量功能时，要求选择准确，防止误接，若误用交流电压档去测量直流电压或误用直流电压档去测量交流电压，将显示"0"，或在低位上出现跳字。

交流电压的测量电路，是根据正弦波电压平均值与有效值的关系组成，显示结果是正弦波电压的有效值。因此，用数字式万用表测量非正弦波电压时，测量误差较大。

注意进行交流电压或电流测量时，交流信号的频率范围。

5）数字式万用表进行电阻测量、二极管检测时，红表笔接“V·Ω”插孔，电源电压的正极；黑表笔接“COM”插孔，电源电压的负极。红、黑两表笔对应的极性与模拟式万用表两表笔极性正好相反，使用时应特别注意。

用低档测电阻（如100Ω）时，为提高测量精度，先将两表笔短接，测出两表笔的引线电阻，并根据此数值修正测量结果。

6）数字式万用表测量晶体管 h_{FE}时，由于工作电压低，电流弱，其示值仅作参考。

4.3.5 数字式万用表应用实例

1. 线路通断的检测

将功能量程选择开关拨至蜂鸣器位置，红表笔接“V·Ω”插孔，黑表笔接“COM”插孔，接通电源。用表笔分别接于待测导体两端，若被测电路电阻低于约30Ω，蜂鸣器发声，表示线路是通的。若被测电路是开路，蜂鸣器不发声且显示为“1”。

2. 判别电源相线与零线

在需要确定设备工作电源线中哪一根导线是带电相线，哪一根是零线或地线时，可方便借助数字式万用表判别，具体操作方法如下：

选择数字式万用表的ACV20V档，黑表笔不接电表（即“COM”插孔内不插表笔），只插上红表笔，并且利用它探测电源线导体，若万用表显示值在10V以上（220V电源通常在12~16V之间），则此线就是相线；若测试结果在0.05V（改用ACV的2V档）左右，此线是零线或接地线。

测试方法如图4-14所示。

3. 判别发光二极管的好坏

发光二极管LED是能够实现电能和光能转换的半导体器件。发光颜色与管芯的材料有关，发光强度与正向电流近似成正比。它具有功耗低、体积小、亮度高、响应速度快、寿命长等优点，常用作电源指示灯、逻辑电平指示器等等。

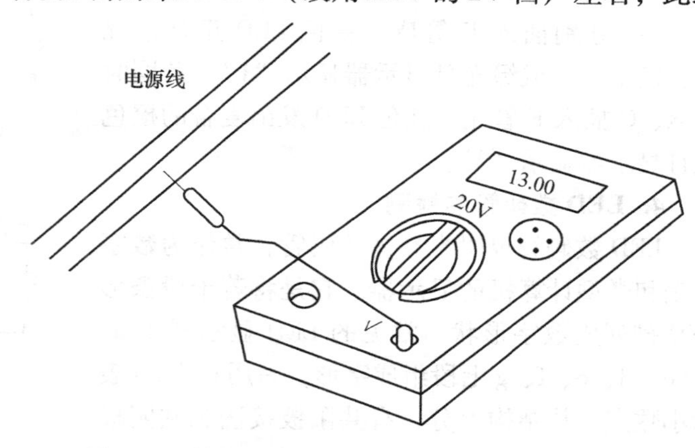

图4-14　数字式万用表对电源相线、零线的判别

从结构上分析，发光二极管有单色、双色、变色三种类型，如图4-15所示。单色发光二极管只有一个PN结，常见的发光颜色有红色、绿色、黄色、蓝色、橙色等等。

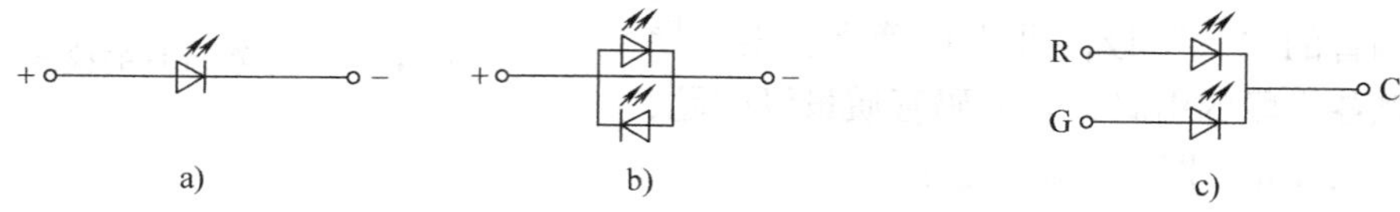

图4-15　发光二极管的类型

a）单色LED　b）双色LED　c）变色LED

双色发光二极管实际上是把两只LED反极性并联后封装在管壳内，一只为红色LED，另一只为绿色LED。双色发光二极管常用作极性指示器，如果发红光表示正极性信号接通，

那么，发绿光就表示负极性信号接通。

变色发光二极管分为三变色管和多变色管两种。图4-15c所示即为三变色管，内部有两只LED，一般采用共阴极接法，作为公共阴极C。R是发红光管的阳极，G是发绿光管的阳极。单独驱动每只管子时可发出红光或绿光，如果同时驱动两只管子就发出复色光——橙光。

发光二极管LED和普通二极管一样，具有单向导电的特性。其正向压降一般约为1.5~2.3V，工作电流为5~20mA。因此，用普通的模拟式万用表不能使其发光。

对于单色LED管的检测：将量程选择开关拨至PNP档，然后把被测管按照图4-16所示的方法插到数字式万用表的“h_{FE}”相应管座，若此时LED发光，表明该管正常且显示“1”（因正向电流较大，显示器显示超量程符号）；若不发光且显示器显示“0”，交换被测管的正、负极（或阳极、阴极）重测一次。如果两次测试LED均不发光，说明LED内部开路。

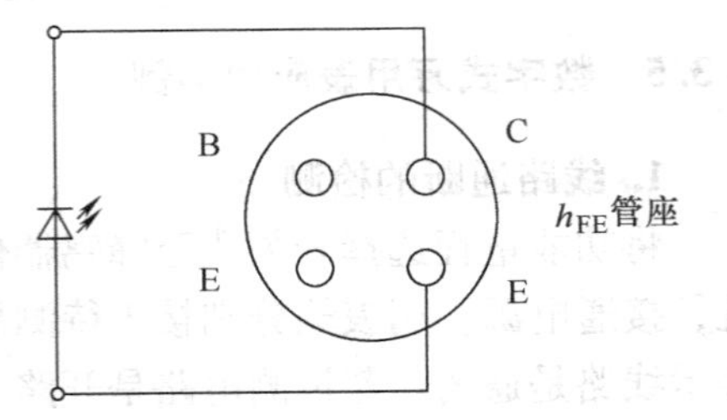

图4-16 单色二极管的检测

检测双色LED的方法同单色LED检测方法相同，只是要分别检测两只LED。

对于变色LED的检测：将量程选择开关拨至PNP，并按图4-17所示把被测管插入“h_{FE}”管座。即把变色LED的C极固定插在C管座内，R、G极分别插入E管座。变色LED正常情况下，发出红光或绿光且显示器显示“1”；若同时把R、G插入E管座，变色LED发出复合的橙色光且显示器显示“1”。

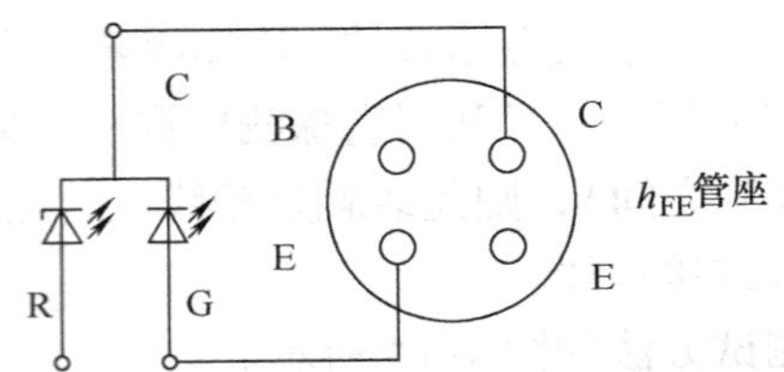

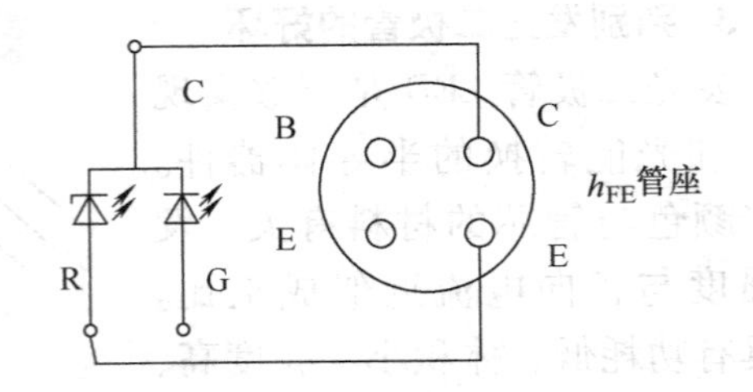

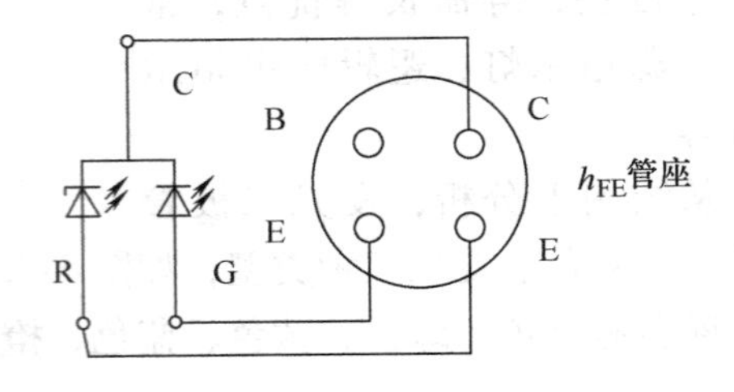

图4-17 变色LED的检测

4. LED数码管的检测

LED数码管也叫半导体数码管，常作为数字仪表和微型计算机的显示器。它是将若干段条形LED排列成数字形状，常见的LED显示器由a、b、c、d、e、f、g七段组成字形，另用h或dp表示小数点。从结构上分，有共阳极接法和共阴极接法，如图4-18所示。

检测时，将数字式万用表量程选择开关拨至PNP档，此时C管座带正电，E管座带负电。当测试共阴极接法的数码管时，从E管座引出一根导线连接数码管的“-”极，再从C管座引出一导给依次碰触各字段的引脚，若数码管质量没问题，则相应的字段发光，同时，显示器显示“1”。

>> **想一想** 共阳极接法的数码管测试过程，应如何完成？

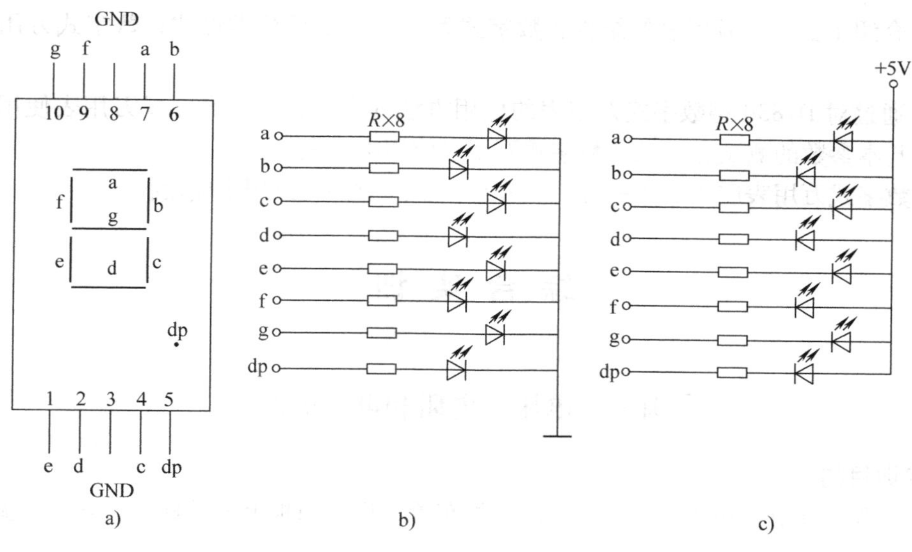

图 4-18 LED 数码管的结构

5. 电容器的测量

用数字式万用表观察电容器的充电过程，只能以离散的数字量反映充电电压的变化情况。将量程选择开关拨至合适的电阻档，红表笔接“V · Ω”插孔，黑表笔接“COM”插孔。红表笔和黑表笔分别接触被测电容的两极，这时显示值将从 000 开始逐渐增加，直至显示起量程标识“1”，测量原理图如图 4-19 所示。

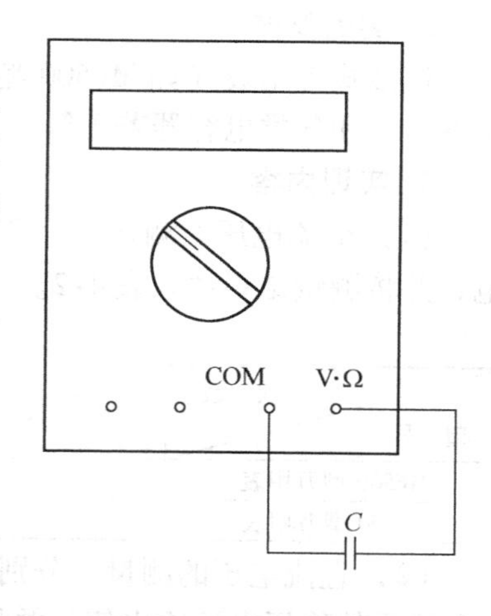

图 4-19 测量电容器容量的电路

电容器测量原理：电源正极对电容进行充电，开始充电的瞬间，充电电压为 0，所示显示 000。随着充电电容的逐渐升高，显示值亦随之增大，直至显示超量程标识“1”。

电容容量的测量过程中，选择电阻档的原则是：电容量较大时应使用低阻档，电容量较小时应使用高阻档。若用低阻档检查小容量电容器，由于充电时间极短，会一直显示超量程标识，看不到充电变化过程。若用高阻档检查大容量电容器，由于充电过程很缓慢，测量时间将较长。

本章小结

万用表是常用电子仪表，它可以完成多种参数的测量。万用表按其显示方式分：模拟式万用表和数字式万用表，本章分别介绍了它们的原理及应用。

（1）模拟式万用表的特点，模拟式万用表测量直流电流、电压；交流电压；直流电阻；音频电平的原理。

（2）MF500 型万用表的主要性能指标、整机原理。

（3）MF500 型万用表表盘上各种符号的含义、准确度等级、测量误差知识及使用模拟式万用表测量的基本方法。

（4）介绍了模拟式万用表的几个应用实例，由此更好的掌握模拟式万用表的使用。

（5）介绍了数字式万用表的结构；数字式万用表的常见分类形式；数字式万用表的性能特点。

（6）通过对DT830型数字式万用表的使用方法的介绍，掌握数字式万用表使用中的基本要求，基本参数的测试方法以及数字式万用表使用中注意事项。

通过数字式万用表应用实例的分析、介绍，掌握数字式万用表使用技巧。

综合实训

实训一 电压、电阻和电容的测量

1. 实训目的

熟悉模拟式万用表和数字式万用表的面板布置，识别面板上各种标志符号。掌握万用表的基本测量方法。

2. 实训仪器

模拟式万用表（如MF500型）、数字式万用表（如DT830型）、直流稳压电源、各类电阻器若干和各类电容器若干等。

3. 实训内容

（1）交流电压的测量　分别用MF500型模拟式万用表和DT830型数字式万用表测量市电，并将测量结果填入表4-2。

表4-2　交流电压的测量

次数 型号	1	2	3	平均值
MF500型万用表				
DT830型万用表				

（2）直流电压的测量　分别用MF500型模拟式万用表和DT830型数字式万用表测量表4-3所示的稳压电源输出值，并将测量结果填入表4-3。

表4-3　直流电压的测量

直流稳压电源	5V	10V	15V	20V
MF500型万用表				
DT830型万用表				

（3）电阻的测量　读出不同标识电阻的标称阻值，利用MF500型模拟式万用表和DT830型数字式万用表测量这些电阻的阻值，并将测量结果填入表4-4。

表4-4　电阻的测量

电阻编号	电阻的标识	标称阻值	MF500型万用表测量值	DT830型万用表测量值

（4）电容的测量　用万用表的欧姆档（R×10k）检测电容的好坏；选择两个5000pF以

上，且容量不等的电容，用万用表检测并判断它们的容量大小。将模拟式万用表检测电容的各种结果记录在表4-5中；观察数字式万用表测电容的变化过程。

表4-5　电容的测量

电容类型	电容的标称容量	MF500型万用表测量结果		
		万用表档位	指针偏转范围	电容的漏电阻值

4. 实训报告要求

1）按表格要求正确地填写全部原始测量数据。

2）测量过程根据被测量选择正确量程档、根据被测量值大小选择合适量程。分析测量结果并计算测量误差。

3）测试过程出现什么异常现象，记录下来，并找出问题的原因所在。

实训二　半导体器件的测量

1. 实训目的

熟悉掌握用万用表判别各种晶体管的优劣和引脚。

2. 实训仪器

模拟式万用表（如MF500型）、数字式万用表（如DT830型）、二极管不同型号各一支、晶体管不同型号各一支等。

3. 实训内容

（1）二极管的测试

1）用MF500型模拟式万用表的R×100档区别不同类型的二极管管型，并判别其质量的好坏。

2）用DT830型数字式万用表的二极管测试档区别不同型号的二极管管型，并判别其质量的好坏。

（2）晶体管的测量

1）分别用MF500型模拟式万用表、DT830型数字式万用表区别硅管与锗管，判别各极，NPN型或PNP型管型，鉴别其质量的好坏。

2）分别用MF500型模拟式万用表、DT830型数字式万用表测量晶体管的h_{FE}。

4. 实训报告要求

1）写出正确操作步骤。

2）测试硅管与锗管显示有什么不同？如果区别？

3）测试过程出现什么异常现象，记录下来，并找出问题的原因所在。

习　题

1. 为何模拟式万用表的电阻档刻度线是反向的，而且整个分度是不均匀的？

2. 用模拟式万用表测电流、电压和电阻时，应如何选择量程档，才能使测量误差较小（从表针偏转情况解释)？

3. 利用 MF500 型模拟式万用表的交流 10V 和 100V 档测电平，若此时示值，前者为 - 6dB，后者为 14dB；试问实际电平值各为多少？

4. 用 DT830 型数字式万用表的直流电压 100V 档去测 9V 的叠层电池，是否合适？若不合适，应选哪一档测量合适？

5. 模拟式万用表与数字式万用表都有红、黑两根表笔，两者对应的极性是否一致？两者有什么区别？它们在使用时应注意什么问题？

6. DT830 型数字式万用表超量程显示标识是什么？

第5章　电压测量技术

引　言

本章主要介绍电子电路中电压的特点；交流电压的几种参数形式及它们之间的关系。电子电压表的类型；均值型电压表、峰值型电压表的原理、使用方法、测量误差的分析方法；有效值型电压表的原理。数字式电子电压表的分类；比较式、积分式数字电压表的原理；数字多用表的原理；数字电压表的主要性能指标，电子电压表的基本使用技能。

学习目标

应知：交流电压的基本参数
电子电压表的分类
模拟式电子电压表基本类型
均值型、峰值型、有效值型电子电压表的特点、使用方法
数字式电子电压表基本原理
多用型 DVM 工作原理、主要技术指标及测量误差表示
电子电压表的使用方法

应会：交流电压参数之间转换
均值型、峰值型电子电压表的使用、参数换算及误差处理
电子电压表测直流稳压电源纹波系数、变压器电压比等

5.1　概述

电压测量是电子电路测量的一个重要内容。电子设备的许多工作特性，诸如增益、衰减、灵敏度、频率特性、调幅度等都可视为电压的派生量；而电子设备的各种控制信号、反馈信号、报警信号等，往往也直接表现为电压量；总之，电压测量是许多电参量测量的基础。

科学实验中、在生产及仪器设备的检修和调试中，我们所要测量的电压信号其频率范围往往从 0.00001Hz 到数千兆赫，其幅度甚至小到毫伏（mV）；波形除了正弦波外，还包括方波、锯齿波、三角波等。采用普通的电工仪表是不能进行有效测量的，必须借助于电子电压表来进行测量。本章将讨论模拟式和数字式两种电子电压表，它们是应用最广泛的电压测量仪器。

5.1.1 电子电路中电压的特点

谈到电压的测量，很多人会首先想到万用表。的确，万用表的应用是很广泛的，但是在电子电路中它往往是不适用的。电子电路中的电压具有如下特点。

1. 频率范围宽

电子电路中电压的频率可以在直流（0Hz）到数百兆赫范围内变化。而单纯50Hz的电压是很少的。不同频率的电压量要用相应的电压表去测量。

2. 电压范围广

被测电压的量值范围是选择电压测量仪器量程范围的依据。通常，电子电路中的电压值的下限低至nV数量级，而上限则高至几十千伏左右。这就要求所使用的电压测量仪器依测量电压的量值进行不同电压表的选择。

3. 等效电阻高

电压测量仪器的输入电阻就是被测电路的额外负载，为了减小仪器的接入对被测电路的影响，要求其具有较高的输入电阻。

在测量较高频率的电压时，还应当考虑输入电容等的影响，以及阻抗匹配等问题。

4. 波形多种多样

电子电路中除了正弦波电压外，还有大量的非正弦电压。这时，从普通指示仪表刻度盘上直接获得的示值往往含有较大的波形误差。

另外，被测电压中往往是交流与直流并存，甚至还串入一些噪声干扰等不需要测量的成分。这需要在测量中对其加以区分。

电子电路中电压量的测量，通常属于工程测量范围，只要求有一定的准确度即可。但有些场合，要求有较高的准确度。具体测量准确度要视具体情况而定。

5.1.2 交流电压的基本参数

描述交流电压的基本参数有：峰值、平均值和有效值。

1. 峰值

任一个交变电压在所观察的时间内或一个周期性信号在一个周期内偏离零电平的最大电压瞬时值称为峰值，通常，用 U_p 表示。如果电压波形是双极性的，且不对称，则正峰值 $U_p{}^+$ 和负峰值 $U_p{}^-$ 是不同的，如图5-1a所示。

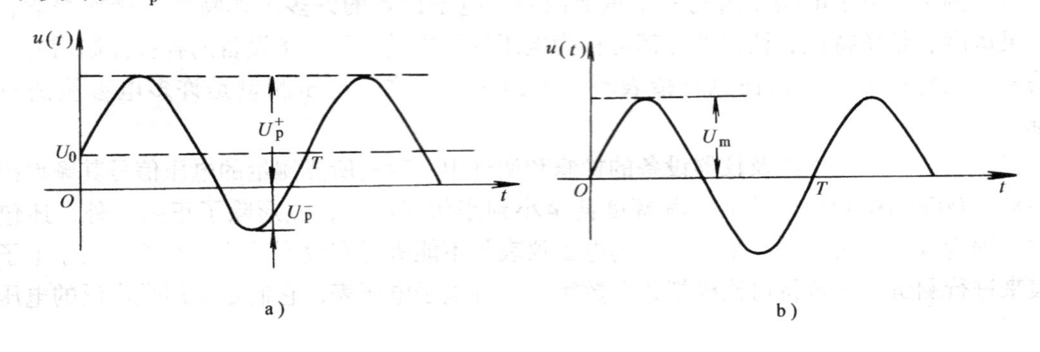

图5-1 交流电压的峰值

任一个交变电压在所观察的时间内或一个周期性信号在一个周期内偏离直流分量 U_0 的最大值称为幅值或振幅，用 U_m 表示，正、负幅值不等时分别用 U_m^+ 和 U_m^- 表示，如图5-1b所示，图中 $U_0=0$，且正、负幅值相等。

>> **小提示**

峰值与振幅值的区别。

峰值是从零参考电平开始计算的，振幅值则是以直流分量为参考电平计算。对于正弦交流信号而言，当不含直流分量时，其振幅等于峰值，且正负峰值相等。

2. 平均值

任何一个周期性信号 $u(t)$，在一周期内电压的平均大小称为平均值，通常，用 $\overline{U}$ 表示。平均值的数学表达式为

$$\overline{U} = \frac{1}{T}\int_0^T u(t)\,\mathrm{d}t$$

在交流电压测量中，平均值指检波之后的平均值，故又可分为半波平均值及全波平均值。

3. 有效值

任何一个交流电压，通过某纯电阻所产生的热量与一个直流电压在同样情况下产生的热量相同时，该直流电压的数值即为交流电压的有效值，通常，用 U_{rms} 表示。有效值的数学表达式为

$$U_{rms} = \sqrt{\frac{1}{T}\int_0^T u^2(t)\,\mathrm{d}t}$$

当不特别指明时，交流电压的值就是指它的有效值，而且各类电压表的示值都是按有效值刻度的。

4. 波形系数和波峰系数

为了表征同一信号的峰值、有效值及平均值的关系，引入了波形系数和波峰系数。

波形系数：交流电压的有效值与平均值之比，通常，用 K_F 表示，即

$$K_F = \frac{U_{rms}}{\overline{U}}$$

波峰系数：交流电压峰值与有效值之比，通常，用 K_P 表示，即

$$K_P = \frac{U_P}{U_{rms}}$$

表5-1列出了几种典型交流信号的波形系数、波峰系数参数值。

表5-1　典型交流信号波形系数、波峰系数参数值

序	名　称	波　形　图	波形系数 K_F	波峰系数 K_P	有　效　值	平　均　值
1	正弦波	U_P　t	1.11	1.414	$U_P/\sqrt{2}$	$\frac{2}{\pi}U_P$

第5章　电压测量技术

（续）

序	名 称	波 形 图	波形系数 K_F	波峰系数 K_P	有 效 值	平 均 值
2	半波整流	U_P, t	1.57	2	$U_P/2$	$\frac{1}{\pi}U_P$
3	全波整流	U_P, t	1.11	1.414	$U_P/\sqrt{2}$	$\frac{2}{\pi}U_P$
4	三角波	U_P, t	1.15	1.73	$U_P/\sqrt{3}$	$U_P/2$
5	锯齿波	U_P, t	1.15	1.73	$U_P/\sqrt{3}$	$U_P/\sqrt{2}$
6	方 波	U_P, t	1	1	U_P	U_P
7	梯形波	U_P, 0, π, 2π, t, ϕ	$\frac{\sqrt{1-\frac{4\phi}{3\pi}}}{1-\frac{\phi}{\pi}}$	$\frac{1}{\sqrt{1-\frac{4\phi}{3\pi}}}$	$\sqrt{1-\frac{4\phi}{3\pi}}U_P$	$\left(1-\frac{\phi}{\pi}\right)U_P$
8	脉冲波	t_W, U_P, T, t	$\sqrt{\frac{T}{t_w}}$	$\sqrt{\frac{T}{t_w}}$	$\sqrt{\frac{t_w}{T}}U_P$	$\frac{t_w}{T}U_P$
9	隔直脉冲波	t_W, U_P, T, t	$\sqrt{\frac{T-t_w}{t_w}}$	$\sqrt{\frac{T-t_w}{t_w}}$	$\sqrt{\frac{t_w}{T-t_w}}U_P$	$\frac{t_w}{T-t_w}U_P$
10	白噪声	U_P, t	1.25	3	$\frac{1}{3}U_P$	$\frac{1}{3.75}U_P$

5.1.3 电子电压表的分类

电子电压表的类型很多，一般按测量结果的显示方式将它们分为模拟式电子电压表和数

字式电子电压表。

1. 模拟式电子电压表

模拟式电子电压表，一般是用磁电系电流表头作为指示器。由于磁电系电流表只能测量直流电流，测量直流电压时，可直接经放大或经衰减后，变成一定量的直流电流驱动直流表头的指针偏转指示其大小；测量交流电压时，须经过交流-直流转换器，将被测交流电压先转换成与之成比例的直流电压后，再进行直流电压的测量。

在模拟式电子电压表中，大都采用整流的方法将交流信号转换成直流信号，然后通过直流表头指示读数，这种方法称为检波法。另外，还有热电偶转换法和公式转换法等。

根据电子电压表电路组成方式的不同，模拟式电子电压表又有不同类型，下面介绍几种典型的类型。

（1）放大-检波式　放大-检波式电子电压表，是先将被测信号进行放大，再进行检波，然后通过直流表头指示读数，如图5-2所示。

图5-2　放大-检波式电子电压表的原理框图

其中放大电路一般采用多级宽带交流放大器，灵敏度很高，可测几十至几百微伏左右的电压，频率上限可达10MHz；交直流转换器常采用平均值检波器。这种类型的电子电压表常称为“毫伏表”。

（2）检波-放大式　检波-放大式电子电压表对被测交流电压采取了先检波后放大的方法，故频率范围、输入阻抗等都主要取决于检波器。如果应用超高频二极管检波，则频率范围可达20Hz～1GHz。因此，这类电压表也称为“超高频电子电压表”。其原理框图如图5-3所示。

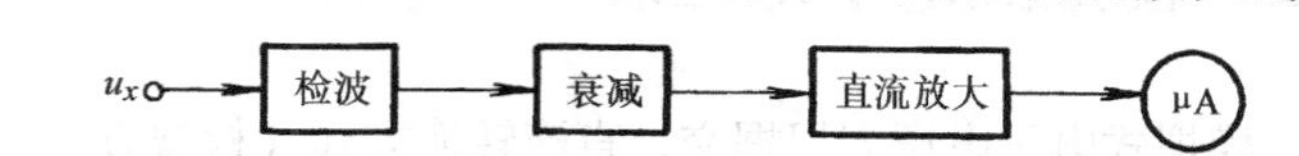

图5-3　检波-放大式电子电压表原理框图

检波-放大式电子电压表的交直流转换器采用了峰值检波器。

（3）热电转换式和公式式　热电转换式通过热电偶将交流电有效值转换成直流电压值，这种方法的优点是没有波形误差，但是有热惯性，频带不宽。

公式式是利用有效值公式，即

$$U_{\mathrm{rms}} = \sqrt{\frac{1}{T}\int_0^T u^2(t)\,\mathrm{d}t}$$

经过模拟平方器、积分器、开方器等转换环节进行转换。这种方法，频带受转换器的限制，准确度较低。常用于较低频率有效值电压的测量。

2. 数字式电压表

数字式电压表首先利用模-数（A-D）转换原理，将被测的模拟量电压转换成相应的数字量电压，用数字式电压表直接显示被测电压的量值。与模拟式电压表相比，数字式电压表具有精度高、测量速度快、抗干扰能力强、自动化程度高、便于读数等优点。

最基本、最常见的数字式电压表是直流数字式电压表（DVM），在其输入端配以不同的转换器或传感器就可以测量交流电压、电流、电阻等电量。它是多种数字测量仪器的基本组成部分。

直流数字式电压表的组成框图如图5-4所示。仪器主要由模拟电路、数字逻辑电路及显示电路组成。其中，模拟电路中的模-数（A-D）转换器是数字式电压表的核心，应用不同的 A-D 转换原理就能构成不同类型的数字式电压表。

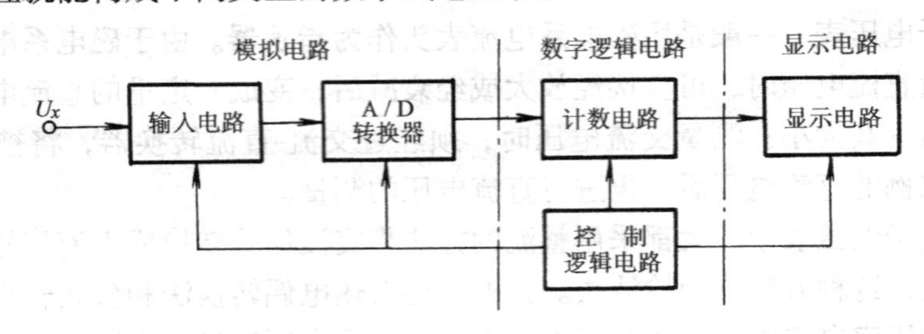

图 5-4　直流数字式电压表的组成

（1）逐次比较型数字式电压表　以逐次比较型 A-D 转换器为核心部件，将被测电压与已知的不断递减的基准电压进行逐次比较，最终获得被测电压值。

逐次比较型数字式电压表的分辨力和准确度均较高，但抗干扰性差。

（2）积分型数字式电压表　以积分型 A-D 转换器为核心部件，利用积分原理把被测电压量换为与之成正比的时间或频率，再利用计数器测量脉冲的个数来反映电压的数值。

积分型数字式电压表抗干扰能力强，但转换速度慢。

5.2　模拟式电子电压表

模拟式电子电压表根据交、直流转换方式（检波方式）的不同分为均值型、峰值型和有效值型三种。下面分别讨论这三种类型电压表的基本组成、工作原理及其使用中的误差处理方法。

5.2.1　均值型电子电压表

均值型电子电压表属于放大-检波式电子电压表。先将被测交流电压进行放大，然后进行检波。检波器-交直流转换器常采用平均值检波器，所以称为均值型电压表。均值型电压表常用于低频信号电压的测量。

平均值检波器分为半波式和全波式两种，不特别注明时，都指全波式平均值检波器。

1. 平均值检波器原理

均值电压表内常用的平均值检波器电路如图 5-5 所示。图 5-5a 所示为桥式全波整流器电路，图 5-5b 所示为半桥式全波整流电路。图 5-5b 中以电阻代替了图 5-5a 中的两只二极管，这在实际电路中是常见的。

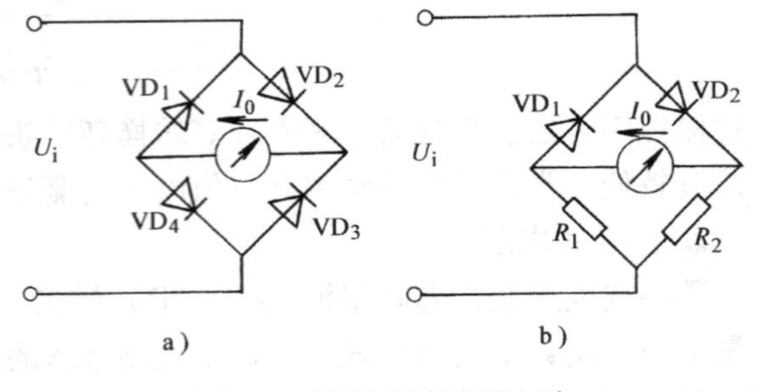

图 5-5　平均值检波器电路

a）桥式全波整流器电路　b）半桥式全波整流电路

以图 5-5a 所示为例，设输入电压为 $U(t)$，$VD_1 \sim VD_4$ 相同其正向电阻为 R_d，微安表内阻为 r_m。理论证明，流过微安表的电流 $\bar{I}$ 为

$$\bar{I} = \frac{\bar{U}}{2R_d + r_m}$$

由上式可知，均值电压表的表头偏转正比于被测电压的平均值，即 $\bar{I} \propto K\bar{U}$（K 为比例系数）。整流后的平均电流与输入波形无关，只与其平均值有关。

2. 定度系数与波形换算

由于实际测量中正弦波使用最普遍，因此，电子电压表刻度皆用正弦有效值来定度。微安表的指针偏转角 α 与被测电压平均值 $\bar{U}$ 成正比。但仪表度盘是按正弦波电压有效值刻度的，所以电表在额定频率下加正弦交流电压时的指示值为

$$U_\alpha = K_\alpha \bar{U}$$

式中　$\bar{U}$——被测任意波形电压的平均值；

K_α——定度系数。

由上式可知

$$K_\alpha = \frac{U_\alpha}{\bar{U}}$$

如果被测电压是正弦波，又采用全波检波电路，若已知正弦有效值电压为1V时，全波检波后的平均值则为$\frac{2\sqrt{2}}{\pi}$V，故

$$K_\alpha = \frac{U_\alpha}{\bar{U}} = \frac{1}{2\sqrt{2}/\pi} \approx 1.11$$

利用均值表测量非正弦波电压时，其示值 U_α 是没有直接意义的，只有把示值转换后，才能得到被测电压的有效值。这是在使用此类电压表时要特别注意的一点。

首先按“平均值相等示值也相等”的原则将示值 U_α 折算成被测电压的平均值，即

$$\bar{U} = \frac{U_\alpha}{K_\alpha} = \frac{1}{1.11}U_\alpha \approx 0.9U_\alpha$$

再根据波形系数 K_F 求出被测电压的有效值

$$U_{xrms} = K_F\bar{U} \approx 0.9K_F U_\alpha$$

不同波形的信号电压具有不同的波形系数 K_F，见表4-1。常用的波形系数有：正弦波 $K_F=1.11$，方波 $K_F=1$，三角波 $K_F=1.15$。

由上可知，用均值型电压表测量电压时，对非正弦波要进行波形换算。换算方法是：当测量任意波形电压时，将从电压表刻度盘上读取的示值先除以定度系数，折算成正弦波电压的平均值；然后按平均值相等示值也相等的原则，用波形系数换算出被测的非正弦电压有效值。

对于采用全波检波电路的电压表，被测电压的有效值与示值的关系是

$$U_{xrms} = 0.9K_F U_\alpha$$

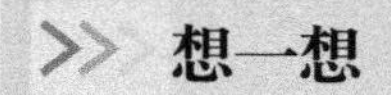
想一想

用均值型电压表测量正弦波电压时，读数有意义吗？其值是什么？

例 5.1 用均值表（全波式）分别测量正弦波、方波及三角波电压，电压表示值为10V，问被测电压的有效值分别是多少伏？

解： 1）对于正弦波示值就是有效值，故正弦波的有效值 $U_{rms}=10V$。

2）对于方波

因为方波的波形系数 $K_F=1$，示值 $U_\alpha=10V$。

所以方波电压的有效值 $U_{rms}=0.9K_FU_\alpha=(0.9\times1\times10)V=9V$。

3）对于三角波

因为三角波的波形系数 $K_F=1.15$，示值 $U_\alpha=10V$。

所以三角波电压的有效值 $U_{rms}=0.9K_FU_\alpha=(0.9\times1.15\times10)V=10.35V$。

3. 波形误差分析

以全波均值表为例，当以示值 U_α 作为被测电压有效值 U_{xrms} 时，所引起的绝对误差 ΔU 为

$$\Delta U = U_\alpha - 0.9K_FU_\alpha = (1-0.9K_F)U_\alpha$$

示值相对误差 γ_u 为

$$\gamma_u = \frac{\Delta U}{U_\alpha} = \frac{(1-0.9K_F)}{U_\alpha} = 1-0.9K_F$$

例如，当被测电压为方波时

$$\gamma_u = 1-0.9K_F = 1-0.9\times1\times100\% = 0.1\times100\% = 10\%$$

即产生正10%的误差。由例5.1可知，实际有效值是9V，但电压表示值为10V，多指示1V，其误差为10%。

当被测电压为三角波时

$$\gamma_u = 1-0.9K_F = 1-0.9\times1.15\times100\% = -0.035\times100\% \approx -3.5\%$$

即产生负3.5%的误差。由例5.1可知，实际有效值为10.35V，但电压表的示值为10V，少指示0.35V，其误差为负的3.5%。

可见，对于不同的波形，所产生的误差大小及方向是不同的。

用均值表测量交流电压，除了波形误差之外，还有直流微安表本身的误差、检波二极管的老化或变值等所造成的误差，但主要是波形误差。

4. DA—16型毫伏表简介

模拟式电子电压表种类型号很多。例如，国产GB—9型电子管毫伏表和DA—16型晶体管毫伏表均为均值型电子电压表。现以DA—16型晶体管毫伏表为例对均值型电子电压表作简要介绍。

DA—16型晶体管毫伏表原理图如图5-6所示。前置级组成阻抗变换器，获得高输入阻抗。步进分压器用于选择量程。放大电路A与VT_1、VT_2组成的串联电压负反馈电路构成宽频带放大器。二极管VD_1、VD_2及R_1、R_2组成全波检波电路。微安表及附属元件构成指示电路。

5.2.2 峰值型电子电压表

它属于检波-放大式电子电压表。其工作原理是，先对被测交流电压进行检波，然后进行放大。检波器-交直流转换器常采用峰值检波器，所以称为峰值型电压表。峰值型电压表常用来测量高频信号电压。

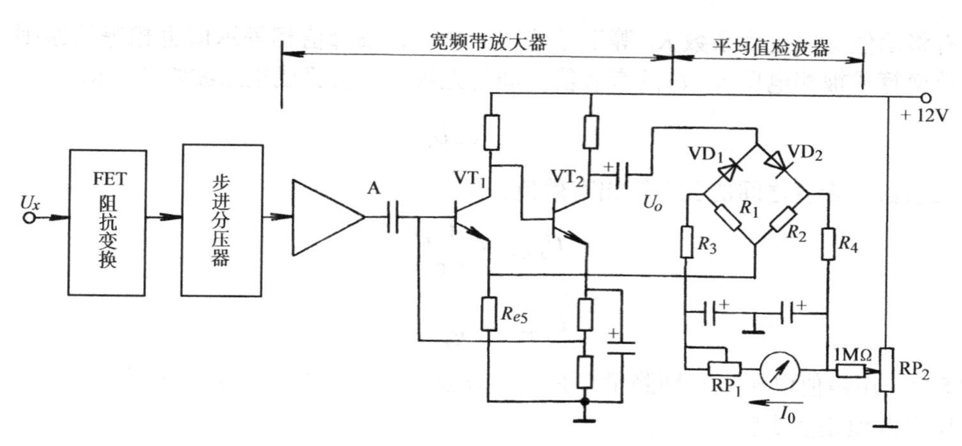

图 5-6　DA—16 型晶体管毫伏表原理图

1. 峰值检波器原理

峰值电压表内常用的峰值检波器如图 5-7 所示。图 5-7a 所示为串联式，图 5-7b 所示为并联式。

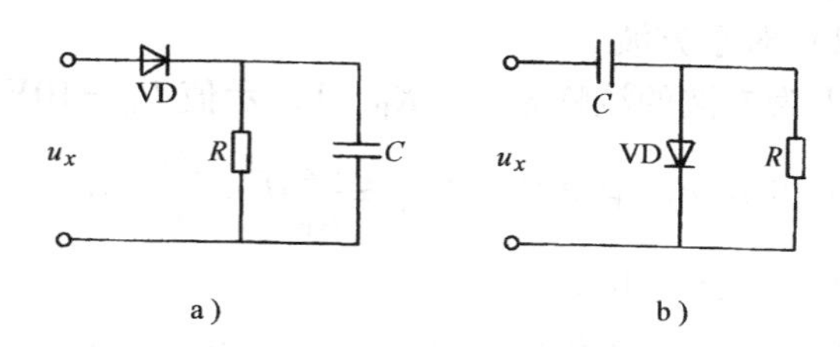

图 5-7　峰值检波器电路

a）串联式峰值检波器　b）并联式峰值检波器

以图 5-7a 所示为例，若满足

$$RC \gg T_{max}, R_{\Sigma}C \ll T_{min}$$

式中　T_{max}、T_{min}——被测交流电压的最大周期和最小周期；

R_{Σ}——信号源内阻与二极管正向内阻之和。这样可以使电容 C 充电时间短，放电时间长，从而保持电容 C 两端的电压始终接近等于输入电压的峰值，即 $\overline{U}_R = \overline{U}_C \approx U_P$。

由上述可知，峰值检波器检波后的直流电压与输入的被测交流电压的峰值（正弦波电压的振幅值）成正比。

2. 定度系数与波形换算

一般的峰值电压表与均值电压表类似，也是按正弦波有效值进行刻度，电压表在额定频率下加正弦交流电压时的指示值为

$$U_\alpha = K_\alpha U_P$$

式中　U_P——被测任意波形电压的峰值；

K_α——定度系数。

当被测电压为正弦波时

$$K_\alpha = \frac{U_\alpha}{U_P} = \frac{U_{rms}}{U_P} = \frac{1}{\sqrt{2}}$$

式中　U_{rms}——正弦波的有效值。

根据波峰系数的定义，正弦波的波峰系数为 $K_P = \dfrac{U_P}{U_{rms}} = \sqrt{2}$，即定度系数的倒数。常用波形的波峰系数还有方波 $K_P = 1$，三角波 $K_P = \sqrt{3}$。

与均值电压表同理，当用峰值电压表测量非正弦波电压时，其指示值是没有直接意义

的。只有将示值除以定度系数 K_P 等于正弦波的峰值，按峰值相等示值也相等的原则，再用波峰系数换算成被测电压 $u_x(t)$ 的有效值，即首先将示值折算成正弦波峰值，即

$$U_P = \sqrt{2}U_\alpha$$

再由波峰系数和峰值之间的关系算出有效值，即

$$U_{x\mathrm{rms}} = \frac{1}{K_P}U_P$$

或者

$$U_{x\mathrm{rms}} = \frac{\sqrt{2}}{K_P}U_\alpha$$

例 5.2 用峰值电压表分别测量正弦波、方波及三角波电压，电压表示值均为 10V，问被测电压有效值是多少？

解：1）对于正弦波，示值就是有效值，故正弦波的有效值 $U_{\mathrm{rms}} = 10\mathrm{V}$。

2）对于方波

因为方波的波峰系数 $K_P = 1$，示值 $U_\alpha = 10\mathrm{V}$。

所以方波的有效值 $U_{\mathrm{rms}} = \frac{\sqrt{2}}{K_P}U_\alpha = \frac{\sqrt{2}}{1}\times 10\mathrm{V} \approx 14.1\mathrm{V}$。

3）对于三角波

因为三角波的波峰系数为 $K_P = \sqrt{3}$，示值 $U_\alpha = 10\mathrm{V}$。

所以方波的有效值为 $U_{\mathrm{rms}} = \frac{\sqrt{2}}{K_P}U_\alpha = \frac{\sqrt{2}}{\sqrt{3}}\times 10\mathrm{V} \approx 8.2\mathrm{V}$。

3. 误差分析

峰值电压表在测量时若以示值 U_α 作被测电压的有效值 $U_{x\mathrm{rms}}$，则所引起的绝对误差 ΔU 为

$$\Delta U = U_\alpha - \frac{\sqrt{2}}{K_P}U_\alpha = \left(1 - \frac{\sqrt{2}}{K_P}\right)U_\alpha$$

示值相对误差 γ_u 为

$$\gamma_u = 1 - \frac{\sqrt{2}}{K_P}$$

很容易求出，测量方波和三角波时示值相对误差分别是 −41% 和 18%。所以，用峰值电压表测量非正弦波电压，要进行波形换算，以减小波形误差。

用峰值表测量交流电压，除了波形误差之外，还有理论误差。由 5-7 所示原理图可知，峰值检波电路的输出电压的平均值 $\overline{U}_R$ 总是小于被测电压的峰值 U_P，这是峰值电压表固有误差。

另外，峰值电压表适用于测量高频交流电压，如果应用在低频情况，则测量误差增加。经分析，低频时相对误差为

$$\gamma_L = -\frac{1}{2fRC}$$

式中 f——被测电压的频率。频率越低，误差越大。

4. HFJ—8 型超高频晶体管毫伏表简介

下面以应用广泛的 HFJ—8 型超高频晶体管毫伏表为例简要介绍检波-放大式电子电压表

的基本原理。其原理框图如图5-8所示。

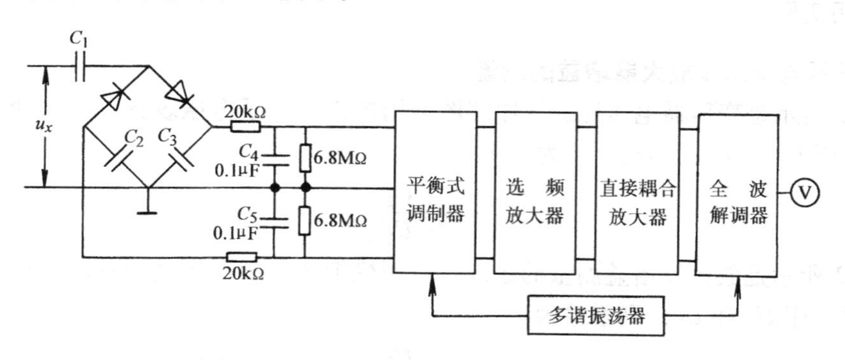

图5-8 HFJ—8型超高频毫伏表原理框图

HFJ—8型毫伏表使用峰值检波器，输出与被测信号的峰值成正比的电压。检波之后的电压经平衡式调制器调制，变成固定频率的交流信号，然后再进行选频放大，再由全波解调器变换成直流电压送显示器显示。

由上述可知，无论是均值电压表还是峰值电压表，一般都按正弦波有效值进行定度。因此，当被测电压为非正弦波时，将会带来波形误差。这一现象又称为波形响应。

5.2.3 有效值型电子电压表

1. 热电转换式有效值型电子电压表

热电转换式有效值型电子电压表电路原理图如图5-9所示。图中AB是加热丝，当接入被测电压$u_x(t)$时，加热丝发热，热偶M的热端C点温度高于冷端D、E，产生热电动势，有直流电流I流过微安表，此电流与热电动势成正比，热端温度正比于被测电压有效值$U_{x\text{rms}}$的平方。所以直流电流正比于$U_{x\text{rms}}{}^2$，即$I \propto KU_{x\text{rms}}{}^2$。

利用热电偶实现有效值电压的测量，基本上没有波形误差，测量非正弦波电压过程简单。其主要缺点是有热惯性，使用时需要等指针偏转稳定后才能读数。

2. 计算式有效值型电子电压表

交流电压的有效值就是其均方根值。根据这一关系式，利用模拟电路对信号进行平方、积分、开平方等运算即可得到被测电压的有效值。

均方根运算的有效值型电子电压表原理图如图5-10所示。第一级是模拟乘法器，其输出正比于$u_x{}^2(t)$；第二级是积分器；第三级将积分器输出的$\frac{1}{T}$进行开平方，最后输出的电压正比于被测电压的有效值，通过仪表显示出结果。

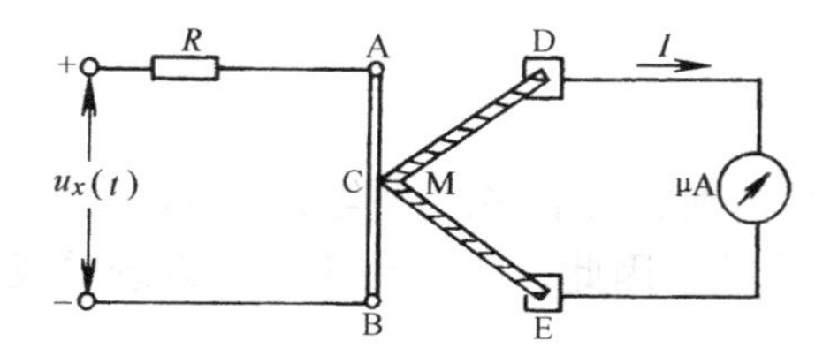

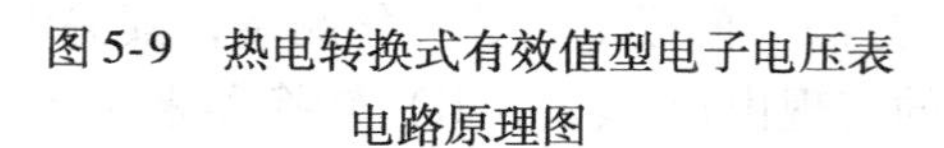
图5-9 热电转换式有效值型电子电压表电路原理图

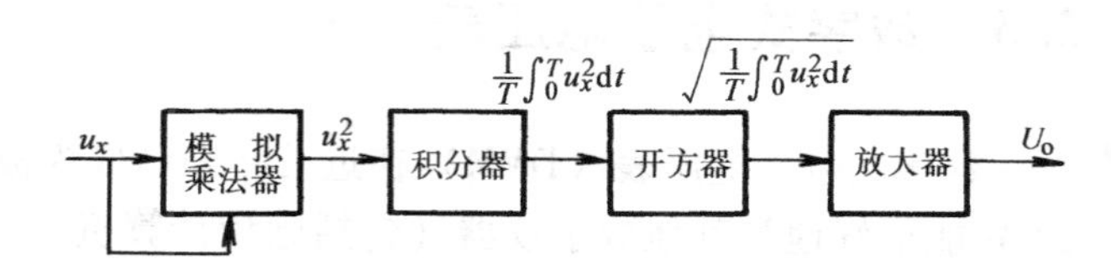

图5-10 计算式有效值型电子电压表原理图

5.2.4 应用实例

1. 变压器电压比和放大器增益的测量

图5-11所示是变压器电压比测量原理图。用模拟式电子电压表分别测量变压器一、二次侧的端电压 U_1 和 U_2，则电压比为

$$N=\frac{U_2}{U_1}$$

图5-12所示是放大器增益测量的原理图。用模拟式电子电压表分别测量放大器输入端和输出端的电压 U_1 和 U_2，则增益为

$$A=\frac{U_2}{U_1}$$

在以上测量中，应注意：

① 信号源 U_s 的频率范围必须与被测电路的频率特性相适应，以免引入频率失真，给测量带来误差。

② 信号源电压 U_s 的幅度应合适，以免引起非线性失真。

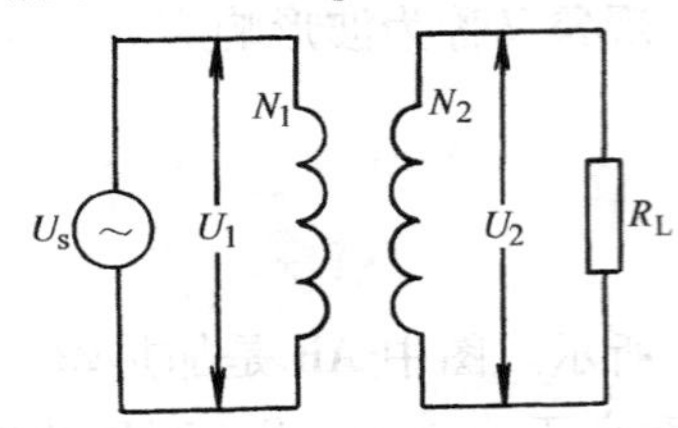

图5-11 变压器电压比测量的原理图

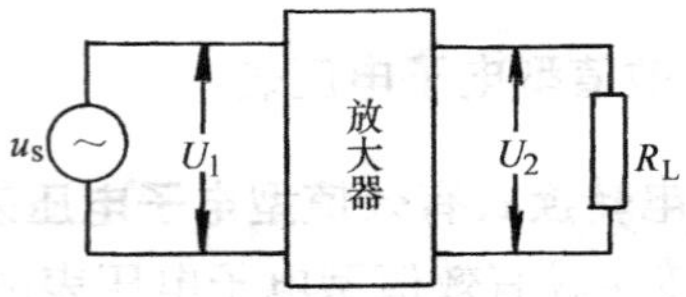

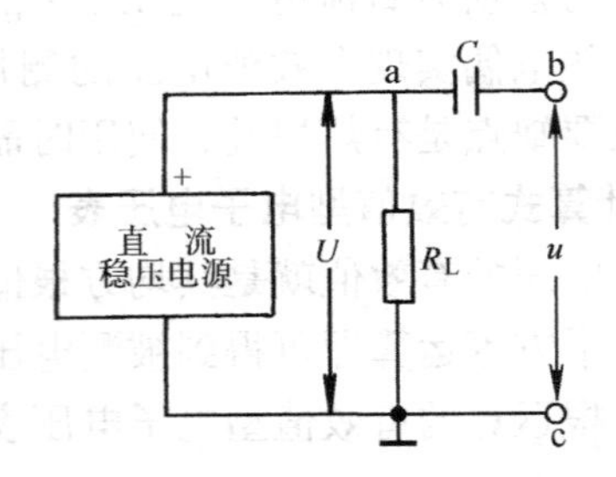

图5-12 放大器增益测量的原理图

2. 纹波系数的测量

直流稳压电源纹波系数的测量方法如图5-13所示。先用直流电压表测出a、c两端的直流电压 U，再用模拟式电子电压表测出b、c两端的纹波电压 u。由于纹波系数是指电源电路的直流输出电压 U 上所叠加的交流分量的总有效值与直流分量的比值，因此，纹波系数 γ 为

$$\gamma=\frac{u}{U}$$

图5-13 直流稳压电源纹波系数的测量

在具体测量中，隔直电容 C 的容量应选大一些，一般在几个微法以上。

5.3 数字式电子电压表

数字式电子电压表（DVM）在近几年来已成为极其精确、灵活多用的电子仪器。此外，DVM能很好地与其他数字仪器（包括微型计算机）相连接，因此，在自动化测量系统的发展中占有重要地位。

讨论DVM的主要内容可归结为电压测量的数字化方法。模拟量的数字化测量，其关键是如何把随时间作连续变化的模拟量变成数字量，它的实现由模-数（A-D）转换器来完成。

把模拟量变成数字量进行测量的过程，可用图 5-14 所示来概括。

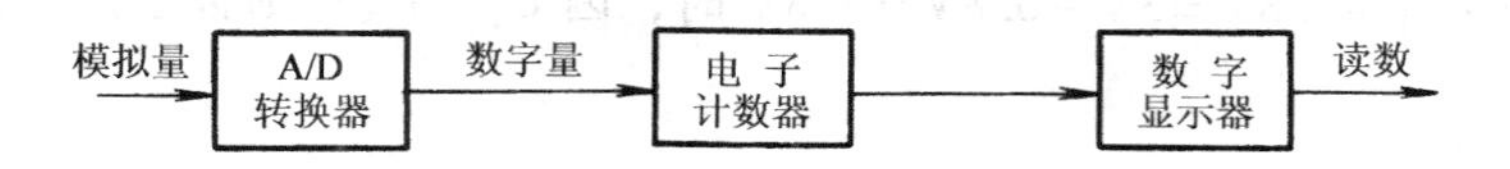

图 5-14 电压测量的数字化过程

DVM 可以简单理解为 A-D 转换器加电子计数器，其中，核心为 A-D 转换器。各类 DVM 之间的最大区别在于 A-D 转换方法的不同，而各类 DVM 的性能在很大程度上也取决于所用 A-D 转换的方法。按其基本工作原理主要分为比较型和积分型两大类。

5.3.1 数字式电子电压表的基本原理

1. 逐次逼近比较式 DVM

逐次逼近比较式 A-D 转换是属于比较式 A-D 转换，其基本原理是用被测电压与可变的已知电压（基准电压）进行比较，直到达到平衡，测出被测电压。它的原理与天平很相似，不同的是，它用各种数值的电压做砝码，将被测电压与可变的砝码（标准）电压进行比较。

>> **想一想** 天平称量物品的过程是怎样的？

逐次逼近比较式 DVM 的原理框图如图 5-15 所示。图中的 D-A 转换器把由基准电压源输出的高稳定度基准电压分成若干个步进砝码电压 U_N。例如，将 10V 的基准电压分成 8V、4V、2V、1V、0.8V、0.4V、0.2V、……0.008V、0.004V 、0.002V、0.001V；U_N 与 U_x 在比较器进行逐次比较，获得差值电压 $\Delta U = U_x - U_N$。当 $\Delta U \geqslant 0$ 时，比较器输出脉冲信号，使数码寄存器保留该 U_N；而 $\Delta U < 0$ 时，则舍去该 U_N。最后，当数码寄存器中的 U_N 累积总和与被测电压 U_x 相等时，以上比较过程停止，显示器显示数码寄存器中的 U_N 累加总和值。控制电路控制全部工作过程。

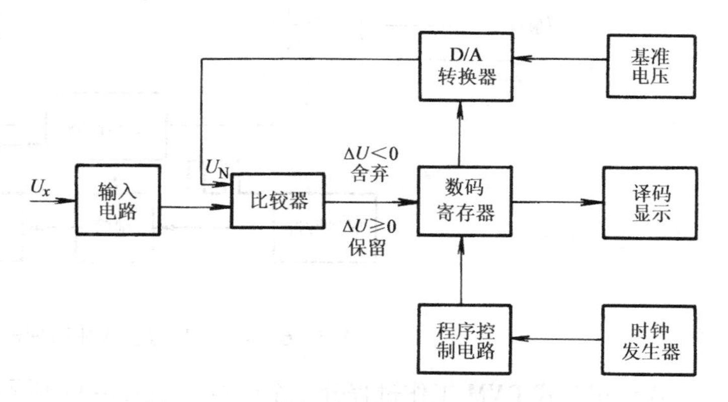

图 5-15 逐次逼近比较式 DVM 原理框图

例 5.3 用以上电压表测 $U_x = 3.501$V 的电压，测量过程为：测量前，控制电路发出清零信号，使各电路清零，即 $U_N = 0$。

1）当 $U_N = 8$V 时，U_N 与 U_x 在比较器中进行比较，因 $U_x < U_N$，比较产生 $\Delta U < 0$ 信号，则舍去该 U_N。

2）当 $U_N = 4$V 时，因 $U_x < U_N$，得 $\Delta U < 0$，则舍去该 U_N。

3）当 $U_N = 2$V 时，因 $U_x > U_N$，得 $\Delta U > 0$，则将该 U_N 存入数码寄存器，记为 U_{N1}。

4）当 $U_N = U_{N1} + 1\text{V} = 2\text{V} + 1\text{V} = 3$V 时，因 $U_x > U_N$，得 $\Delta U > 0$，则存入数码寄存器，

记为 U_{N2}。

5）当 $U_N = U_{N2} + 0.8V = 3V + 0.8V = 3.8V$ 时，因 $U_x < U_N$；则舍去该 U_N，数码寄存器中仍为 U_{N2}。

……

直到 $U_N = 2V + 1V + 0.4V + 0.1V + 0.001V = 3.501V$ 时，因 $U_x = U_N$，比较过程结束。此时显示器显示 3.501V。

逐次逼近比较式数字电压表的优点是分辨率和准确度均较高，测量速度快；缺点是抗干扰性差。

2. 双斜积分式 DVM

双斜积分式 DVM 原理框图如图 5-16 所示。此电路的特点是，在一个测量周期内，用积分器 A 进行两次积分。首先对被测电压 U_x 在规定时间内进行定时积分，然后切换 A 的输入电压，输入基准电压 U_N，对 U_N 进行反向定值积分。然后通过两次积分的比较，将输入信号 U_x 变换成与之成正比的时间间隔。通过计数器计数，由电子计数器部分经显示器显示被测电压 U_x 值。

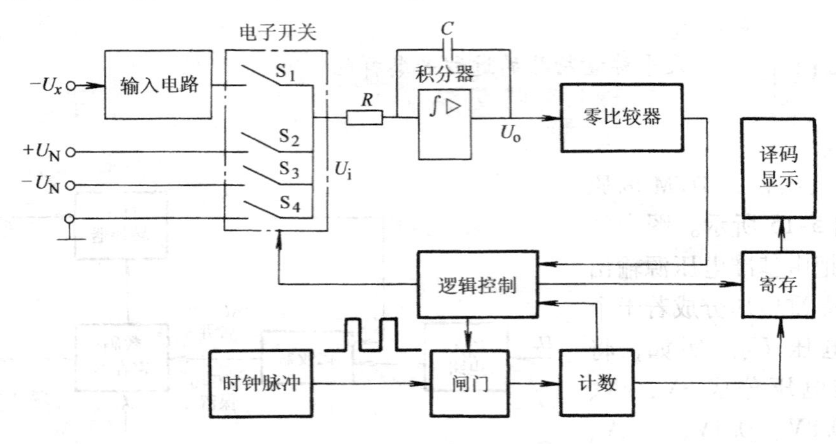

图 5-16 双斜积分式 DVM 原理框图

双斜积分式 DVM 工作过程分三个阶段，如图 5-17 所示。

（1）准备阶段（$t_0 \sim t_1$） 由逻辑控制电路将图 5-16 所示的电子开关 S_4 接通（其余断开），使积分器输入电压 $U_i = 0$，则其输出电压 $U_o = 0$，作为初始状态。

（2）定时积分阶段（$t_1 \sim t_2$） 对直流被测信号 U_x 定时积分，设被测电压 $U_x < 0$。

在 t_1 时刻，逻辑控制电路将电子开关 S_4 断开，同时接通 S_1。接入被测电压 U_x，积分器作正向积分，输出电压 u_{o1} 线性增加；同时逻辑控制电路将闸门打开，计数器对时钟脉冲计数。经过预置时间 T_1，即在 t_2 时刻，计数器溢出，清零，进位脉冲使逻辑控制电路将 S_1 断开，S_2 接通，定时积分阶段结束。此时，积分器输出电压为

$$u_{o1} = -\frac{1}{RC}\int_{t_1}^{t_2}(-U_x)\,dt$$

t_2 时刻时

$$u_{om}=\frac{T_1}{RC}U_x$$

若 U_x 为直流电压，则

$$u_{om}=\frac{T_1}{RC}U_x \qquad (5\text{-}1)$$

可见，积分器输出电压 u_{o1} 正比于被测电压 U_x。

因为 $t_1\sim t_2$ 区间是定时积分，T_1 是预先设定的。u_{o1} 的斜率由 U_x 决定（U_x 大，斜度陡，u_{om} 值则高）。当 U_x（绝对值）减小时，其顶点为 u_{om}，如图 5-17 所示的虚线。

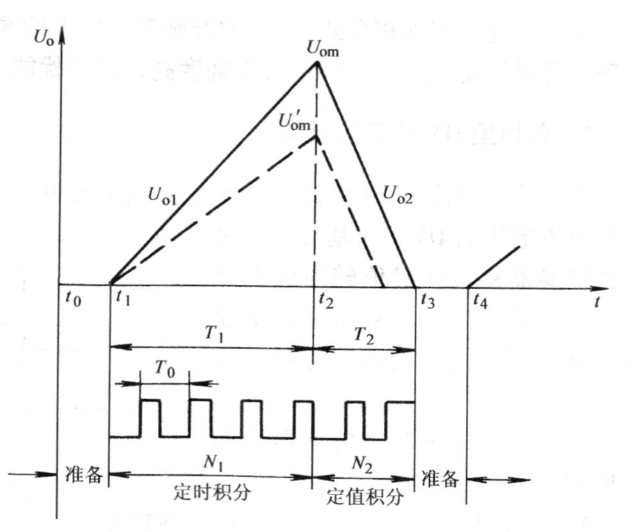

图 5-17 双斜积分式 DVM 的工作原理图

（3）定值积分阶段（$t_2\sim t_3$）对基准电压 U_N 进行定值积分阶段。

当 S_1 断开，S_2 接通后，标准电压 U_N 被接入积分器，并使积分器作反向积分，其输出电压 u_{o2} 从 u_{om} 开始线性下降。同时，计数器清零，闸门开启，重新计数，并送入寄存器。同时，S_2 断开，S_3、S_4 接通，积分器恢复到初始状态，C 放电，进入休止阶段（$t_3\sim t_4$），为下一次测量周期做准备。

到 t_3 时积分器输出电压 $u_{o2}=0$，获得时间间隔为 T_2，在此期间输出电压

$$u_{o2}=U_{om}+\left[-\frac{1}{RC}\int_{t_2}^{t_3}(+U_N)\,dt\right]$$

t_3 时刻

$$u_{o2}=0=U_{om}-\frac{T_2}{RC}U_N$$

代入式（5-1）

$$\frac{T_2}{RC}U_N=U_{om}=\frac{T_1}{RC}U_x$$

整理得

$$U_x=\frac{U_N}{T_1}T_2$$

式中，U_N、T_1 均为常数，则被测电压 U_x 正比于时间间隔 T_2。

若在 T_1 时间内计数器计数结果为 N_1，即 $T_1=N_1T_0$；在 T_2 时间内计数结果为 N_2，即 $T_2=N_2T_0$；式中 T_0 为计数器的计数脉冲周期，则

$$U_x=\frac{U_N}{N_1}N_2$$

因此，被测电压 U_x 正比于 T_2 期间计数器所计入的时钟脉冲个数 N_2。

（4）显示阶段　计数器输出脉冲存在寄存器中，经译码，在显示器中显示出被测电压 U_x 值。

综上所述，双斜积分式 DVM 的准确度取决于标准电压 U_N 的准确度和稳定性，而 U_N 的准确度可以做得很高，因而该表准确度高，抗干扰能力强，应用广泛。

5.3.2 多用型 DVM 工作原理

前述均为直流 DVM 的原理，为了实现交流电压、直流电流、直流电阻等参数的测量，以测直流电压的 DVM 为基础，通过各种转换器将这些量值转换成直流电压，再进行测量，从而可以组成多用型 DVM（也称为数字万用表），如图 5-18 所示。

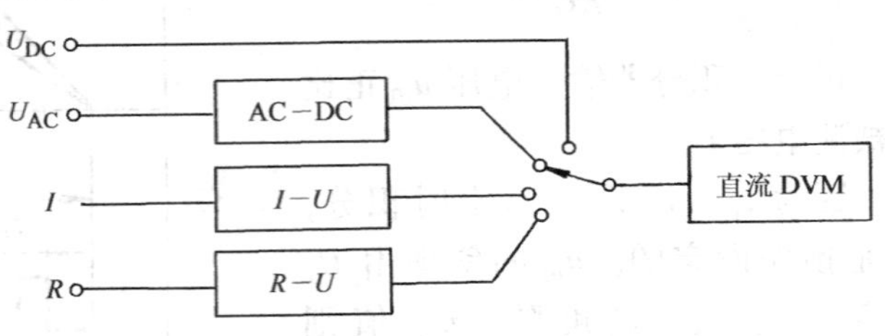

图 5-18 多用型 DVM 原理图

下面简介几种参数转换器的基本原理。

1. 交流电压-直流电压（AC-DC）转换器

5.2 节中介绍过模拟式电子电压表利用二极管构成的平均值和峰值检波器，驱动直流微安表指针偏转，这种检波器是非线性的。而直流 DVM 则是线性化显示的仪器，同直流 DVM 配接的转换器则必须将被测电压的有效值，线性地转换成直流电压，一般称它为线性检波器。5.2.3 节曾叙述过的直接用公式均方根运算的有效值转换过程可实现交流-直流线性检波。

2. 直流电流-直流电压（I-U）转换器

如图 5-19 所示，最常用的直流电流-直流电压的转换是利用欧姆定律，使被测的直流电流 I_x 通过标准电阻 R_s（采样电阻），以 R_s 上的直流压降 U_x 表示 I_x 的大小，即

$$U_x = I_xR_s$$

此电压正比于 I_x，用直流 DVM 测得电阻上的电压，即可实现对未知直流电流的测量。

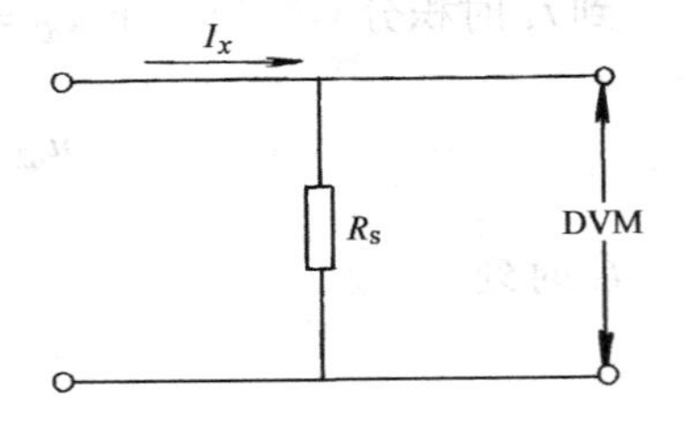

图 5-19 I-U 转换器原理图

如图 5-20 所示为多用型 DVM 采用的直流电流-直流电压转换器的一个实例。电路图中的输出端 U_o 连接至 DVM 的输入端，由图示可见，输入到 DVM 的电压与 I_x 成正比，因为 $U_o = AU_i = AI_xR_N$（式中的 A 为放大器的放大倍数），可见 U_o 与 I_x 成正比。用开关 $S_1 \sim S_4$ 切换不同的采样电阻，即可得到不同的电流量程，而输入到 DVM 的电压不变。

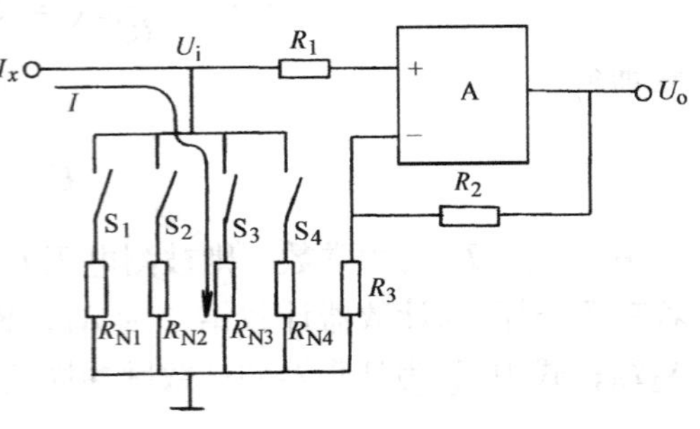

图 5-20 I-U 转换器实例电路图

3. 电阻-电压转换器

R-U 的转换器电路如图 5-21 所示。图中 I_s 是一个恒流源电流，通过被测电阻 R_x，在 R_x 两端就会产生正比于被测电阻 R_x 的电压，由 DVM 测得这个电压值就可以知道被测电阻 R_x 的大小，即 $R_x = U/I_s$。

图 5-22 所示为多用型 DVM 中采用的电阻-直流电压转换器的一个实例。被测电阻 R_x 接

在反馈回路上，标准电阻 R_N 接在输入回路中。U_N 是基准电压，电路图中的输出端 U_o 联接至 DVM 的输入端，由图可知

$$I = \frac{U_N}{R_N}$$

$$U_o = -IR_x = -\frac{U_N}{R_N}R_x$$

电流 I 由 U_N 和 R_N 决定，它在 R_x 上的压降 $|IR_x|$ 即输出电压 U_o，显然 U_o 正比于 R_x。从而实现了 R-U 转换。改变 R_N 即得到不同量程。

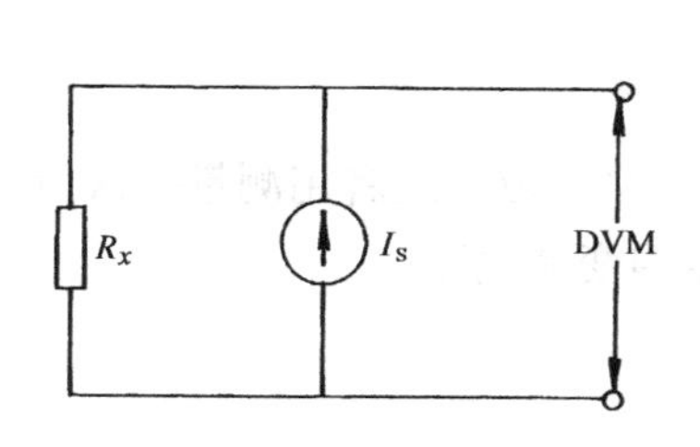

图 5-21　*R-U* 转换器原理框图

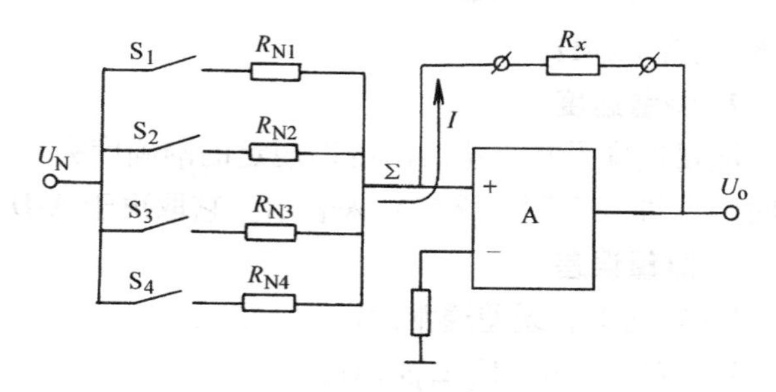

图 5-22　*R-U* 转换器实例电路图

可见，在 DVM 的基础上，利用交流-直流（AC-DC）转换器、电流-电压（*I-U*）转换器、电阻-电压（*R-U*）转换器即可把被测电量转换成直流电压信号，再由 DVM 对转换后的信号进行测量。这样就组成了数字式多用表（俗称万用表）。不同的测量功能和量程由开关转换来设定。

5.3.3　DVM 主要性能指标与测量误差

表征 DVM 主要性能指标有：测量范围、分辨率、输入阻抗、抗干扰能力、测量速度及测量误差等。掌握它们的正确含义是正解使用 DVM 的前提。

1. 测量范围

DVM 用量程显示位数以及超量程能力来反映它的测量范围。

（1）量程　DVM 的量程是以基本量程（即未经衰减和放大的量程）为基础，借助于步进衰减器和输入放大器向两端扩展来实现。

量程转换有手动和自动两种，自动转换借助于内部逻辑控制电路来实现。

（2）显示位数　DVM 的显示位数是指能显示 0～9 十个数码的完整显示位。因此，最大显示为 9 999 和19 999 的 DVM 都为 4 位 DVM。但为了区分其不同，也常把后者称为 $4\frac{1}{2}$位 DVM。如果 DVM 最大显示为 5 999 9，则称为 $4\frac{3}{4}$位。

（3）超量程能力　DVM 是否具有超量程能力，与基本量程有关。

显示位数全是完整位的 DVM，没有超量程能力。带有 1/2 位的 DVM，如按 2V、20V、200V 分档，也没有超量程能力。

带有 1/2 位并以 1V、10V、100V 分档的 DVM，才具有超量程能力。例如，最大显示 19 99 99V电压的 DVM，在 10V 量程上，允许有 100% 的超量程。

2. 分辨率

DVM 能够显示被测电压的最小变化值，称为分辨率，即最小量程时显示器末位跳一个单位值所需的最小电压变化量。在不同的量程上，具有不同的分辨率。在最小量程上，具有最高分辨率，这里的分辨率应理解为最小量程上的分辨率。

例如，某 DVM，最小量程为 0.5V，最大显示正常数为 5000，末位一个字为 100μV，即该 DVM 的分辨率为 100μV。

3. 输入阻抗

由于输入有衰减器，所以输入阻抗不是固定值。小电压测量 R_i 可达 500MΩ，大电压测量 R_i 只有 10MΩ。

4. 测量速度

测量速度是在单位时间内以规定的准确度完成的最大测量次数。或者用测量一次所需要的时间（即一个测量周期）来表示。它取决于 A-D 转换器的变换速度。

5. 测量误差

DVM 的固有误差通常用以下两种方式表示：

1）$\Delta U = \pm \alpha\% U_x \pm \beta\% U_m$

2）$\Delta U = \pm \alpha\% U_x \pm n$ 个字

式中 U_x——被测电压读数；

U_m——该量程的满度值；

$\alpha\% U_x$——读数误差；

$\beta\% U_m$——表示满度误差，也可以用 $\pm n$ 个字表示，即在该量程上末位跳 n 个单位电压值恰好等于 $\beta\% U_m$。

例 5.4 某 DVM，基本量程 5V 档的固有误差为 $\pm 0.006\% U_x \pm 0.004\% U_m$，求满度误差相当几个字？

解： 由已知条件可知，满度误差为 $\pm 0.004\% U_m = \pm 0.004\% \times 5V = \pm 0.0002V$。所以 0.000 2V 恰好是末位两个字。

例 5.5 用一台四位 DVM 的 5V 量程分别测量 5V 和 0.1V 电压，已知该仪表的准确度为 $\pm 0.01\% U_x \pm 1$ 个字，求由于仪表的固有误差引起测量误差的大小。

解：（1）测量 5V 电压时的绝对误差　因为该电压表是四位，用 5V 量程时，±1 个字相当于 ±0.001V，所以绝对误差

$$\Delta U = \pm 0.01\% \times 5V \pm 0.001V(1\text{ 个字}) = \pm 0.0005V \pm 0.001V = \pm 0.0015V$$

示值相对误差为

$$\gamma_u = \frac{\Delta U}{U_x} \times 100\% = \frac{\pm 0.0015}{5} \times 100\% = \pm 0.03\%$$

（2）测量 0.1V 电压时的绝对误差

$$\Delta U = \pm 0.01\% \times 0.1V \pm 0.001V(1\text{ 个字}) = \pm 0.0001V \pm 0.001V \approx \pm 0.001V$$

示值相对误差

$$\gamma_u = \frac{\Delta U}{U_x} \times 100\% = \frac{\pm 0.001}{0.1} \times 100\% = \pm 1\%$$

可见，当没有接近满量程显示时，误差是很大的。为此，当测量小电压时，应当用较小的量程。这一点和使用模拟式电子电压表的要求是一样的。

5.4 电子电压表的使用方法

虽然电子电压表的型号很多，但其基本使用方法相同。下面介绍电子电压表在使用时的基本操作注意事项，从而养成正确的操作习惯。

1. 准备工作

仪器应垂直放置在水平工作台上。在未接通电源的情况下，模拟式电子电压表应进行机械调零，即调节表头上的机械零位调节旋钮，使表针对准零位。

仪器接通电源，预热10min（越是精密的仪器预热时间越长），短接两输入接线端。一般在所选的量程上，调节零点调整旋钮进行电气调零，使电表指示为零。使用过程中，当变换量程后还需要重新调零。

2. 选择量程

根据被测信号的大约数值，选择适当的量程。在不知被测电压大约数值的情况下，可先选择较大量程进行试测，待了解被测电压大约数值之后，再确定所选量程。

一般选量程时，模拟式电子电压表应符合使电表指针偏转角度达满刻度2/3左右的要求；DVM也要使所选量程接近被测电压，以减小测量误差；选择合适的量程，以获得尽可能多的显示位数。

3. 连接电路

在使用模拟式电子电压表时，被测电路的电压通过连接线接到电压表的输入接线柱，连接电路时，应先连接上接地接线柱，然后接另一个接线柱。测量完毕拆线时，则应先断开不接地的接线柱，然后断开接地接线柱。以避免在较高灵敏档（mV档）时，因人体触及输入接线柱而使表头指针打表。

在实际使用中，为避免出现上述打表现象，在使用高灵敏度档级（mV档）时，习惯上在接（或拆）测量接线时，先把量程选择开关置于低灵敏度档（V档），接好连线后，再把量程选择开关置于测量所需的高灵敏度档。

>> **小提示** 数字万用表内部电压的极性是红笔为“+”，黑笔为“-”，与普通万用表表笔所带的极性恰好相反，用它判断关通时应予注意。

4. 读数

模拟式电子电压表要根据量程选择开关的位置，按相对应的电表刻度线读数；DVM根据显示器的显示直接读数，当电压表显示19 999时，表示输入过载，此值不是测量值。

本章小结

电压测量是电子电路测量的一个重要内容。本章介绍了电压测量的主要仪器——电子电压表的原理和使用方法。

1. 电子电路中电压量的特点。了解这些特点对于正解使用电子电压表是有益的。

2. 电子电压表按测量的显示方式可分为两大类：模拟式电子电压表和数字式电子电压表，模拟式电子电压表以指针偏转指示结果的大小，而 DVM 则是以数字直接显示的。交流电压的基本参数有平均值、峰值和有效值及其它们之间换算的波形系数和波峰系数。

3. 在测量交流电压时，必须对被测交流电压进行交流-直流的转换。

模拟式电子电压表根据检波器的不同，可分为均值型电子电压表、峰值型电子电压表和有效值型电子电压表。放大-检波式检波器，其输出电流与输入电压的平均值成正比，所以组成均值型电压表；检波-放大式检波器，其输出电流与输入电压的峰值成正比，所以组成峰值型电压表；热电偶转换和公式计算组成有效值型电压表。用均值表和峰值表测量非正弦波电压会产生波形误差，必要时需要进行换算以提高测量准确度。

直流数字式电子电压表简称 DVM。DVM 根据其所用 A-D 转换器，可分为比较型和积分型两种。比较型 DVM 由逐次逼近式 A-D 转换器为核心构成；积分型 DVM 由双斜积分式A-D转换器为核心构成。以测量直流电压的 DVM 为基础，通过各种转换器将交流电压、电流、电阻等量值转换成直流电压，再进行测量，从而组成多用型 DVM。

DVM 的主要性能指标测量误差的表示是反映其测量准确度的基本形式。

4. 正解使用电子电压表。

综 合 实 训

实训一　电子电压表波形响应的研究

1. 实训目的

1）学会使用均值型、峰值型电子电压表的基本操作方法。

2）学会使用电子电压表测量非正弦信号的电压值，并能根据所学的理论知识，分析波形响应对测量结果的影响。

2. 实训仪器

1）均值型电子电压表。

2）峰值型电子电压表。

3）电子示波器。

4）函数信号发生器等。

3. 实训内容

分别用均值型电子电压表、峰值型电子电压表去测量一个函数信号发生器输出的正弦波、方波、三角波电压，并对电压表的读数进行解释。

4. 实训过程

1）检查电表表头的机械零点，并开机预热一段时间（15min 左右）。

2）电压的测量。按图 5-23 所示测试原理接线。分别使函数信号发生器工作于正弦波、方波、三角波工作状态。调节各信号的峰值使其相等（用示波器进行监测），用电压表分别

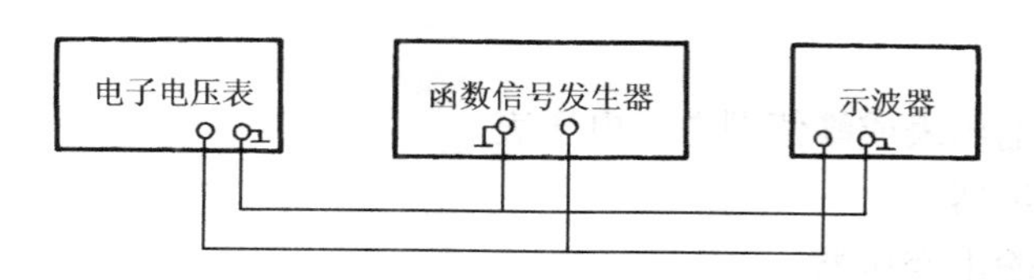

图 5-23　测试原理框图

测量。按表 5-2 的要求，进行测量记录。

表 5-2　波形响应数据记录

电子示波器		型号：	编号：	Y 偏转系数：	V/div
		波形高度：　div		电压峰值：	
电压表选择	响　应	全波均值		峰值	
	型　号				
电压表读数	正弦波				
	方　波				
	三角波				

5. 实训报告要求

1）列出全部原始测量数据。

2）根据表 5-2 的测量数据，分别计算出均值型电子电压表、峰值型电子电压表在测量正弦波、方波、三角波电压时的各种电压参数（有效值、平均值及峰值），并与理论计算值进行比较和分析。

3）写出分析结论。

想一想　如果没有函数信号发生器，能否自己连接一个低频的多波形电路？

参考电路如图 5-24 所示。

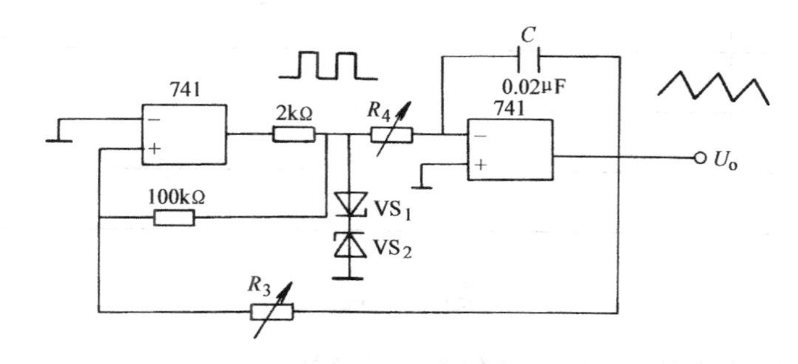

图 5-24　简易函数信号发生器电路图

实训二　变压器电压比及直流稳压电源纹波系数的测量

1. 实训目的

掌握模拟式电子电压表的基本使用方法及在实际测量中的应用。

2. 实训仪器

1）均值型电子电压表或峰值型电子电压表。

2）低频信号发生器。

3）小型输入或输出变压器。

4）直流稳压电源。

5）电阻、电容。

3. 实训过程

1）实训准备。检查仪器上表头的机械零点，并开机预热一段时间。

2）变压器电压比的测量。按图5-11所示方法进行接线，图中 U_s 即为低频信号发生器，U_1 和 U_2 为电压表的测试位置。

改变若干次低频信号发生器的输出频率，并使其输出电压为6V，用均值型电压表或峰值型电压表测出各次的 U_1 和 U_2 值，将测得数据填入表5-3中。

表5-3 变压器电压比的测量

电子电压表 / 频率值 f	U_1	U_2	$N=\frac{U_1}{U_2}$	平均值

3）直波稳压电源纹波系数的测量。按图5-13所示进行接线，用万用表的直流电压档和电子电压表分别测出 U 和 u 的值，将测量数据填入表5-4中。

表5-4 纹波系数测量

U	u	$\gamma=\frac{u}{U}$	平均值

习　题

1. 交流电压的参数有哪几种表示方法？它们之间有什么样的关系？

2. 为何要求电子电压表的输入阻抗应足够高？

3. 用全波均值表对图5-25所示的三种波形交流电压进行测量，示值为1V。求各种波形的峰值、均值及有效值分别是多少？并将三种电压的波形画于同一坐标上进行比较。

4. 用峰值电压表对图5-25所示三种波形电压进行测量，示值为1V，试分别求出其有效值、平均值、峰值各为多少？并将三种电压波形画于同一坐标上加以比较。

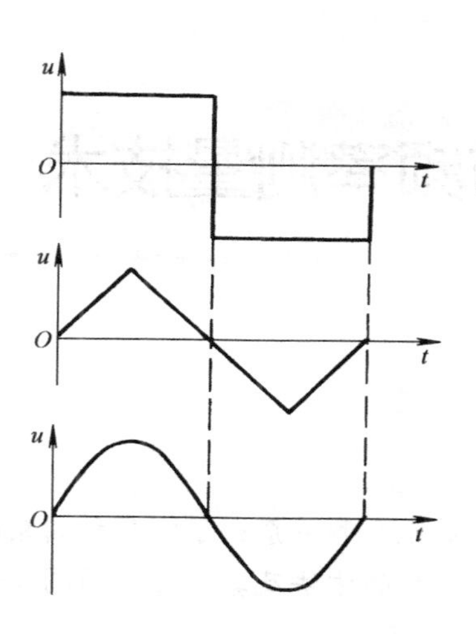

图 5-25　题 3、4 图

5. 用一台 $5\frac{1}{2}$ 的 DVM 进行电压测量，已知固有误差为 ±0.003%读数 ±0.002%满度。选用直流 1V 量程测量一个标称值为 0.5V 的直流电压，显示值为 0.499 876V，问此时的示值相对误差是多少？

6. 用一种 $4\frac{1}{2}$ 位 DVM 的 2V 量程测量 1.2V 电压。已知该仪器的固有误差 $\Delta U=\pm0.05\%$ 读数 ±0.01%满度，求由于固有误差产生的测量误差。它的满度误差相当于几个字？

7. 下面的三种 DVM 分别是几位的？

① 9 999　　② 19 999　　③ 5 999

8. 某逐次逼近比较式 DVM 内的基准电压分别为：8V、4V、2V、1V、0.8V、0.4V、0.2V、0.1V、0.08V、0.04V、0.02V、0.01V、0.008V、0.004V、0.002V、0.001V，试说明测量 12.532V 直流电压的过程。

9. 试简述双斜积分式 A-D 转换器的工作原理。

10. 使用模拟式电子电压表时，连接测量线和拆去测量线应按什么样的顺序进行？

11. 模拟式万用表和数字式万用表都有红、黑表笔，在使用时需要注意什么？

第6章　时间与频率测量技术

本章掌握频率与周期的基本概念和关系；了解几种测频的方法；掌握电子计数器的基本原理、电子计数器测频和测周期的方法及其测量中的测量误差的处理方法。

学习目标

应知：电子计数器组成原理
电子计数器主要技术指标
时基信号的产生及作用
电子计数器测量原理
电子计数器测频、测周期原理
量化误差的产生
电子计数器误差分析
多周期同步测量法的应用

应会：电子计数器的使用
电子计数器测频误差分析
电子计数器测周期误差分析
中界频率的确定及应用

6.1　概述

在相等时间间隔重复发生的任何现象，都称为周期现象。频率是描述周期现象的重要物理量，它表征单位时间内周期性过程重复、循环或振动的次数，用相应周期的倒数表示，单位为 Hz（赫兹）。周期为 1s 的周期现象的频率为 1Hz。我们用 f 来表示频率，用 T 来表示周期，则两者之间的关系可以表示成 $f=1/T$，即频率和周期是从不同的侧面来描述周期现象的，二者互为倒数关系，只要测得一个量值就可以换算出另一个量值。

在电子测量中，频率是一个最基本的参数，而且频率的测量精确度是最高的。在测量技术中，常常将一些非电量或其他电参量转换成频率进行测量，以提高测量的精度。

6.2　常用测频方法

测量频率的方法很多。按频率测量原理一般可分为三大类：

（1）无源测频法　利用电路的频率响应特性来测量频率的方法称为无源测频法。无源测频法又分为谐振法和电桥法两种。

谐振法用LC谐振回路，调节电容使其谐振频率与被测信号频率相同时，回路电流最大，通过电表指示其频率值。这种方法多用于高频频段的测量。

电桥法因调节不便，误差较大，现已使用不多了。

（2）有源比较测频法　将被测频率与一个标准有源信号相比较的测量方法称为有源比较测频法。常用的有源比较测频法有拍频法、差频法和示波器测量法。

拍频法、差频法这里不作介绍。

示波器法有两种测频方法，李萨育图形法和测量周期法（这两种方法在第3章中已做介绍）。前者当频率比较高时，示波器显示的波形难以稳定，所以该方法适用于低频测量，由于调节不便，已很少使用。用宽频带示波器通过测量周期的方法获得被测信号的频率值，虽然误差较大，但对于要求不太高的场合是比较方便的。

（3）计数法　利用电子计数器测量频率的方法称为计数法。实质上，这种方法仍然属于有源比较测频法。计数法中最常用、最广泛使用的测频方法是电子计数器测频法。

电子计数器测频法是利用电子计数器显示单位时间内通过被测信号的周期个数来实现频率的测量，这是目前最好的测频方法，本章重点介绍使用电子计数器测量频率和周期的方法。

6.3　电子计数器的功能

6.3.1　电子计数器的组成与主要技术指标

1. 电子计数器的基本组成

电子计数器主要由输入电路、计数显示电路、标准时间产生电路和逻辑控制电路组成，如图6-1所示。

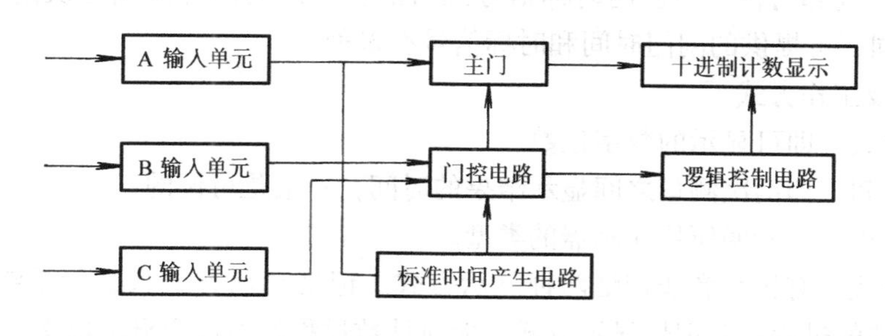

图6-1　电子计数器的组成

（1）输入电路　又称为输入通道。其作用是接受被测信号，并对它进行放大和整形，然后送入主门（闸门）。整形常由施密特电路完成。电子计数器的输入电路通常包括A、B、C三个独立的单元电路，A通道用于传输被计数的信号，B、C通道传输闸门信号。测频时，B、C通道不用。

（2）计数显示电路　它是一个十进制计数显示电路，用于脉冲计数，并以十进制方式显示计数结果。

(3) 标准时间产生电路　标准时间信号由石英振荡器提供，作为电子计数器的内部时间基准。标准时间信号经放大、整形和一系列的十进制分频后，产生用于计数的时标信号（10MHz、1MHz、100kHz、10kHz、1kHz 等），以及控制闸门的时基信号（1ms、10ms、0.1s、1s、10s 等）。因此，这部分电路应具有准确性和多值性。

测频时，时基信号经门控电路形成门控信号。

(4) 逻辑控制电路　产生各种控制信号，用于控制电子计数器各单元电路的工作。一般每进行一次测量的工作程序是：测量准备→计数→显示→复零→准备下一次等阶段。控制电路由若干门电路和触发器组成的时序逻辑电路构成。

2. 电子计数器的主要技术指标

(1) 测试性能　仪器所具备的测试功能，如测量频率、周期等。

(2) 测量范围　仪器在不同功能下的有效测量范围。对于不同的功能，其含义是不同的。如测频时，被测信号的频率范围，一般用频率的上、下限值表示；而在测量周期时，测量范围常用周期的最大、最小值表示。

(3) 输入特性　电子计数器一般有 2 ~ 3 个输入通道，测试不同参数时，被测信号要经不同的通道输入仪器。输入特性表明电子计数器与被测信号源相联的一组特性参数，需分别指出各个通道的特性。其特性包括：

1) 输入耦合方式，有 AC 和 DC 两种，在低频和脉冲信号计数时宜采用 DC 耦合方式。

2) 输入灵敏度，指在仪器正常工作时输入的最小电压，如通用电子计数器，A 输入通道的灵敏度一般为 10 ~ 100mV。

3) 最高输入电压，指仪器所能允许输入的最大电压。超过最高输入电压后仪器不能正常工作，甚至会损坏。

4) 输入阻抗，包括输入电阻和输入电容。A 输入通道分为高阻（1MΩ/25pF）和低阻（50Ω）两种。

(4) 闸门时间和时标　由机内时标信号源所能提供的时间标准信号决定。根据测频和测周的范围不同，可提供的闸门时间和时标信号有多种。

(5) 显示及工作方式

1) 显示位数，即可显示的数字位数。

2) 显示时间，即两次测量之间显示结果的时间，一般是可调的。

3) 显示器件，即标明所用显示器的类型。

4) 显示方式，有记忆和非记忆两种显示方式。记忆显示方式只显示最终计数的结果，不显示正在计数的过程；非记忆显示方式，能对计数过程的值逐个显示出来。

5) 输出，仪器可输出的时标信号种类、输出数码的编码方式及输出电平。

6.3.2　时基信号产生与变换单元

时基电路主要包括晶体振荡器、分频器、倍频器和时基选择电路（时标选择和闸门时间选择）。如图 6-2 所示，晶体振荡器产生 1MHz 的时间基准信号，经分频、倍频，形成从 10MHz 到 0.1Hz 以 10 为系列递降的一系列不同频率的机内时间标准信号。

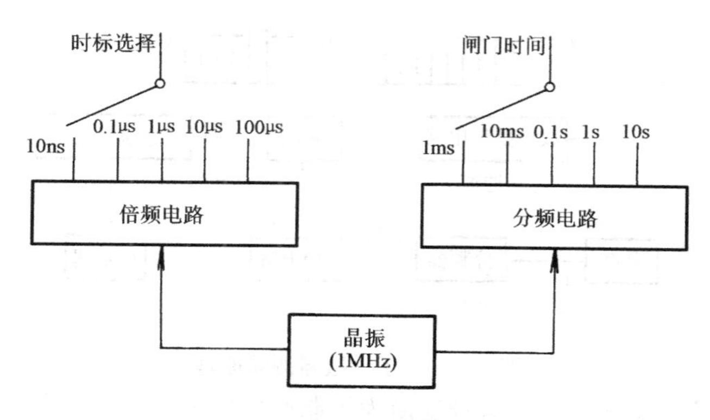

图 6-2　时基电路示意图

6.4　电子计数器的测量原理

电子计数器测量原理如图 6-3 所示。

设 f_x 为待测频率，从 A 端输入，经整形电路变成方波，加到与非的一个输入端。该与非门起主闸门的作用。在与非门的第二个输入端加闸门控制信号。控制信号为低电平时，闸门关闭，无信号进入计数器。控制信号为高电平时，闸门开启，整形脉冲进入计数器计数。控制信号经 1s 后再次为低电平，闸门开启恰为 1s。1s 内，N 个脉冲进入计数器，计数器即显示出频率值 f_x（Hz）（或经计算显示周期值），它的数值为 N。

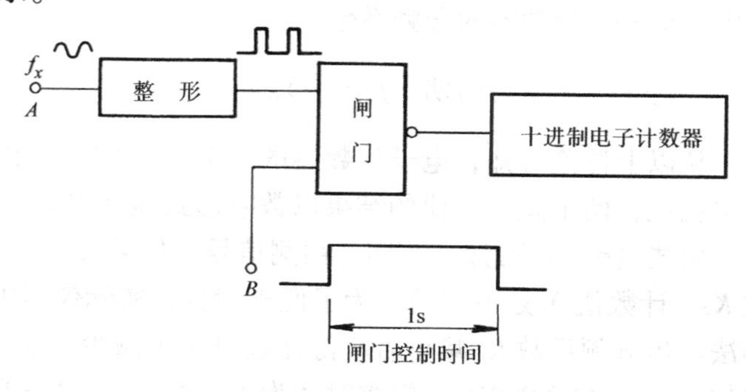

图 6-3　电子计数器测量原理

>> **想一想**　若将闸门换作其他门电路，如或非门，那么控制信号应该是怎样的？

6.4.1　频率的测量

所谓“频率”就是周期性信号在单位时间（1s）内变化的次数，即频率为

$$f = \frac{N}{T} \tag{6-1}$$

式中　T——单位时间；

N——周期性现象的重复次数。

电子计数器测频率时，是把被测频率 f_x 作为计数脉冲，对标准时间 T 进行量化。根据计数器的计数值可得到两者的比值 N，其原理如图 6-4 所示。

被测信号经放大、整形后，形成重复频率等于被测信号频率 f_x 的计数脉冲，把它加至闸

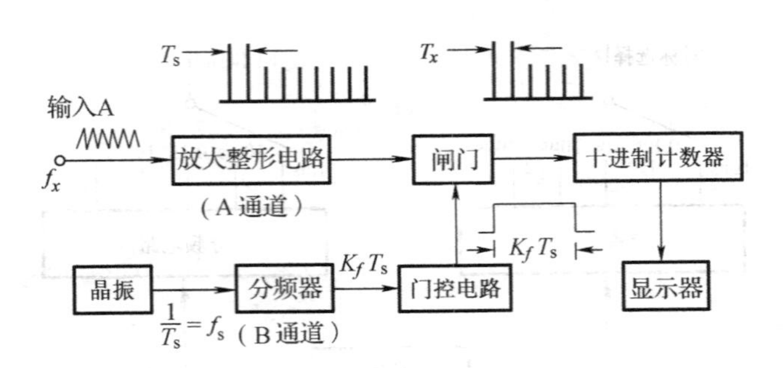

图6-4 电子计数器测频原理

门的一个输入端。门控电路将时基信号变换为控制闸门的开启的门控信号。只有在闸门开通时间 T 内，被计数的脉冲才能通过闸门，并由十进制电子计数器对计数脉冲计数，设计数值为 N，则 $N=T/T_x$，即被测信号的频率为

$$f_x=\frac{N}{T}=\frac{N}{K_f T_s} \tag{6-2}$$

式中 K_f——分频器的分频系数；

T_s——晶振的周期（$f_s=\frac{1}{T_s}$）。

从以上讨论可知，电子计数器的测频原理实质上以比较法为基础，它将 f_x 和时基信号频率相比，两个频率相比的结果以数字形式显示出来。

由式（6-2）可知，对同一被测信号，如果选择不同的门控时间，即选择不同的分频系数 K_f，计数值 N 是不同的。为了便于读数，实际仪器中的分频系数 K_f 都采用十进制分频的办法。当分频系数 K_f 减小后所得计数值 N 也减少，显示器上则将小数点所在位置自动移位。例如：$f_x=1\ 000\ 000\text{Hz}$，门控时间为1s时，可得 $N=1\ 000\ 000$，若七位显示器的单位采用kHz，则显示1000.000kHz；如果门控时间改为0.1s，则 $N=100\ 000$，显示1000.00kHz，7位显示器的第1位（最高位）不显示，只显示6位数字，且小数点已右移1位。

6.4.2 量化误差

将模拟量转换为数字量（量化）时所产生的误差叫量化误差，也叫±1误差或±1个字误差。它是数字化仪器所特有的误差。电子计数器测量频率或时间，实质上是一个量化过程。量化误差是由于门控信号起始时间与被测脉冲列之间相位关系的随机性而引起的。量化的最小单位是数码的一个字，即量化的结果只能取整数，其尾数或者被抹去，或者凑整为1，因此计数值也必然是整数，如图6-5所示。

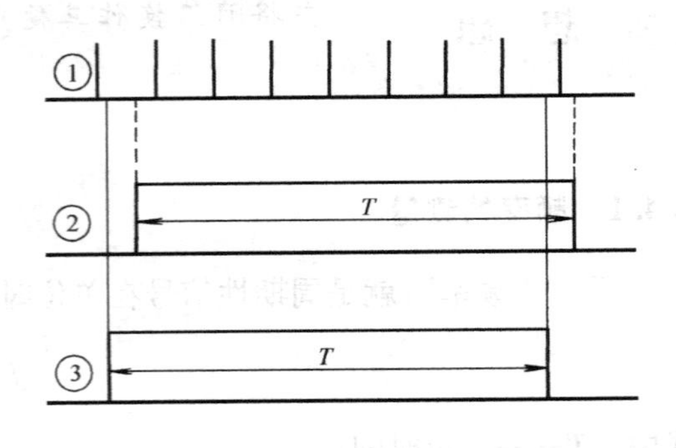

图6-5 ±1误差的形成

图中，①为被计数的脉冲，②、③为宽度 T 相同的门控信号，由于通过主门的时刻不同，计数值相差一个字。例如，$f_x=10\text{Hz}$，$T=1\text{s}$ 时，±1误差为1Hz。即因±1误差引起的测量误差为±10%。而 $T=10\text{s}$ 时，±1误差为0.1Hz。显然，±1误差的大小与门控时间 T 有关，T 越大，±1误差越小。实际上，±1误

差往往是测量误差的主要部分。

6.4.3 周期的测量

当f_x较低时，利用计数器直接测频，±1 误差将会大到不可允许的程度。所以，为了提高测量低频时的准确度，可改成先测量周期 T_x，然后计算$f_x = 1/T_x$。电子计数器测量周期的原理，如图 6-6 所示。

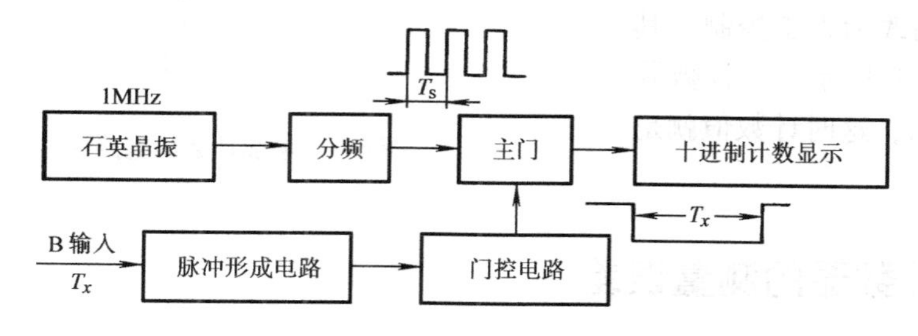

图 6-6 电子计数器测量周期的原理图

被测信号经 B 输入通道整形，使其转换成相应的矩形波，加到门控电路，控制主门的开闭，主门导通的时间就正好等于被测信号的周期。晶振经分频后产生的时标脉冲同时送至主门的另一输入端，在主门开启的时间内对输入的时标脉冲计数，若计数值为 N，则被测信号周期 T_x（$T_x > T_s$）为

$$T_x = NT_s \tag{6-3}$$

式中 T_s——时标脉冲的周期，它由晶振分频而得到。

例如，当 $T_x = 10\text{ms}$ 时，则主门打开 10ms；若选择时标为 $T_s = 1\mu\text{s}$，则计数器计得的脉冲数 $N = 10000$ 个；若以 ms 为单位，则计数器显示器上可读得 10.000（ms）。

从以上讨论可知，计数器测量周期的基本原理恰好与测频相反，即主门由被测信号控制开启，而将时标脉冲作为计数的脉冲。实质上也是比较测量方法。

6.4.4 电子计数器的其他功能

1. 频率比测量

通用电子计数器还可测量两个被测信号频率的比值，如图 6-7 所示。测量时，两个被比较的信号（设$f_A > f_B$）分别加至 A、B 输入通道。频率较低的信号 f_B 加至 B 输入通道，经放大、整形后用作门控电路的触发信号，频率较高的f_A加至 A 输入通道，经整形后变成重复频率与f_A 相等的计数脉冲。主门的开通时间为 $T_B = 1/f_B$，在该时间内对频率为f_A 的信号进行计数，可得

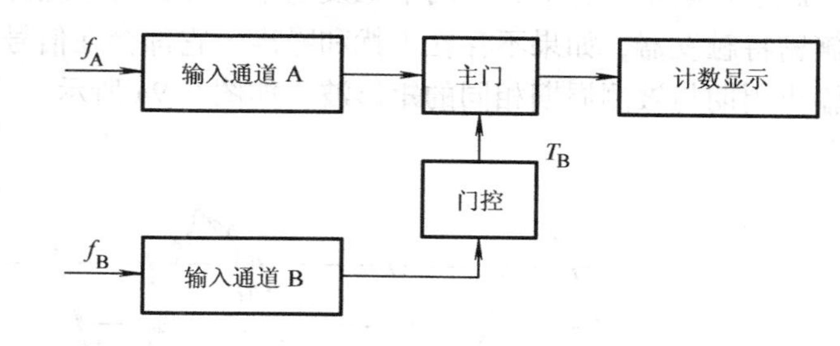

图 6-7 频率比测量原理图

$$N = \frac{T_B}{T_A} = \frac{f_A}{f_B} \tag{6-4}$$

为了提高测量准确度，还可将频率较低的f_B 信号的周期扩大，即将信号经分频器后再加至

门控电路。当主门的开启时间增大后，计数值随之增大，但由于显示器可进行小数点自动移位，显示的比值 N 不变。

2. 累加计数

累加计数是指在限定的时间内，对输入的计数脉冲进行累加。测量原理和测量频率是相同的，不过这时门控电路改为人工控制，其电路原理如图 6-8 所示。待计数脉冲经 A 通道输入，这时计数值就是累加计数。

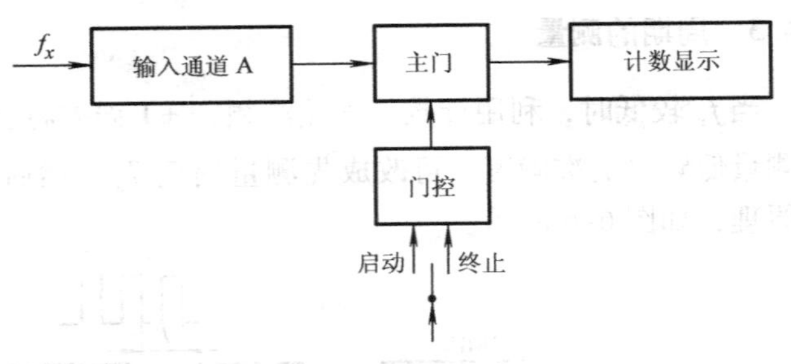

图 6-8 累加计数的电路原理图

6.5 电子计数器的测量误差

下面我们来分析电子计数器在测量频率、周期时所产生的误差及减小测量误差的方法。

6.5.1 电子计数器测量误差的分类

1. 量化误差

电子计数器在测量频率和周期时，都存在量化误差。测量频率时的量化误差已作分析。测量周期时产生的量化误差的原因与测频的情况相同，即均是由于用于计数的时标脉冲与控制主门的被测周期不同步所引起的。

2. 触发误差

测量周期时，被测信号经放大、整形，转换（由施密特电路把被测信号转换为矩形波或方波）为门控信号。转换过程中存在着各种干扰和噪声的影响，以及利用施密特电路进行转换时，触发电平本身也可能产生抖动，从而引入触发误差。所以触发误差也称转换误差。误差的大小与被测信号的大小和转换电路的信噪比有关。

施密特电路具有上、下两个触发电平，即具有回差特性。被测信号进入通道放大后，加至施密特触发器，如果不存在干扰和噪声，它都会在信号的同一相位点上触发。施密特电路则输出周期与被测周期相同的矩形波，如图 6-9a 所示。

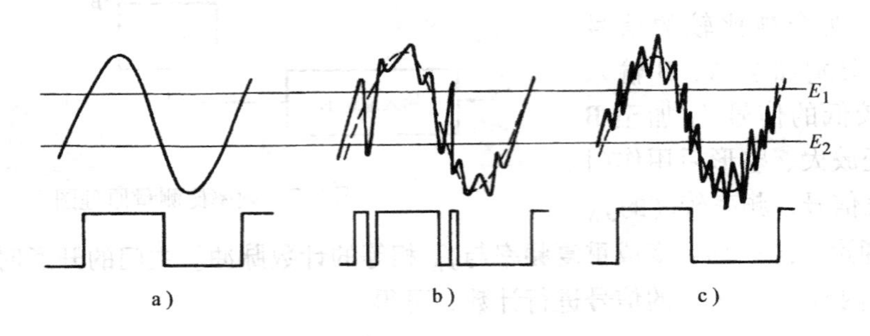

图 6-9 信号叠加干扰后对转换的影响

如果被测信号叠加了干扰，且干扰较大，可能在被测信号的一个周期内使信号电平多次在上、下触发电平 E_1、E_2 之间摆动，从而产生宽度不等的多个脉冲输出，即产生了额外触发，如图 6-9b 所示。很显然，这种情况会产生很大的测量误差。这时的测量值应视为坏值，应予避免。

如果叠加了干扰，但是干扰并不大，则会出现如图 6-9c 所示的情况。在信号的一个周期内，仍然只输出一个脉冲。这时如果仪器是用于测量频率，则因为被测信号的每个周期仅产生一个计数脉冲，对测量是没有影响的。可见，当用计数器测量频率时，为保证测量准确，应尽量提高信噪比，以减弱干扰的影响。调整仪器时应尽量不使信号衰减过大。

若图 6-9c 所示的情况是用于周期测量的，则仍然有影响。因为触发点的信号相位发生了摆动，转换为门控脉冲信号后，其宽度也会发生变化，仍然存在触发误差。对于时间测量而言，若被测信号是脉冲信号，则测量触发误差比测量正弦信号时要小。然而误差的大小取决于输入触发信号的波形和信噪比等因素。当信噪比较高时，触发误差可忽略不计。

3. 标准频率误差

电子计数器在测量时，都是以晶振产生的各种时基和时标信号作为基准的。晶体振荡器不稳定将引起误差。显然，如果标准频率信号不稳定，则会产生测量误差。

通常电子计数器中对晶振都采取了较好的稳频措施，稳定度能达到 1×10^{-7}，数值很小，与量化误差和触发误差相比，要小得多，因此这项误差常常可以忽略不计。

6.5.2 测量频率的误差分析

1. 误差的计算

频率测量在正常测量时触发误差可不考虑，因此，频率测量误差可认为是由量化误差和晶振误差两个因素引起的。这两个因素都与计数过程有关。下面我们来分析测量误差的计算方法。

根据式（6-2），并根据误差的合成公式，可求得测频误差 Δf_x 为

$$\frac{\Delta f_x}{f_x}=\frac{\Delta N}{N}-\frac{\Delta T}{T} \tag{6-5}$$

式中 $\Delta N/N$——量化误差，$\Delta N=\pm1$；

$\Delta T/T$——门控信号宽度不准确所引起的测量误差。

由式（6-5）可见，计数值 N 越大，量化误差的影响越小；门控时间越准，测量误差越小。但计数值 N 的增大应以计数器不溢出为原则。

由于门控信号是由晶振分频得到的，与晶振的频率稳定度直接相关。考虑到门控信号宽度 $T=K_fT_s$，$T_s=1/f$，则式（6-5）可改写为

$$\frac{\Delta f_x}{f_x}=\frac{\pm1}{N}-\frac{-\Delta f_s}{f_s}=\frac{\pm1}{Tf_x}\pm\left|\frac{\Delta f_s}{f_s}\right| \tag{6-6}$$

式中 $\Delta f_s/f_s$——标准频率误差，是晶振频率的准确度。

通常，要求标准频率的准确度比量化误差的影响小一个数量级。因此，晶振频率准确度的影响可以忽略，即

$$\frac{\Delta f_x}{f_x}=\pm\frac{1}{Tf_x} \tag{6-7}$$

例 6.1 若被测信号频率 $f_x=1\text{MHz}$，计算当闸门时间 $T=1\text{ms}$ 和 1s 时，由 ±1 误差产生的测频误差。

解： 当 $T=1\text{ms}$ 时

$$\frac{\Delta f_x}{f_x}=\pm\frac{1}{Tf_x}=\pm\frac{1}{1\times10^{-3}\times1\times10^{6}}=\pm10^{-3}$$

$$\Delta f_x=\pm\frac{1}{Tf_x}f_x=\pm\frac{1}{T}=\pm\frac{1}{1\times10^{-3}}\text{Hz}=\pm1\text{kHz}$$

同理，当 $T=1\text{s}$ 时

$$\frac{\Delta f_x}{f_x}=\pm10^{-6}$$

$$\Delta f_x=\pm1\text{Hz}$$

2. 减小误差的方法

由例 6.1 可知，测频时，绝对误差只与量化单位有关，而与被测频率无关。为了减小量化误差，应增加计数时间 T。可通过增加晶振的分频系数 K_f 的方法来增大计数时间 T。但是，测频的相对误差与被测频率的大小有关。T 一定，f_x 越大时，计数值 N 越大，误差就越小。对被测信号频率倍频 m 倍，计数值可增大 m 倍。因此，要提高测频的准确度，应减小量化单位，并增加被测频率值。

对 f_x 倍频 m 倍，对晶振分频 K_f 后，计数值 $N=mK_fT_sf_x$，则式（6-7）可写成

$$\frac{\Delta f_x}{f_x}=\frac{\pm1}{Tf_x}=\pm\frac{1}{mK_fT_sf_x} \tag{6-8}$$

由式（6-8）可见，当门控时间一定，若被测频率 f_x 较高，或采用倍频（m 倍）的方法，则测频误差较小。当 f_x 较小时，由 $\Delta N=\pm1$ 引起的测频误差会加大。

6.5.3 测量周期的误差分析

由测量误差的分类可知，三类误差都会对周期测量产生影响。但标准频率误差一般可忽略不计。下面分析当不存在触发误差时，计数器本身产生的测量误差。

首先计算量化误差与标准频率误差。

$T_x=NT_s$，结合误差合成公式，可求得测量周期的误差为

$$\frac{\Delta T_x}{T_x}=\frac{\Delta N}{N}+\frac{\Delta T_s}{T_s} \tag{6-9}$$

或

$$\frac{\Delta T_x}{T_x}=\frac{\pm1}{N}\pm\left|\frac{\Delta f_s}{f_s}\right|=\frac{\pm1}{T_xf_s}\pm\left|\frac{\Delta f_s}{f_s}\right| \tag{6-10}$$

式中 $\Delta f_s/f_s$——晶振不稳定引起的测量误差；

$\Delta N/N$——量化误差。当不考虑晶振的影响时，则有

$$\frac{\Delta T_x}{T_x}=\pm\frac{1}{N}=\pm\frac{1}{T_xf_s}=\pm f_xT_s \tag{6-11}$$

由式（6-11）可知，测量周期误差随被测频率的升高而增大，这与测频误差刚好相反。因此，当仅考虑计数器本身的测量误差时，如果f_x较低，应采用测量周期法；若f_x较高时，则应采用测量频率法。

6.5.4 中界频率的确定

由上述可知，对于同一被测频率，直接利用电子计数器的测频功能和测量周期的功能分别测量时，都存在量化误差，而且，当频率较高时宜用测频功能，当频率较低时宜用测量周期的功能。显然，存在着某一个频率，它使测量频率和测量周期的误差相等，这个频率就是中界频率，记为f_z。

在不考虑触发误差的条件下，则有

$$\pm \frac{1}{Tf_x} = \pm f_x T_s \tag{6-12}$$

即

$$f_z = \sqrt{\frac{1}{TT_s}} \tag{6-13}$$

若将测频时的闸门时间扩大n倍，测量周期时的被测周期扩大m倍，则式（6-12）为

$$\pm \frac{1}{nTf_x} = \pm \frac{1}{mT_x f_s} \tag{6-14}$$

即

$$f_z = \sqrt{\frac{m}{nTT_s}} \tag{6-15}$$

因此，中界频率由周期倍率m、闸门时间T及其扩大的倍数n，以及计数器的最高工作频率决定。显然，由于闸门时间的多值性，计数器有多个中界频率。

6.6 电子计数器的应用

计数器早在20世纪30年代初期就应用于原子结构的研究中，用来测量微观粒子数目，所以早期也称作粒子计数器。这种粒子计数器由两部分组成：一部分把接收到的粒子数转换为电脉冲数；另一部分是测量设备，测量探测器输出脉冲数；这就是电子计数器的雏形。

电子计数器可以用来测量脉冲数，那么只要能把其他的物理量转化为电脉冲，就同样可用电子计数器进行测量。例如，可以用光电检测器检出电动机的转速，然后用计数器来测量它。

20世纪50年代以来，电子计数器已从测量粒子数的专用设备演变为应用广泛的通用数字仪器。以电子计数器为基础，加上适当的变换装置，把各种电量及非电量变换为脉冲数，可以做成各种各样的数字仪器，如测量频率、周期、时间间隔、电压、电流、电阻、相位等的数字仪器。

目前，智能计数器、计算计数器等带有微处理器的各种通用计数器已广泛应用于各行各业，它不仅包括通用计数器的测时、测频等基本功能，还可以对测量结果完成一定的运算，并可以通过程序控制组成自动测量系统。还有具有特殊功能的电子计数器，如

可逆计数器、预置计数器、程序计数器等，主要应用于工业生产自动化、自动控制和自动测量等领域。

总之，由于电子仪器综合化的发展趋势，电子计数器除测频、测时外的其他辅助功能越来越多。

6.6.1 提高测频性能的方法

在电子技术领域内，频率是一个最基本的参数，电子计数器测频的性能，主要受到±1误差和测频上限的限制。提高测频率性能的方法很多，这里讨论多周期同步测量法。

多周期同步测量法在计数器内部采取措施，提高测频的分辨率，其原理如图6-10所示。

图中取样门控时间 τ 是由计算机控制产生的，在其控制下，同时打开主门A和主门B，使计数器A、B工作。实际计数的时间由同步门控决定，它是被测信号周期的整数倍。计数器A计得被测信号周期 N_a，计数器B计得时标信号周期个数 N_b，经计算机运算，得到被测频率在采样时间内的平均值，在显示器上显示

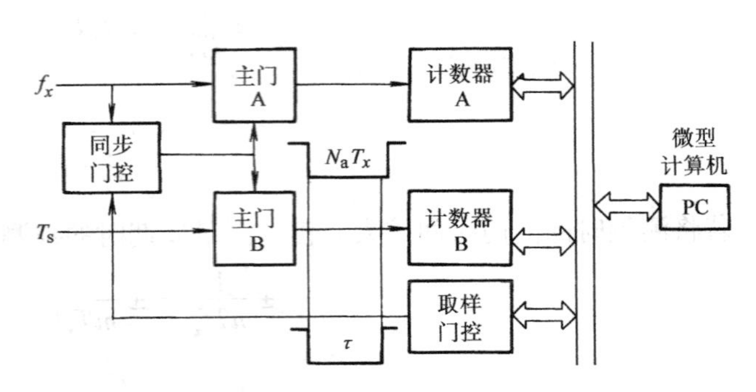

图6-10 多周期同步测量法

$$f_x = \frac{N_a}{N_b T_s} \tag{6-16}$$

式中 T_s——时标信号周期。

NFC-1000C-1型多功能频率计数器就属于此类测量仪器，其直接计数的最高频率是1500MHz。

6.6.2 NFC-1000C-1型多功能频率计数器

NFC-1000C-1是一台测频范围为1Hz～1500MHz的多功能频率计数器。其主机电路以AT89C51单片机芯片为核心，外接部分中小规模的贴片集成电路所组成；具有A通道测频、B通道测频、A通道测周期及A通道计数四种测试功能，全部测量采用单片机芯片89C51进行智能化控制和数据测量处理；采用8位LED数码管显示，低功耗电路设计；体积小、重量轻、灵敏度高；全频段等精度测量；高稳定性的晶体振荡器保证测量精度和全输入信号的测量。

1. 主要技术指标

NFC-1000C-1型多功能频率计数器的主要技术指标如表6-1所示。

2. 工作原理

NFC-1000C-1型多功能频率计数器原理框图如图6-11所示。

表 6-1　NFC-1000C-1 型多功能频率计数器的主要技术指标

功　能	测频率、测周期、计数、自校
频率测量范围	1Hz ~ 1500MHz
周期测量范围	100ns ~ 1s（A 通道）
灵敏度	1 ~ 10Hz 50mVrms；10Hz ~ 100MHz 30mVrms；100 ~ 1000MHz 20mVrms；1000 ~ 1500MHz 50mVrms
输入阻抗	1MΩ/35pF（A 通道）；50Ω（B 通道）
输入方式	AC 耦合
测量误差	± 时基准确度 ± 触发误差 × 被测频率（或周期） ± LSD
闸门时间	0.01s；0.1s；1s 或 Hold（保持）
时基的标准频率	10MHz

注：$LSD=\frac{100ns}{闸门时间}$ × 被测频率（或被测周期）。

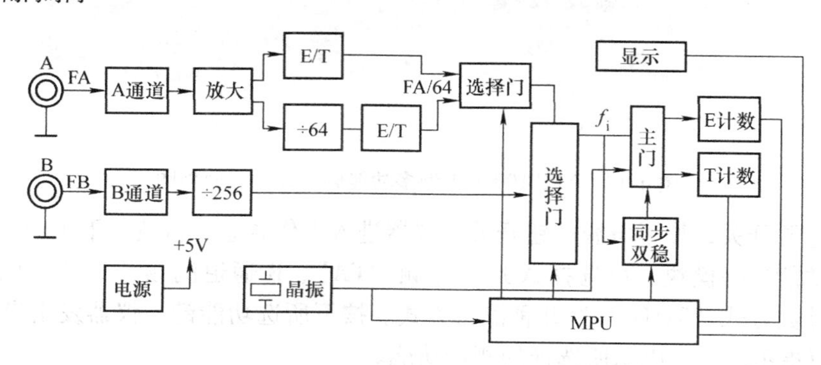

图 6-11　NFC-1000C-1 型多功能频率计数器原理框图

测量的基本电路主要由 A 通道（100MHz 通道）、B 通道（1500MHz 通道）、系统选择控制门、同步双稳电路以及 E 计数器、T 计数器、MPU 微处理器单元和电源组成。

该多功能频率计数器采用等精度的测量原理进行频率、周期测量。即在预定的测量时间（闸门时间）内对被测信号的 N_x 个整周期信号进行测量，分别由 E 计数器累计在所选闸门内的对应周期个数，同时 T 计数器累计标准时钟的周期个数，然后由微处理器进行数据处理。

A 输入通道电路为测量不同频率信号的需要，包括了 ×1/×20 衰减电路、低通滤波电路、输入保护电路、高阻抗输入电路和信号放大整形电路等。当输入信号较大时可通过 ×20 衰减进行测量；低通滤波电路可大大提高测量低频信号的准确度和抗干扰能力。

当输入频率大于 100MHz 时，可选择 B 输入通道进行测量。B 通道采用专用的超高频的放大、分频、集成电路，并经电平转换后送入主机进行测量。其灵敏度高，动态范围大。

晶体振荡电路产生 10MHz 标准时钟信号。

整机电源采用将市电（220V/50Hz）经变压器隔离、降压后经整流滤波，稳压为 5V 供各单元电路使用。

主机电路以 AT89C51 为核心，外接部分中小规模的贴片集成电路所组成。如：主门采用 74HC00 电路，主控同步双稳采用 74HC74，以及 E/T 计数器分别采用 74HC393 所组成。

3. NFC-1000C-1 型多功能频率计数器面板图

NFC-1000C-1 型多功能频率计数器面板图如图 6-12 所示。

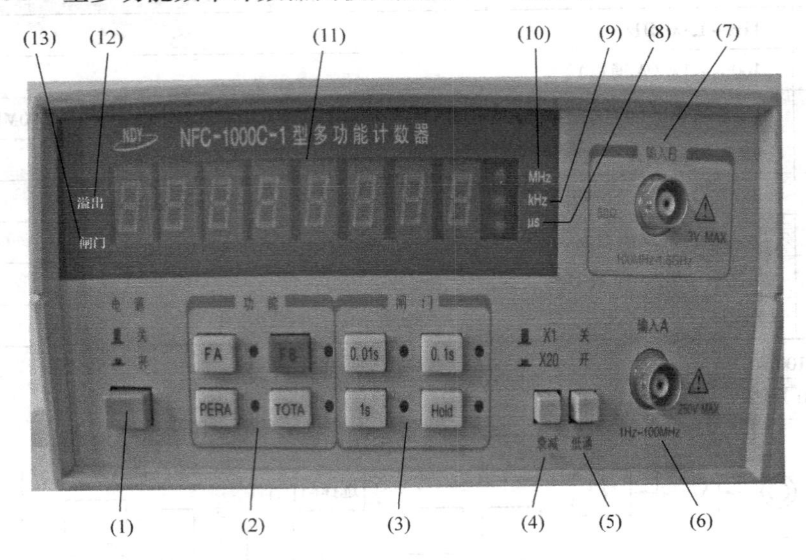

图 6-12 NFC-1000C-1 型多功能频率计数器面板图

（1）为电源开关，按下电源按钮开关，仪器进入工作状态，再按一下关闭整机电源。

（2）为功能选择模块，可选择 A 通道测频 “FA”、B 通道测频 “FB”、A 通道测周期 “PERA” 和计数方式 “TOTA” 这几种测量方式。按下所选功能键，仪器发出声响，认可操作有效，相应指示灯亮，以示所选择的测量功能。

“TOTA” 键按下一次开始计数，闸门指示灯亮，此时 A 输入通道输入信号将被计数显示。再按一次 “TOTA” 键则计数停止，显示器显示结果。下次测量时，仪器自动清零。

（3）为闸门时间选择模块，该选择模块提供四种闸门预选（0.01s；0.1s；1s 和 Hold）。闸门时间的选择不同将得到不同的分辨率。

“Hold” 键的操作：按下该键指示灯亮，仪器进入休眠状态，显示窗口保持当前的显示结果。此时，功能选择键、闸门选择键均操作无效。再按下 “Hold” 键，指示灯灭，仪器进入正常工作状态。

（4）为 A 通道输入信号衰减开关，此键按下时输入灵敏度被降低 20 倍。当输入信号幅度大于 300mV 时，应按下衰减开关，降低输入信号幅度，提高测量准确度。

（5）为低通滤波器开关，此键按下，输入信号经低通滤波器后进入测量过程。使用该键可提高低频信号测量的准确性和稳定性，提高抗干扰性能。

当信号频率小于 100kHz 时，应按下低通滤波器进行测量，以提高测量的准确度。

（6）为 A 通道输入，若被测信号频率为 1Hz ~ 100MHz，则接入此通道进行测量。

（7）为 B 通道输入，若被测信号频率大于 100MHz 时，则接入此通道进行测量。

（8）为 “μs” 显示灯，周期测量时自动点亮。

（9）为 “kHz” 显示灯，频率测量时被测频率小于 1MHz 时自动点亮。

（10）为 “MHz” 显示灯，频率测量时被测频率大于或等于 1MHz 时自动点亮。

（11）为数据显示窗口，测量结果通过此窗口显示。

（12）为溢出指示，显示超出 8 位时灯亮。

（13）为闸门指示，指示仪器的工作状态，灯亮表示仪器正在测量，灯灭表示测量结束。

4. NFC-1000C-1 型多功能频率计数器的使用

（1）开启电源　预热 20min 以保证晶体振荡器的频率稳定。

（2）选择闸门时间“0.1s”指瞬时频率；“1s”指 1s 内平均频率；“10s”指 10s 内平均频率。

（3）滤波器选择键　当被测频率 $f<100\text{kHz}$ 时，可将此键按下；释放时为正常测试。

（4）衰减选择键“×1”指不衰减；“×20”指被测信号衰减 20 倍。

（5）LED 数码显示　8 倍 LED 数码管显示测试结果，小数点自动定位。

5. NFC-1000C-1 型多功能频率计数器的主要测试功能

（1）频率测量

1）根据被测信号的频率大致范围选择 A 通道测频“FA”或 B 通道测频“FB”测量。

2）“FA”测量输入信号接至 A 输入通道，将“FA”功能键按下。“FB”测量输入信号接至 B 输入通道，将“FB”功能键按下。

使用“FA”测量时，注意以下两点。

① 当输入信号幅度大于 300mV 时，衰减开关置“×20”位置。

② 当输入频率低于 100kHz，低通滤波器应置“开”位置。

3）根据测量所需分辨率，选择适当的闸门预选时间（Hold 或 0.01s、0.1s、1s）。闸门预选时间越长，分辨率越高。

（2）周期测量

1）功能选择模块选择“PERA”，输入信号接入 A 输入通道。

2）根据输入信号频率高低和输入信号幅度大小，决定低通滤波器和衰减器位置选择，具体操作参考上面频率测量中“FA”测量时的注意①和注意②两条。

3）根据测量所需分辨率，选择适当的闸门预选时间（10ms 或 0.01s、0.1s、1s）。闸门预选时间越长，分辨率越高。

（3）计数测量

1）功能选择模块中按“TOTA”键一次，输入信号接入 A 输入通道。

2）根据输入信号频率高低和输入信号幅度大小，决定低通滤波器和衰减器位置选择，具体操作参考上面频率测量中“FA”测量时的注意①和注意②两条。

3）“TOTA”键再按一次，计数控制门关闭，计数停止。

4）当计数值超过 10^8-1 时，则溢出指示灯亮，显示溢出，而显示的数值为计数器的尾数。

本章小结

在电子技术领域内频率和周期是周期性信号最基本的参数，频率测量的准确度也最高。按信号不同频率值可进行不同频段的划分。

常用的测频方法有：无源测频法，有源测频法和计数测频法。但最常用的是计数测频法。

电子计数器主要技术指标有：测试性能、测量范围、输入特性、输入灵敏度、闸门时间和时标等。

电子计数器具有多种测量功能：测频率、测周期和测频比等。

电子计数器的测量误差有：量化误差、触发误差和标准频率误差。减小误差的方法分别是增大计数值、提高信噪比和选用高稳定度的标准频率。使测频和测量误差相等的那个频率叫中界频率。

应用电子计数器测量时，选用合适的测量功能。采用多周期测量法，可以提高测量的精度。

综合实训

电子计数器的应用

1. 实训目的

熟悉通用计数器面板上各开关旋钮的作用，计数器的基本使用方法。用计数器观测正弦信号。通过使用进一步巩固计数器原理。

2. 实训器材

1）函数信号发生器两台。

2）通用频率计数器一台。

3. 实训过程

1）将低频信号发生器的输出端与计数器输入端相连。

2）调节信号发生器，使其输出信号频率如表6-2所示。使用计数器进行监测，并测出相应的幅度和周期。最后，把测量数据填在表6-2中。

表6-2 测量数据

低频信号发生器的输出		50Hz	100Hz	500Hz	1kHz	5kHz	10kHz	500kHz	800kHz	1MHz
计数器频率测量	闸门时间									
	功能选择									
	读数/kHz									
计数器周期测量	闸门时间									
	功能选择									
	读数/s									

4. 试训报告

1）实训报告要认真分析测量中的数据及测量中存在的异常现象。

2）分析产生误差的主要原因及减少误差的方法。

习　题

1. 为什么说电子计数器是一切数字式仪器的基础？

2. 用7位电子计数器测量$f_x=5\text{MHz}$的信号频率。当闸门时间置于1s、0.1s、0.01s时，试分别计算由于$\Delta N=\pm1$误差而引起的测频误差？

3. 某电子计数器晶振频率误差为1×10^{-9}，若后利用该计数器将10MHz晶振校准到10^{-7}，问闸门时间应选为多少方能满足要求？

4. 用计数器测频率，已知闸门时间和计数值N如表6-3所示，求各种情况下的f_x等于多少？

表6-3　闸门时间和计数值

T	10s	1s	0.1s	10ms	1ms
N	1 000 000	100 000	10 000	1 000	100
f_x					

5. 用多周期法测周期。已知被测信号重复周期为50μs时，计数值为100 000，内部时标信号频率为1MHz。若采用同一周期倍乘和同一时标信号去测量另一未知信号，已知计数值为15 000，求未知信号的周期？

6. 欲测量一个标称频率$f_0=1\text{MHz}$的石英振荡器，要求测量准确度优于$\pm1\times10^{-6}$，在下列几种方案中哪一种是正确的？为什么？

1）选用E312型通用计数器（$\Delta f_s/f_s\leqslant\pm1\times10^{-6}$），“闸门时间”置于1s；

2）选用E323型通用计数器（$\Delta f_s/f_s\leqslant\pm1\times10^{-7}$），“闸门时间”置于1s；

3）计数器型号同上，“闸门时间”位于10s。

7. 利用计数器测频，已知内部晶振频率$f_s=1\text{MHz}$，$\Delta f_s/f_s\leqslant\pm1\times10^{-7}$，被测频率$f_x=100\text{Hz}$，若要求“±1”误差对测频的影响比标准频率误差低一个量级（即为$\pm1\times10^{-6}$），则闸门时间应取多大？若被测频率$f_x=1\text{MHz}$，且闸门时间保持不变，上述要求能否满足？

第7章 扫频仪、晶体管特性图示仪和数字集成电路测试仪

引　言

本章叙述了扫频仪和晶体管特性图示仪的工作原理和基本结构，介绍了常用的扫频仪、晶体管特性图示仪和数字集成电路测试仪的使用方法。对扫频仪的介绍主要包括扫频仪的作用、电路的组成和频率标记的产生等；晶体管特性图示仪的介绍主要包括其工作原理、基本结构和使用方法；数字集成电路测试仪的介绍主要包括其基本功能及其应用实例。

学习目标

应知：频率特性的测试原理
　　　晶体管特性图示仪的作用
　　　数字集成电路测试仪的作用
应会：扫频仪的应用
　　　晶体管特性图示仪的应用
　　　数字集成电路测试仪的应用

7.1　扫频仪概述

在各种电路测试中，常常需要对频率特性进行观测。某个网络（或系统）的频率特性一般指幅频特性。示波器只能显示幅度与时间关系的曲线，扫频仪则把调频与扫频技术相结合，显示频率与幅度关系曲线。能对频率特性进行观测的仪器就是扫频仪。

扫频仪又称为频率特性测试仪，它是一种在示波管屏幕上直接显示被测放大器幅频特性曲线的图示测量仪器，由扫频信号发生器输出一定频率范围、周期性、等幅、频率连续变化的扫频等幅信号加至被测系统输入端充当输入信号，在输出负载端并接高阻抗幅度检波器，变换为正比于被测系统幅频特性曲线包络形状的电压，将此电压送至显示器的荧光屏显示，可在荧光屏上直观地显示出该系统的幅频特性曲线。

扫频仪在雷达技术、调频通信、微波中继通信、电视广播和电子教学等方面均得到广泛的应用。对网络频率特性的调整、检验及动态快速测量都带来了极大的便利。

>> 想一想　　扫频仪与示波器在测试的信号方面有什么不同？

7.1.1 频率特性测试原理

网络频率特性的测试方法主要由点频测量法和扫频测量法两种。

1. 点频测量法

点频测量法亦称逐点测量法，就是通过逐点测量一系列规定频率点上的网络增益（或衰减）来确定幅频特性曲线的方法。原理如图 7-1 所示。

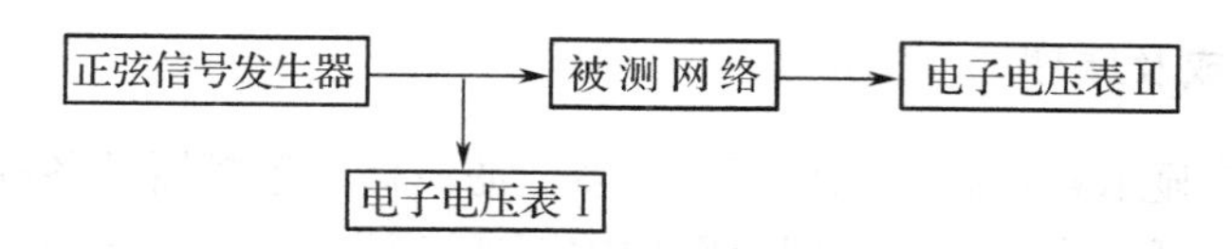

图 7-1 点频测量法测量幅频特性曲线原理框图

测量时，从被测电路的低频端开始逐点调高信号发生器的频率，记录相应的输入电压 U_i 和输出电压 U_o。然后以频率 f 为横坐标，以 $A_u = U_o/U_i$（或 $20\lg U_o/U_i$）为纵坐标，就可以在直角坐标系上描绘出所测的幅频特性曲线。

显然，这种方法存在很多缺点，操作繁琐、工作量大、易漏测许多细节等，而且，用这种方法测得的是静态频率特性，而实际电路的工作状态往往是动态的。所以，点频测量法在现代电子测量中很少运用。

2. 扫频测量法

采用扫频测量法可以克服点频测量法的一些缺点，它以扫频信号发生器作为信号源，使信号频率在一定范围内按一定规律作周期性的连续变化，从而代替信号频率的手工调节，并且用示波器来代替电子电压表，直接描绘出被测电路的幅频特性曲线。

图 7-2 所示是扫频测量法原理框图。

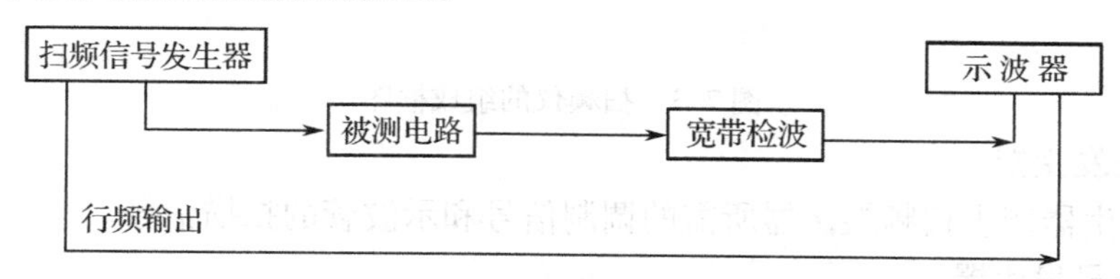

图 7-2 扫频测量法测量幅频特性曲线原理框图

扫频信号发生器产生的正弦信号，其频率随时间作线性连续变化，但幅度不变，将此信号加在被测电路上，其输出信号的幅度将根据被测电路的幅频特性而变化，所以进入宽带检波器的信号是一个调幅波，此调幅波的包络就是被测电路的幅频特性。把检波器检出的信号包络送入示波器，即可在荧光屏上显示出被测电路的幅频特性曲线。

由此可见，采用扫频测量法可以对网络的频率特性进行自动或半自动观测，提高测量的准确度。其特点是对被测电路不仅可以进行动态观测，而且提高了测量的准确度。

7.1.2 扫频仪常用的基本概念及分类

1. 常用的基本概念

（1）扫频宽度　扫频所覆盖的频率范围内最高频率与最低频率之差。

（2）中心频率　位于显示频谱宽度中心的频率。

(3) 频偏　调频波中的瞬时频率与中心频率的差。

(4) 调制非线性　指在屏幕显示平面内产生的频率线性误差，表现为扫描信号的频率分布不均匀。

2. 扫频仪的分类

(1) 按频率划分　分为低频扫频仪、高频扫频仪和电视高频扫频仪等。

(2) 按用途划分　分为通用扫频仪、专用扫频仪、宽带扫频仪和微波综合测试仪等。

7.1.3　扫频仪的组成及原理

扫频仪可以直接显示各种高频和低频放大器、滤波器、鉴频器及各种不同类型电子接收设备的频率特性，也可以作为包括电视机图像中频通道频率特性、高频头频率特性和鉴频器特性等各种频率特性调试指示器。

扫频仪由扫频信号发生器、示波器、频标电路、正弦波发生器、被测电路、检波头以及输出衰减器和稳幅电路等部分组成，其组成框图如图7-3所示。

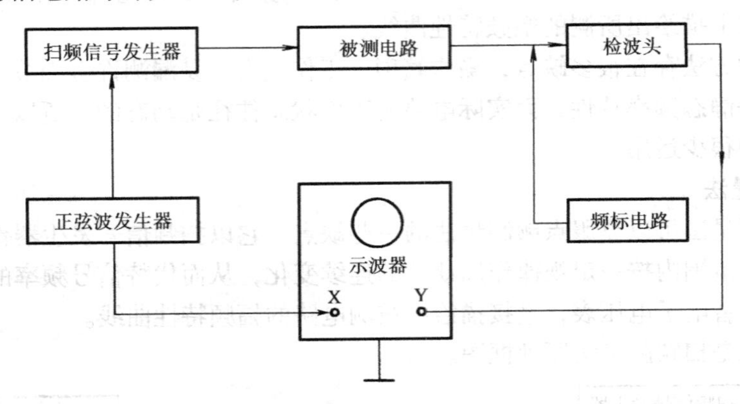

图7-3　扫频仪的组成框图

1. 正弦波发生器

正弦波发生器产生扫频振荡器所需的调制信号和示波管的扫描信号。

2. 扫频信号发生器

扫频信号发生器实际上是一种调频振荡器，是扫频仪的核心部分。它产生按一定规律变化的扫频信号。在扫频仪中应用的调频方式主要有磁调制、变容二极管、宽带扫频等几种方式。

(1) 变容二极管扫频振荡器　变容二极管扫频是利用改变振荡回路中的电容量，来获得扫频的一种方法。它将变容二极管作为振荡器选频电路中电容的一部分，扫频振荡器工作时，将调制信号反向地加到变容二极管上，使二极管的电容随调制信号变化而变化，进而使振荡器的频率也随着变化，达到扫频的目的。改变调制电压的幅度可以改变扫频宽度，即改变扫频振荡器的频偏。改变调制电压的变化速率可以改变扫频速度。

(2) 磁调制扫频振荡器　磁调制扫频是利用改变振荡回路中带磁心的电感线圈的电感量，来获得扫频的一种方法。它能获得较大的扫频宽度和较小的寄生调幅，而且电路简单，所以得到了广泛应用。国产的BT—3型扫频仪正是利用磁调制扫频原理制成的扫频仪。

一个带磁心的电感线圈，其电感量L_c与该磁心的有效导磁系数μ_c之间的关系为

$$L_c = \mu_c L$$

式中　L——空心线圈的变量。

当μ_c随调制电压的变化而变化时，L_c也将随之变化。若将一个电感量L_c随调制电压的变化而变化的线圈接入振荡回路中，便可使其振荡产生扫频信号。

图7-4所示是磁调制扫频的原理图。图中M为普通磁性材料，m为高导磁率、低损耗的高频铁氧体磁心，M与m构成闭合磁路。W_1为励磁线圈，当其通过调制电流时，将使M中的磁通随之变化，磁心m的有效导磁系数μ_c也发生变化，从而导致磁心线圈的电感量L_c变化。W_2为偏磁线圈，用于在M及m中建立一个直流通。由于直流磁通与m的有效导磁系数μ_c有关，因此，调节RP可以改变L_c的大小，因而可以改变扫频振荡器的中心频率f_0。

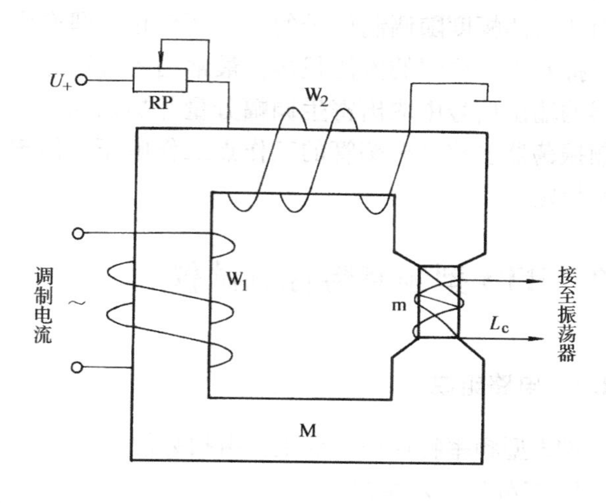

图7-4　磁调制扫频原理图

(3) 宽带扫频　在测试幅频特性曲线时，往往既要求扫频信号的中心频率在很宽的范围内变化，又要求在任一固定的中心频率附近有足够大的扫频宽度。前两种扫频方法难以同时满足这两个要求，它们的有效扫频宽度总是受到种种限制。一般用差频法来扩展扫频宽度。

3. 频标电路

频率标记简称频标，是用一定形式的标记对扫频测量中所得到的图形的频率值进行定量，即利用频标来确定图形上任意点的频率值。频标有菱形频标和针形频标，菱形频标适用于高频测量，而针形频标则适用于低频测量。

频标信号由专门的频标电路产生，频标电路的原理框图如图7-5所示。

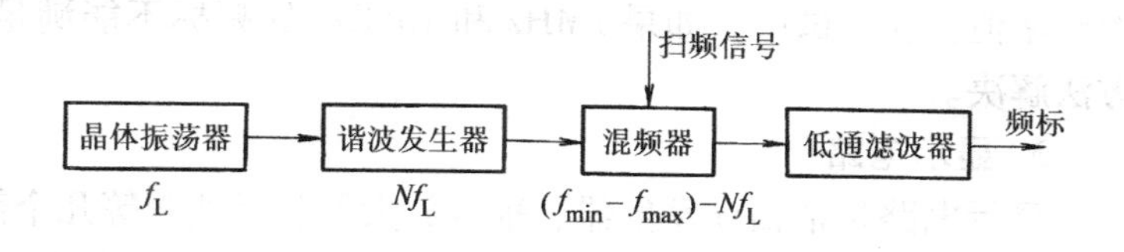

图7-5　频标电路原理框图

晶体振荡器产生的信号经谐波发生器产生一系列的谐波分量，这些基波和谐波分量与扫频信号一起进入频标混频器进行混频。当扫频信号的频率正好等于基波或某次谐波的频率时，混频器产生零差频（零拍）；当两者的频率相近时，混频器输出差频，频值扫频信号随瞬时频偏的变化而变化。差频信号经低通滤波及放大后形成菱形图形，这就是菱形频标，如图7-6所示。测量者利用频标可以对图形的频率值进行定量分析。

由频标电路产生的频标信号的形状犹如一个菱形，如图7-6所示。故称为“菱形频标”。

4. 输出衰减器

输出衰减器用于改变扫频信号的输出幅度。在扫频仪中，衰减器通常有两组：一组为粗衰减，一般按每档10dB或20dB步进衰减；另一组为衰减，按每档1dB或2dB步进衰减。多数扫频仪的输出衰减量可达100dB。

5. 稳幅电路

稳幅电路的作用是减少寄生调幅。扫频振荡器在产生扫频信号的过程中，都会不同程度地改变着振荡回路的 Q 值，从而使振荡幅度随调制信号的变化而变化，即产生了寄生调幅。抑制寄生调幅的方法很多，最常用的方法是：从扫频振荡器的输出信号中取出寄生调幅分量并加以放大，再反馈到扫频振荡器去控制振荡管的工作点工作电压，使扫频信号的振幅恒定。

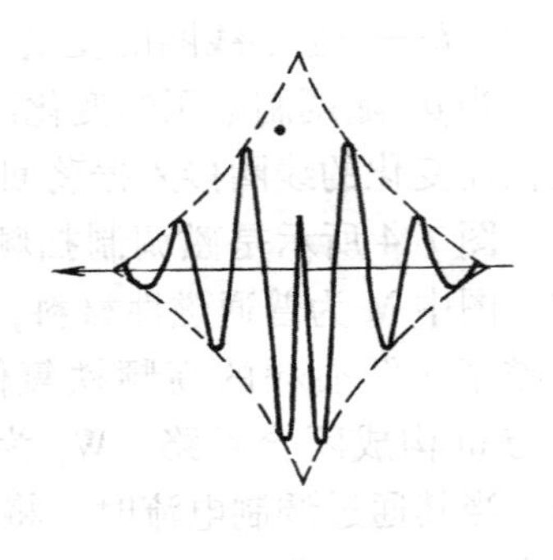

图 7-6 菱形频标

7.2 BT3 型频率特性测试仪

7.2.1 电路组成

BT3 型频率特性测试仪主要由扫频信号发生器、频标电路及显示电路组成。

1. 扫频信号发生器

BT3 型频率特性测试仪中的扫频信号发生器通常采用磁调制扫频，它共有两组扫频振荡器，其中一组为第Ⅰ波段用，即由定频振荡器产生可在 290 ~ 215MHz 范围内连续可调的等幅振荡，调（扫）频振荡器产生固定在（290 ± 7.5）MHz 的扫频振荡，经混频后产生中心频率为 0 ~ 75MHz 的扫频信号。另一组为第Ⅱ、Ⅲ波段共用，第Ⅱ波段中心频率为 75 ~ 150MHz 的扫频信号由调（扫）频振荡器直接产生，第Ⅲ波段中心频率为 150 ~ 300MHz 的扫频信号可通过倍频器由第Ⅱ波段获得。

2. 频标电路

BT3 型扫频仪的屏幕上可以显示多种频标，可度量出特性曲线的频率范围或曲线上某点的频率值。在测试中，如果 1MHz 和 10MHz 的频标不能满足要求，可利用外接频标信号的方法解决。

3. 显示电路

显示电路包括扫描发生器、垂直放大器和示波管等几个部分。水平扫描信号从电源变压器二次的 50Hz 交流电压中提取，提取后将其送往示波管的水平偏转板，同时也送往扫频信号发生器，从而实现扫描信号与扫频信号的同步。

检波探测器检波后的电压经垂直放大器放大，然后送至示波管的垂直偏转板，在屏幕上即可显示被测的频率特性曲线。

7.2.2 使用方法

1. 仪器面板各调节旋钮介绍

BT3 型频率特性测试仪的面板如图 7-7 所示。

（1）“电源、辉度” 电源开关及波形亮度调节旋钮。

（2）“聚焦” 波形清晰度的调节旋钮。

（3）“标尺、亮度” 坐标刻度的亮度调节旋钮。

（4）“鉴频” 置于“ + ”时，荧光屏上显示正方向的幅频特性；置于“ - ”时，显示

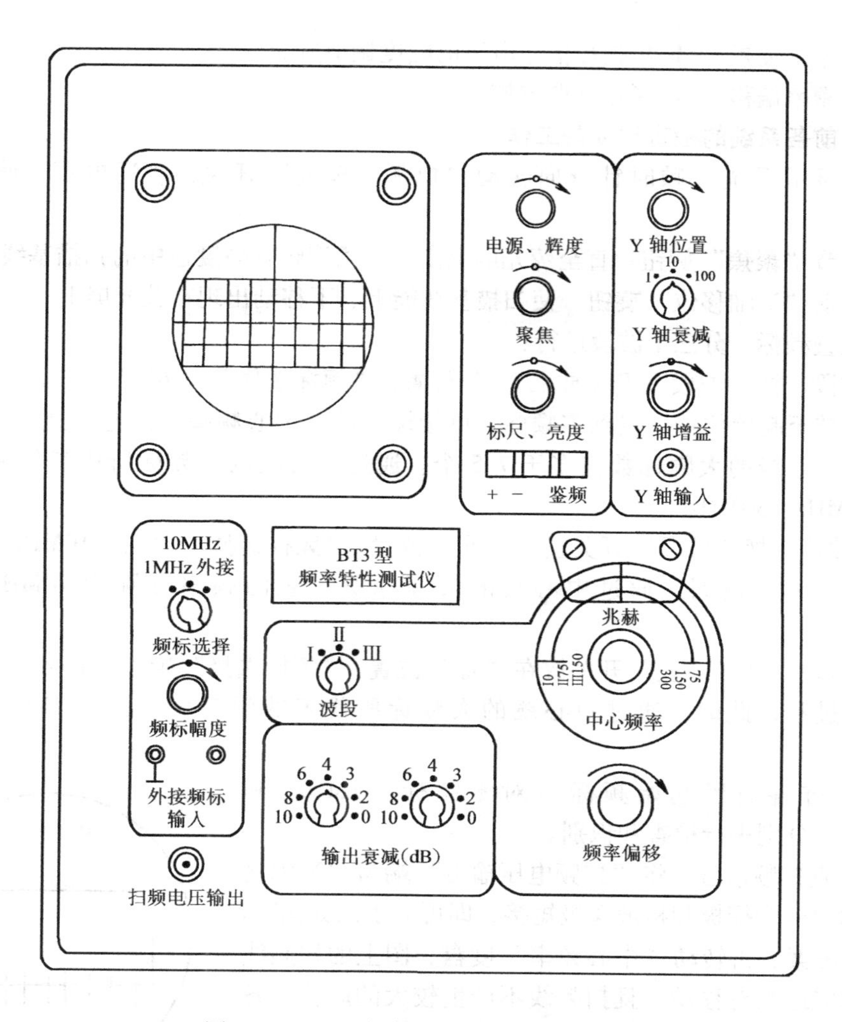

图 7-7 BT3 型频率特性测试仪的面板图

负方向的幅频特性。

(5)“Y 轴位置” 波形作上下移动调节旋钮。

(6)“Y 轴衰减” 分 1、10、100 三档，与“Y 轴增益”旋钮配合使用，对波形幅度进行调节。

(7)“Y 轴增益” 波形幅度的调节旋钮。

(8)“Y 轴输入” 输入从被测电路取出的检测信号。

(9)“频标选择” 分 1MHz、10MHz 和“外接”三档。观测低频信号时，用 1MHz 频标，观测高频信号时，用 10MHz 频标，若均不适用，则可以采用外接频标。

(10)“频标幅度” 频标信号的幅度调节旋钮。

(11)“外接频标输入” 外部频标信号的输入端，与其配合，“频标选择”旋钮须打到“外接”档。

(12)“扫频电压输出” 扫频信号的输出端，可接输出探头。

(13)“波段” 与“中心频率”旋钮配合使用，扫寻被测波形。

(14)“中心频率” 与“波段”旋钮配合使用，扫寻被测波形。

(15)“输出衰减” 输出扫频信号电压的幅度调节旋钮。

(16)“频率偏移” 波形宽度调节旋钮。

2. 使用前各系统的检查和准备工作

(1)查显示系统 顺时针方向转动“电源、辉度”开关，接通电源，使仪器预热10min左右。

(2)调节“聚焦”旋钮 直至荧光屏上出现一条清晰且亮度适中的扫描基线。

(3)转动“Y轴移位”旋钮 使扫描基线能上、下移动出现在荧光屏上。

(4)检查频标，分三个波段进行：

1)Ⅰ波段。把“波段”开关放在“Ⅰ”位置，“频标选择”放在“10MHz”处，“中心频率”度盘转至起始位置，找到零频标，再缓缓旋动“中心频率”度盘；此时，屏幕上所显示的通过中心线的大频标数应多于7.5个。通过中心线的大频标所代表的频率分别为10MHz、20MHz、30MHz…。

2)Ⅱ波段。把“波段”开关置于“Ⅱ”位置，“频标选择”放在“10MHz”处，重复以上1)的过程；此时，通过中心线的大频标所代表的频率分别为70MHz、80MHz、90MHz…。

3)Ⅲ波段。把“波段”开关放在“Ⅲ”位置，“频标选择”置于“10MHz”处，重复以上1)的过程，此时，通过中心线的大频标所代表的频率分别为140MHz、150MHz、160MHz…。

(5)检查各波段起始频标 对零频标、“1MHz”和“10MHz”频标分别进行检查和识别。

(6)检查扫频信号 将“扫频电压输出”端与“Y轴输入”端用输出匹配探极和检波探极短接，即可显示出如图7-8所示的矩形图案，再转动“中心频率”度盘，图上的扫频线与频标都相应地跟着移动，且扫频线不产生较大的起伏。各个波段都可以通过上述方法进行检查。

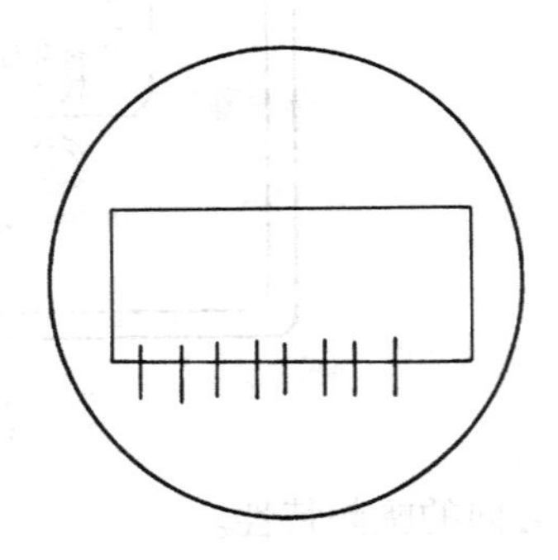

图7-8 矩形扫频图形

(7)检查寄生调幅系数 将“扫频电压输出”端与“Y轴输入”端用输出探极和检波探极连好，再把“输出衰减”开关置于某一档，然后调节“频标幅度”和“频率偏移”使之产生相应的频率偏移，记下此时的A、B值，如图7-9所示。则寄生调幅系数为

$$m = \frac{A - B}{A + B} \times 100\%$$

(8)检查调频非线性系数 将“频标选择”开关放在“1MHz”处，频偏调到最大，然后分别在各个波段规定的频率上，测出如图7-10所示的最低和最高频率与中心频率f_0的距离A、B，则调频非线性系数为

$$r = \frac{A - B}{A + B} \times 100\%$$

非线性系数值应小于20%。

(9)零分贝的校正 先将“输出衰减”旋钮置于“0”dB处，“Y轴衰减”置于“1”，再把输出匹配探极和输入检波探极连接在一起，然后调节“Y轴增益”旋钮，使屏幕上的

扫描基线和扫频信号线之间的距离为整刻度，如图 7-11 所示。并记下此时“Y 轴增益”旋钮的位置。

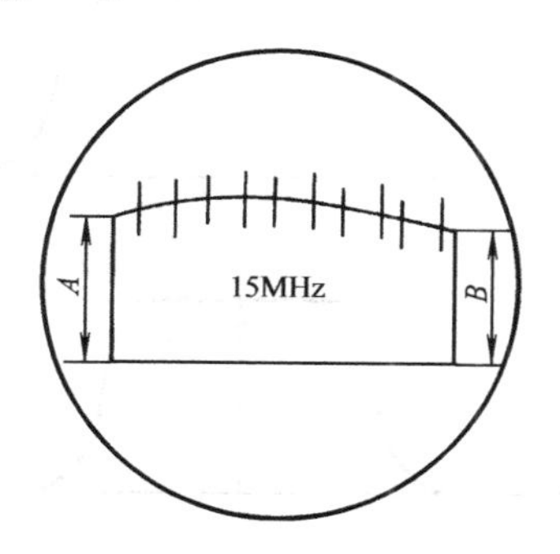

图 7-9 寄生调幅系数检查

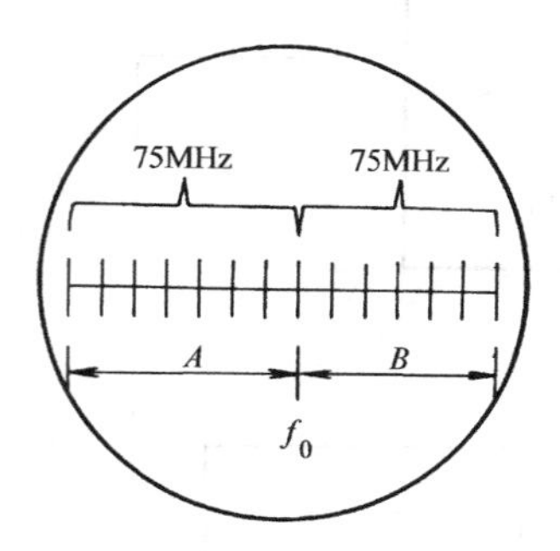

图 7-10 调频非线性系数检查

（10）选择合适的探极和电缆 BT3 型扫频仪有 4 种探极或电缆：输出匹配电缆（亦称匹配头）、外频标探极（亦称开路头）、输入探极（亦称检波头）、输入电缆。探极的符号如图 7-12 所示。

扫频仪与被测电路之间必须阻抗匹配，特别是当被测电路的输入阻抗既不是 75Ω，也不为高阻抗时，为了减小测量误差，应在扫频仪的输出端与被测电路的输入端之间设置一个阻抗匹配器。

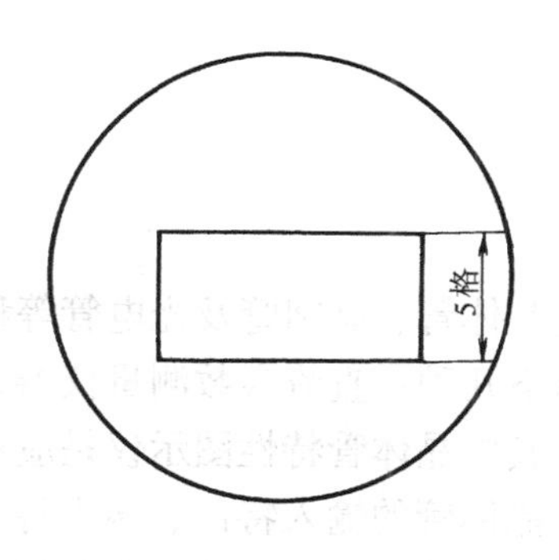

图 7-11 零分贝校正

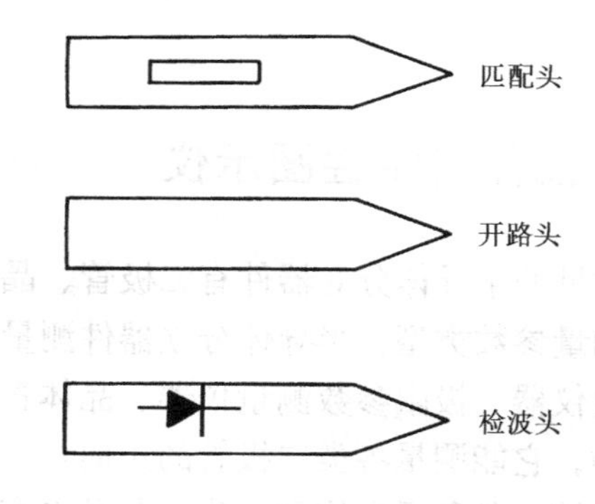

图 7-12 探极符号

3. 扫频仪的应用

（1）电路幅频特性的测量 电路幅频特性的测量电路图如图 7-13 所示。几种常见电路的幅频特性如图 7-14 所示。

（2）电路参数的测量

1）增益的测量。如图 7-13 所示将经过零分贝校正的 BT3 型扫频仪与被测电路连接好，调节两个“输出衰减”旋钮，使屏幕上显示的幅频特性曲线的幅度恰好为 H，此时，“输出衰减”旋钮所指的分贝数（dB）就是被测电路的增益。

例如，一台经过零分贝校正的 BT3 型扫频仪，调节两“输出衰减”旋钮，使屏幕上显示的曲线高度恰为 H，此时，“输出衰减”旋钮所示值分别为：粗调 60dB，细调 8dB；则被测电路的增益为

$$60\text{dB} + 8\text{dB} = 68\text{dB}$$

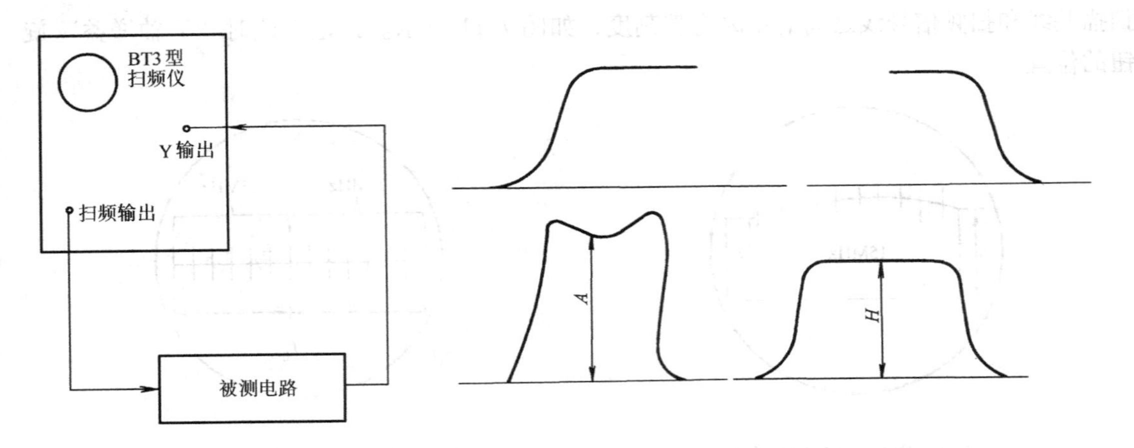

图 7-13　幅频特性的测量电路图　　　　图 7-14　几种常见电路的幅频特性

2）带宽的测量。利用频标能方便地测量出屏幕上所显示的幅频特性曲线的频带宽度。观测并记录曲线上的频标个数，然后算出带宽。

>> 想一想　基本共射放大电路的幅频特性曲线是怎样的？

7.3　晶体管特性图示仪

常见的半导体分立器件有二极管、晶体管、场效应晶体管、晶闸管及光电管等种类。根据所测量参数类型，半导体分立器件测量仪器主要有以下几种：直流参数测量仪器、交流参数测量仪器、极限参数测量仪器、晶体管特性图示仪。其中晶体管特性图示仪是应用最广泛的一种，它能测量各类二极管的正向特性、反向特性，晶体管的输入特性、输出特性、电流放大特性、各种反向饱和电流、各种击穿电压，场效应晶体管的漏极特性、转移特性、夹断电压和跨导等参数。晶体管特性图示仪具有用途广泛、直观性强和读测简便等优点。

7.3.1　晶体管特性图示仪的工作原理

为了了解图示测试法原理，下面先从点测法测试小功率 NPN 型晶体管的共发射极输出特性曲线的测量电路入手来分析，其基本测量电路如图 7-15 所示。

测试时，首先调节 E_B 使基极电流为 I_{B1}，逐点改变 E_C 可测得一组 U_{CE} 和 I_C 值；再调节 E_B 使基极电流为 I_{B2}，改变 E_C，又可测得一组 U_{CE} 和 I_C 值。重复上述过程，可测得多组 U_{CE} 和 I_C 值，把所有这些值在直角坐标纸上标出，即可绘出图 7-16 所示的输出特性曲线。

显然，这种测试繁琐而且费时，还容易引起晶体管过热而损坏。而晶体管特性图示仪却能自动测试并显示晶体管的输出特性曲线，因为它满足以下条件：

1）有一个能提供每一个测试过程所需的基极电流 I_B。

2）对每一个固定的基极电流，集电极电压会自动改变。

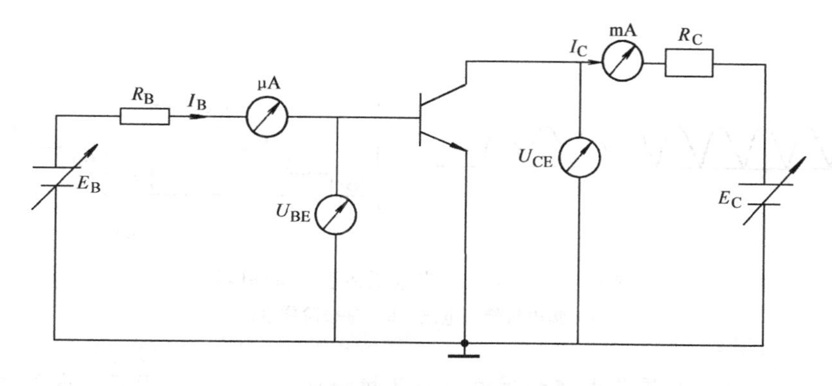

图 7-15　小功率 NPN 晶体管的共发射极输出特性曲线的测量电路图

3）能及时取出各组 U_{CE} 和 I_C 值送入显示电路，从而显示出输出特性曲线来。

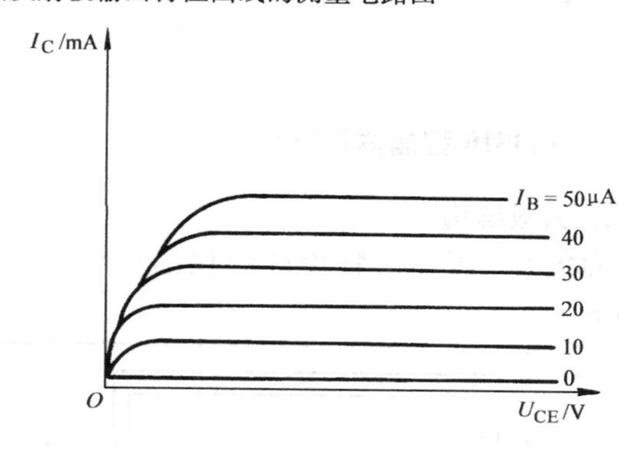

图 7-16　NPN 型晶体管的输出特性曲线

在晶体管特性图示仪中，所需要的基极电流由基极阶梯信号发生器提供，所需的集电极电压由集电极扫描电压发生器提供，需要测试的电压、电流值加在示波管的 X 轴和 Y 轴上，由示波管显示出来。

7.3.2　晶体管特性图示仪的组成

晶体管特性图示仪是由集电极扫描电压发生器、基极阶梯信号发生器、同步脉冲发生器、X 轴放大器和 Y 轴放大器、示波管及控制电路、电源电路几部分组成，其基本组成原理如图 7-17 所示。

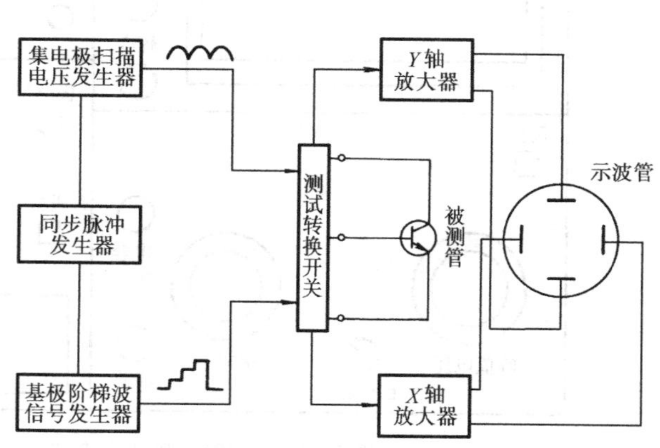

图 7-17　晶体管特性图示仪原理框图

（1）集电极扫描电压发生器　可产生如图 7-18a 所示的集电极扫描电压，它是由 50Hz 的工频交流电经过全波整流得到的 100Hz 的正弦半波电压，幅值可以调节，用于形成水平扫描线。

（2）阶梯信号发生器　可产生如图 7-18b 所示基极阶梯电压或电流信号，阶梯高度可以调节，用于形成多条曲线簇。

（3）同步脉冲发生器　用于生产同步脉冲，使集电极扫描电压和基极阶梯信号达到同步。

（4）X 轴放大器、Y 轴放大器、示波管和控制电路　与通用示波器的电路基本相同。

（5）电源电路　为仪器提供包括低压电源和示波管所需的高频高压电源的各种工作电源。

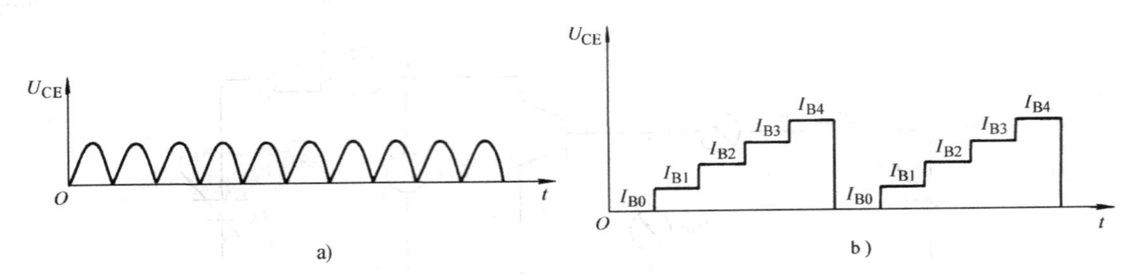

图 7-18 集电极扫描电压和基极阶梯电流

a）集电极峰值电压 b）基极阶梯电流

想一想 如果集电极扫描电压与基极阶梯信号未达到同步，会怎样？

7.3.3 XJ4810 型晶体管特性图示仪

1. 面板结构

XJ4810 型晶体管特性图示仪的面板结构如图 7-19 和图 7-20 所示，各开关旋钮功能如下。

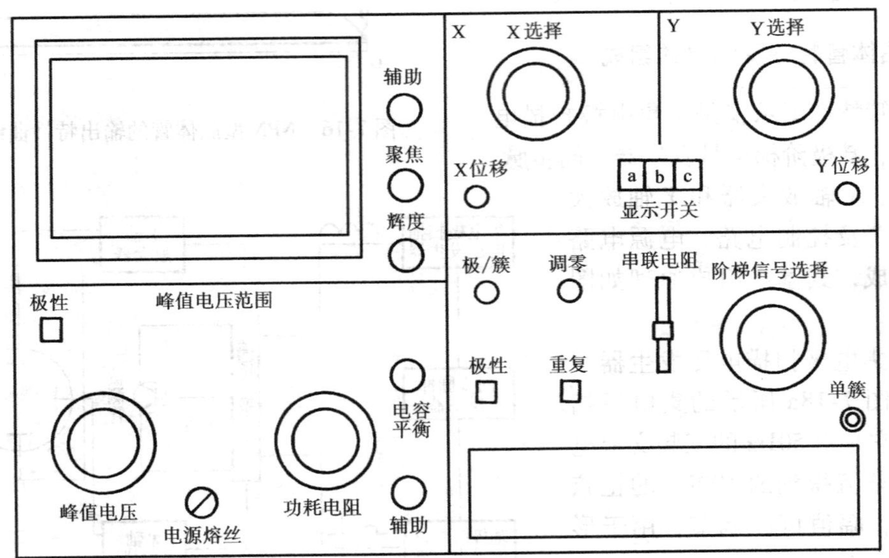

图 7-19 XJ4810 型晶体管特性图示仪的面板结构

（1）示波管控制部分 包括“辉度”、“聚焦”和“辅助”等旋钮，它们的使用方法与示波器的相似，其中：

1）“辉度”旋钮用于调节曲线的亮度。

2）“聚焦”旋钮用于调节曲线的清晰度。

3）“辅助”旋钮用于聚焦的辅助调节。

（2）集电极扫描电压部分

1）“极性”：用于改变集电极扫描电压的极性，极性的选择取决于被测器件。

2）“峰值电压范围”：用于选择测试所需的集电极最高电压值。

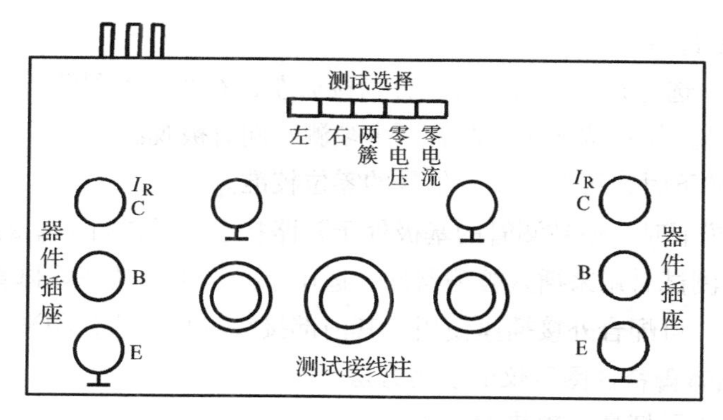

图 7-20　XJ4810 型晶体管特性图示仪的测试台

3）“峰值电压”：用于在选择的电压范围内连续调节集电极电压。

4）“电源熔丝”：为 220V 交流输入的熔丝，容量为 1A。

5）“功耗电阻”：串联在被测晶体管的集电极回路中，用于限制其功耗，亦可作为集电极负载电阻。

6）“电容平衡”：由于集电极电流输出端对地有各种杂散电容存在，会形成电容性电流，造成测量误差。测试前应调节电容平衡，使容性电流减至最小。

7）“辅助”：是对集电极变压器二次绕组对地电容的不对称，而再次进行电容平衡调节。

（3）基极阶梯信号部分

1）“级/簇”调节：用于调节阶梯信号一个周期的级数，在 1～10 内连续可调。

2）“极性”开关：用于确定基极阶梯信号的极性。极性的选择取决于被测器件。

3）“调零”：用于调节阶梯信号的零位。测试前应先进行零位校准。

4）“重复”开关：当置于“重复”（按键弹起）位置时阶梯信号重复出现。作正常测试时，置于“关”的位置，此时阶梯信号处于待触发状态。

5）“串联电阻”开关：用于调节基极串联电阻，当阶梯信号选择开关置于电压/级的位置时，开关才起作用。

6）“阶梯信号选择”开关：它是一个具有 22 档、两种作用的开关，基极电流 17 档，基极源电压 5 档，用于选择基极阶梯信号阶梯的大小。

7）“单簇”按钮：与“重复”开关配合使用，使预先调好的电压（电流）/级出现一次阶梯信号后即回到待触发位置。

（4）*X* 轴、*Y* 轴偏转放大部分

1）“X 选择”开关：是 17 档、4 种作用的旋转开关，用于选择不同的水平偏转灵敏度。

2）“X 位移”：用于光迹在水平方向的位移。

3）“Y 选择”开关：是 22 档、4 种作用的旋转开关，用于选择不同的垂直偏转灵敏度。

4）“Y 位移”：用于光迹在垂直方向的位移。

5）“显示开关”：是一个 3 档按键开关，用于显示选择。

“a”转换：使图像在Ⅰ、Ⅲ象限内相互转换，便于由 NPN 型管转测 PNP 型管时简化测试操作。

“b”接地：放大器输入接地，表示输入为零的基准点。

“c”校准：按下此键，光点在 *X*、*Y* 轴方向移动的距度刚好为 10°，以达到 10°校正目的。

(5) 器件测试台部分

1) "左"、"右" 选择开关：按下时，分别接通左、右两个被测管。

2) "两簇" 选择开关：按下时，左右两个被测管同时被观测。

3) "零电压" 按下时，可进行阶梯信号的零位校准。

4) "零电流" 按下时，使被测管的基极处于开路状态，可进行 I_{CEO} 的测量。

5) 器件插座：测试时用来插入被测器件，适用于测试中小功率晶体管。

6) 测试接线柱：可配合外接插座使用，其内部接线较粗，适合测试大功率晶体管。

2. XJ4810 型晶体管特性图示仪的使用方法

1) 开启电源，指示灯亮，预热 15min。

2) 调节 "辉度"、"聚焦"、"辅助聚焦" 旋钮，使屏幕上显示清晰的辉点或线条。

3) 根据被测晶体管的特性和测试条件的要求，把 *X* 轴部分、*Y* 轴部分、基极阶梯信号各部分的开关、旋钮都调到相应的位置上。

4) 基极阶梯信号调零。基极阶梯调零是为了保证基极阶梯信号的起始极为地电位（零电位），提高测量准确度。在用共发射电路测量时，NPN 型管阶梯信号为正，PNP 型管阶梯信号为负。

正极性阶梯信号调零时各旋钮位置如下：

"集电极扫描信号极性" 和 "基极阶梯信号极性"：置于 " + " 极性位置。

"X 选择" 开关：集电极电压 1V/度。

"Y 选择" 开关：基极电流或基极源电压（或基极电压）0.01V/度。

"阶梯信号选择" 开关：基极电压 0.01V/级（或其他 V/级档）。

"重复" 开关：置于 "重复"。

"集电极扫描峰值电压"：调节峰值电压为 5 ~ 10V 左右，使屏幕上出现满度扫描线。

完成上述操作后，再将 *Y* 轴作用的 "放大器校正" 置 "零"，调整 "Y 位移"，使扫描线位于零线，即 *Y* 轴放大器的输入为零时输出也为零。调节 *Y* 轴作用的 "放大器校正" 复位，屏幕上由原来的一根基线变为一簇阶梯信号，如图 7-21a 和 b 所示，再调节 "阶梯调零"，使阶梯信号的最下面一条线与 *Y* 轴零线重合，图 7-21b 中的虚线表示未调零的阶梯信号。

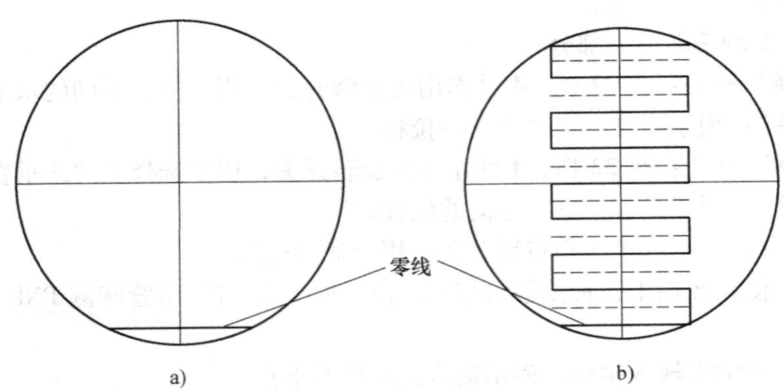

图 7-21 阶梯调零示意图

负极性阶梯信号调零方法与正极性阶梯信号调零的方法相同，只是极性为负，Y轴零线以最上面一条为标准。

5）测试台。根据电路要求进行接地选择，“测试选择”置于“关”，插上被测器件，再将“测试选择”置于相应位置进行测试。

6）测试。增加峰值电压，显示被测器件曲线。再根据测试需要对X轴、Y轴、阶梯信号以及功耗电阻做适当的调整。

7）测试完毕，关闭电源，将有关旋钮和开关复位。即：

“峰值电压范围”：0～10V；

“峰值电压”：旋至“0”位置；

“功耗电阻”：10kΩ 以上；

“重复”开关：置于“关”的位置；

“mA-V/度”：1mA/度；

“V/度”：1V/度。

以上是测试小功率管时各旋钮的常用位置，为防止再次使用仪器时，因疏忽未检查有关的旋钮便开机而损坏被测器件。

>> **小提示** 应养成测量前仔细检查各开关、旋钮位置，测试完后复位的良好习惯。

3. 仪器的使用步骤

在使用晶体管特性图示仪前，必须对仪器的使用方法和被测晶体管的规格充分了解。当对被测晶体管参数的极限值不明确时，调整有关旋钮使加到被测晶体管的电压和电流从低量程逐渐增大，直到满足测试条件要求。

1）接通电源，预热5min以上。

2）调节示波管及控制部分，即调节“标尺亮度”为橙色标尺；调节“辉度”、“聚焦”和“辅助聚焦”旋钮使亮点清晰。

3）将集电极扫描的“峰值电压范围”、“极性”、“功耗电阻”等旋钮调至测量需要的范围，“峰值电压”旋钮先置于最小位置，测量过程中慢慢增至需要值。

4）“Y选择”开关与“X选择”开关中的“mA-V/度”与“V/度”旋钮置于需要读测的位置。

5）将“基极阶梯信号”中的“极性”、“串联电阻”、“阶梯信号选择”等旋钮调至需要读测的范围。“重复”开关置于“重复”，“级/秒”一般放置在“200”位置。

6）将测试台的“测试选择”放至“关”的位置，“接地开关”置于需要位置，插上被测晶体管，旋转“测试选择”开关到要测试的一方，即可进行测量。

4. 晶体管特性图示仪的使用注意事项

1）对“阶梯信号选择”、“功耗电阻”、“峰值电压范围”三个旋钮的使用应特别注意，若使用不当会损坏被测晶体管。

2）测试大功率晶体管和极限参数、过载参数时应采用单簇阶梯信号，以防过载损坏。

3）测试MOS型场效应晶体管时，应注意不要使栅极悬空，以免感应电压过高引起被测管击穿。

4）测试前，选择与被测管（PNP 型或 NPN 型）相适应的集电极电压和基极阶梯信号极性。如预先不知道被测器件引脚极性，可先用万用表或图示仪测试二极管或晶体管档来判别各引脚的极性。如果对被测器件的参数不了解，测试过程中须从低量程档位逐渐升高，集电极功耗电阻应从大逐渐变小，直至显示特性满足被测管的测试要求或符合所需要的工作条件为止。

5）测试使用完后，立即关闭电源，并使仪器复位，以防下次使用时因疏忽而损坏被测器件。

7.3.4 晶体管特性图示仪使用测试实例

使用晶体管特性图示仪可测试各种半导体器件，如二极管、晶体管、场效应晶体管、晶闸管、TTL 集成电路等，可以判断被测器件质量好坏、器件参数是否满足要求。

1. 二极管的测试

二极管的主要特性是单向导电性，使用中常需要测试其正、反向特性，测试原理框图如图 7-22 所示。

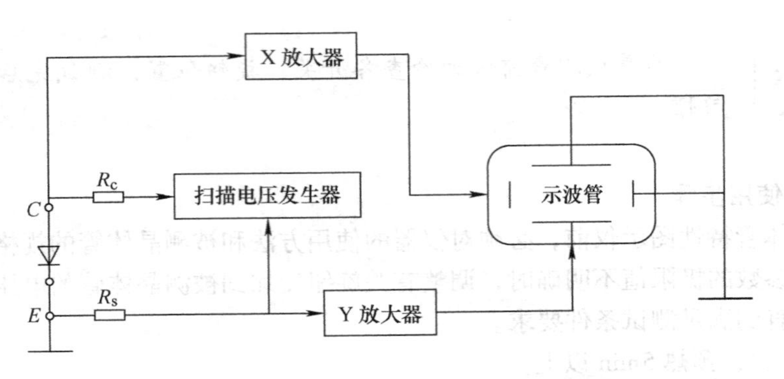

图 7-22 二极管正、反向特性曲线的测试原理框图

（1）二极管正向特性曲线的测试 测试前，将 X 轴、Y 轴坐标零点移至左下角。

“峰值电压范围”：0 ~ 20V；

“集电极扫描极性”：“ + ”；

“功耗电阻”：200Ω；

“X 选择” 开关：0.1V/度；

“Y 选择” 开关：10mA/度；

“重复” 开关：置于 “关” 的位置。

逐渐调高峰值电压，屏幕上显示如图 7-23 所示的正向特性曲线，根据被测管额定正向电流 I_F（设某型号二极管 I_F 为 100mA），读取其对应的 X 轴电压就是二极管正向压降 U_F。

（2）二极管反向特性曲线的测试 测试前，将 X 轴、Y 轴坐标零点移至右上角。

“峰值电压范围”：0 ~ 200V；

“集电极扫描极性”：“ - ”；

“功耗电阻”：10kΩ；

“X选择”开关：20V/度；

“Y选择”开关：0.01mA/度；

“重复”开关：置于“关”的位置。

逐渐调高峰值电压，屏幕上显示如图7-24所示的反向特性曲线，曲线拐弯处所对应的X轴电压就是二极管反向击穿电压BU_R。二极管的反向工作电压约为反向击穿电压值的1/2。

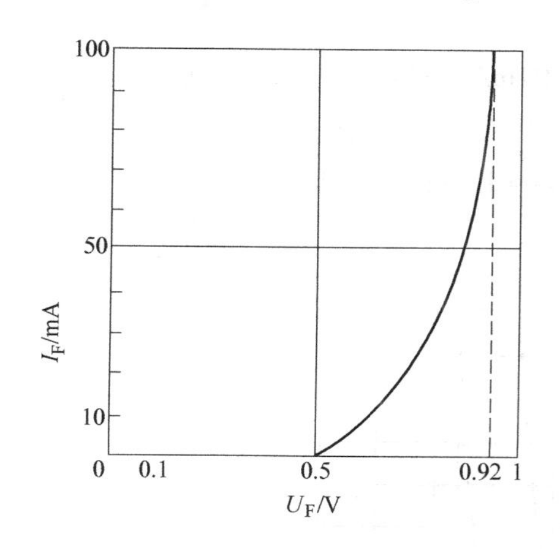

图7-23　二极管正向特性曲线

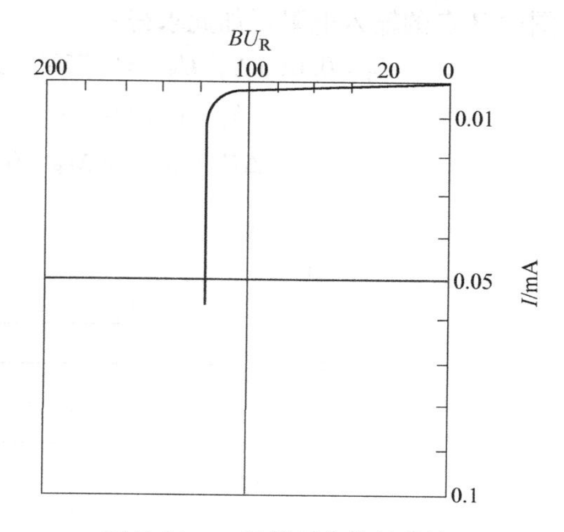

图7-24　二极管反向特性曲线

2. 晶体管的测试

晶体管特性图示仪主要是测试晶体管的输入和输出特性。晶体管可分为NPN型和PNP型两大类，两者在测试原理上基本一致，下面以NPN型小功率管3DG7为例，介绍晶体管相关参数测试。

（1）输入特性及输入电阻的测试　晶体管共射极电路的输入特性曲线的测试原理框图如图7-25所示。

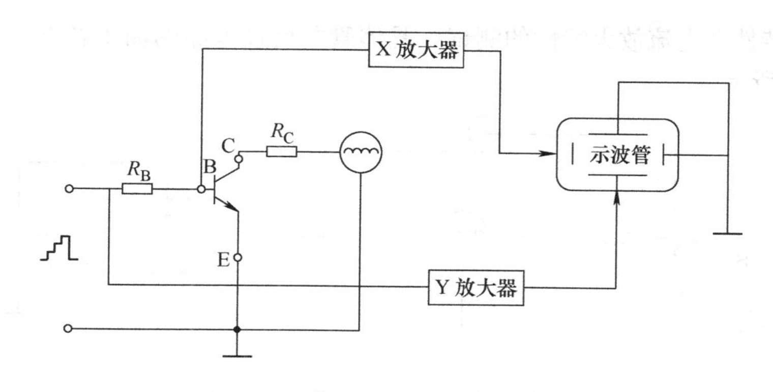

图7-25　晶体管输入特性曲线的测试原理框图

输入特性曲线中，X坐标轴为U_{BE}，Y坐标轴为I_B。将光点移至屏幕的左下角作为坐标原点（零点），然后进行基极阶梯调零。

“峰值电压范围”：0～20V；

“功耗电阻”：1kΩ左右；

“X 选择”开关：0.1V/度（基极电压）；

“Y 选择”开关：基极电流或基极源电压；

“级/秒”：200；

“重复”开关：置于“重复”。

逐渐调高峰值电压，屏幕上显示如图 7-26 所示的输入特性曲线（$U_{BE} \sim I_B$ 曲线）。对应于图中 B 点的输入电阻可如此求得：

$$I_B = 0.08\text{mA},\ U_{BE} = 0.75\text{V},\ \Delta I_B = 0.04\text{mA},\ \Delta U_{BE} = 0.02\text{V},\ 则$$

$$R_i = U_{BE}/I_B = 0.75/0.08 \times 10^3\Omega \approx 9.38\text{k}\Omega$$

$$\Delta R_i = \Delta U_{BE}/\Delta I_B = 0.02/0.04 \times 10^3\Omega \approx 500\Omega$$

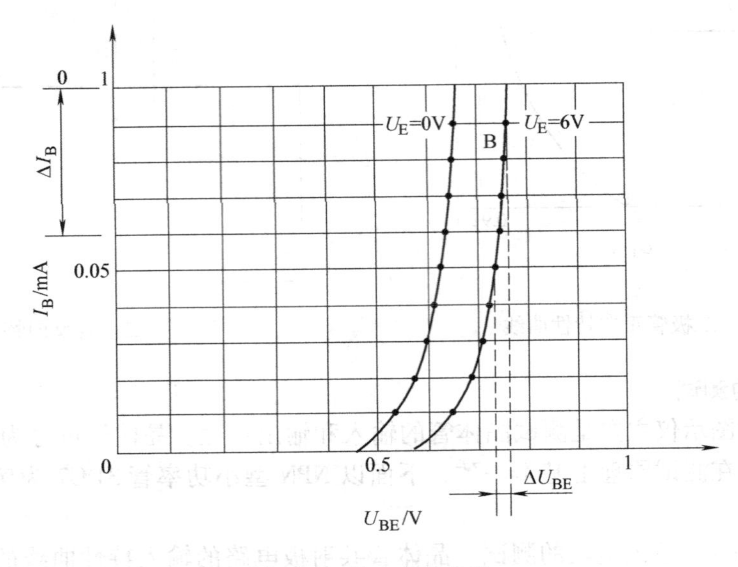

图 7-26 输入特性曲线

（2）输出特性和电流放大特性的测试 晶体管共射极电路的输出特性曲线的测试原理框图如图 7-27 所示。

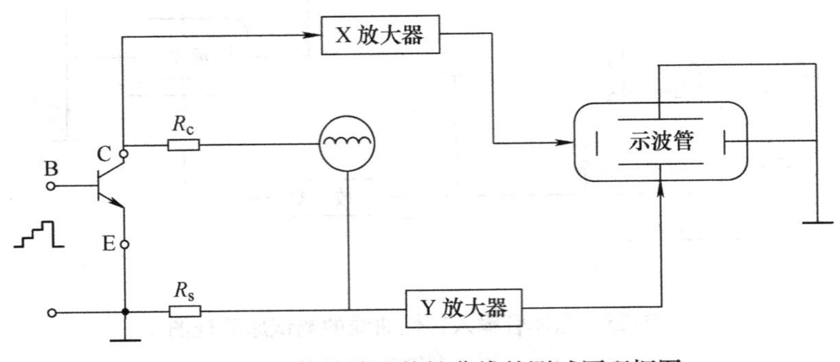

图 7-27 晶体管输出特性曲线的测试原理框图

将光点移至屏幕的左下角作为坐标原点（零点），进行基极阶梯信号调零，相关旋钮置于以下位置：

“峰值电压范围”：0 ~ 20V；

"功耗电阻"：1kΩ 左右；

"Y 选择" 开关：1mA/度（集电极电流），中功率管或大功率管，测试条件根据所需工作状态选几十或几百 mA /度；

"重复" 开关：置于 "重复"；

"阶梯信号选择"：0.01mA；

"级/簇"：10。

逐渐调高峰值电压，屏幕上显示图 7-28 所示的一组输出特性曲线（U_{CE} ~ I_B 曲线）。最下面一条是对应 $I_B=0$。

读出图中 $U_{CE}=1V$ 时的最上面一条曲线的 I_C 和 I_B 的值，可得

$$h_{FE} = I_C/I_B = 9.81mA/10 \times 0.02 = 49$$

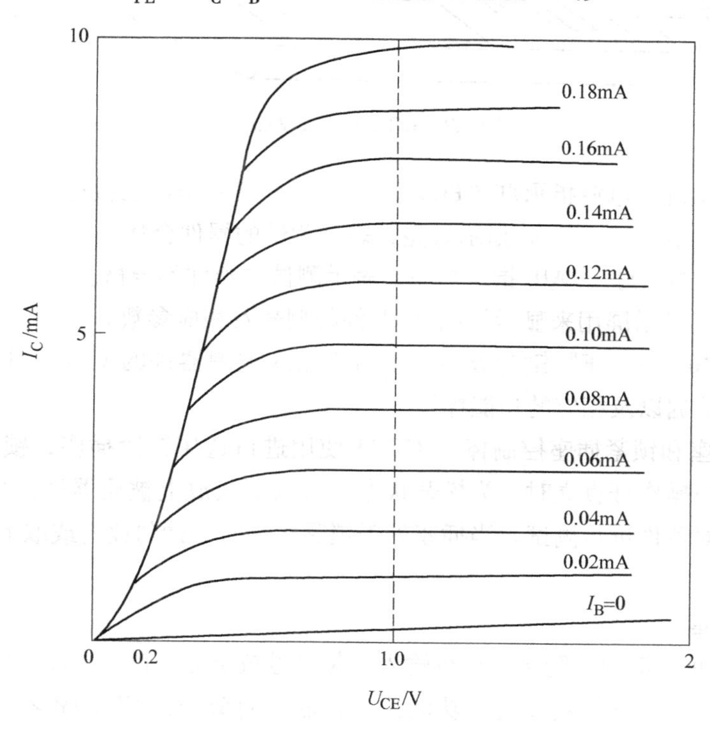

图 7-28　输出特性曲线

7.4　数字集成电路测试仪

数字集成电路测试仪能够测试 54/74、4000、4500、14000、40000 系列以及 ROM、SRAM、DRAM 等多种类型的数字集成电路芯片。它可以判断芯片是否合格，自动鉴别不知道名称和型号的集成芯片的编号，检查仪器资料库中是否存储该类 IC 芯片资料；快速测试 IC 芯片以及采用反复开闭电源测试 TTL 和 CMOS 电路的稳定性等性能。操作方便、快速、准确、效率高，是教学、科研、生产的得力助手。

7.4.1 ICT-33 数字集成电路测试仪

1. ICT-33 测试仪面板

ICT-33 测试仪面板图如图 7-29 所示。

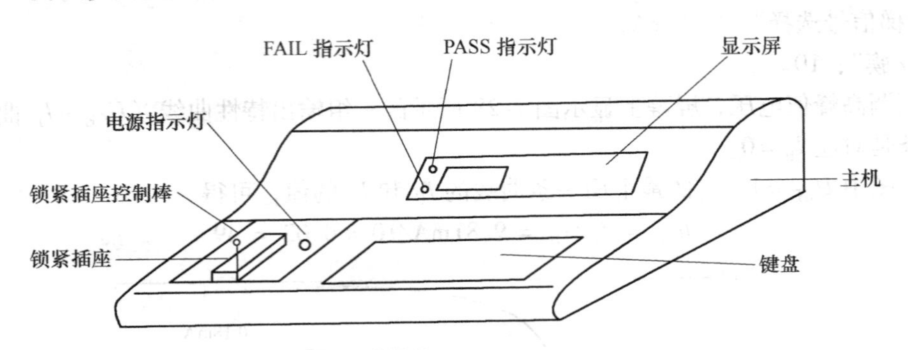

图 7-29 ICT-33 测试仪面板图

(1) 电源指示灯 电源指示灯“POWER”灯亮，表示电源已接通。

(2)“PASS”指示灯 PASS 指示灯亮，表示测试的器件合格。

(3)“FAIL”指示灯 FAIL 指示灯亮，表示测试的器件不合格。

(4) 显示屏 显示屏用来显示被测 IC 器件的型号及相应参数。

(5) 键盘 “0” ~ “F” 键为数字键，用于输入被测器件的型号、引脚数目及编辑状态时输入地址、数据以及相应的功能操作。

(6) 锁紧插座和锁紧插座控制棒 ICT-33 使用进口通用锁紧插座，锁紧插座有松开及锁紧两种状态。当操作杆直立时，为松开状态，可取下或放上被测器件；当操作杆平放时，为锁紧状态，可对器件进行测试。当插座处于锁紧状态时，请勿放上或取下被测器件，否则将损坏锁紧插座。

2. 操作键功能

1)“代换查询”键为功能键。至少输入三位型号数字后，该键才能被仪器接受。

2)“好坏判别/查空”键为复合功能键。若输入的型号为 EPROM 器件型号（即 27 系列），则它使仪器对被测器件进行查空操作；在其他型号时，它使仪器对被测器件进行好坏判别。若第一次按下了数字键，则至少要输入型号的三位数字后，该键才能被接受；若在没有输入器件型号的时候输入该键，则仪器将按前一次输入的器件进行测试，此功能用于测试多只相同型号的器件。

3)“型号判别”键为功能键，在未输入任何数字的前提下输入该键才有效。

4)“编辑/退出”键为功能键，它使仪器进入或退出数据编辑状态。

5)“老化/比较”键为复合功能键，当输入型号为 EPROM、EEPROM 器件时，该键的功能是将被测器件内部的数据与仪器内部的数据进行比较；在其他型号时，该键使仪器对被测器件进行连续老化测试。

3. ICT-33 测试仪的操作步骤

(1) 打开电源 接通电源，“POWER”指示灯亮，锁紧插座上不能放有集成块，否则

将会损坏该集成块，仪器自检将失效。

（2）仪器自检　接通电源后，仪器自动进入自检过程，以检查仪器的状态是否正常。

（3）锁紧被测器件　把被测器件正确插放在插座上，并扳动操作杆锁紧被测器件。

（4）完成相应操作　根据要完成芯片的测试功能，进行相应操作。

7.4.2　ICT-33 数字集成电路测试仪应用实例

ICT-33 数字集成电路测试仪的应用以 74LS00 测试为例说明该仪器的各种测试功能的使用。

1. 器件好坏判别

1）自检正常后，显示 PLEASE。

2）输入 7400，显示 7400。

3）确认无误后，将被测器件 74LS00 放上锁紧插座并锁紧，如图 7-30 所示。

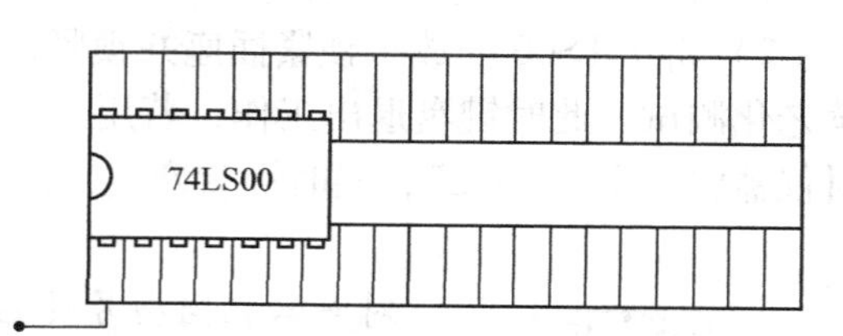

图 7-30　被测器件的锁紧图

4）按下“好坏判别”键。

① 若显示“PASS”，并伴有高音提示，表示器件逻辑功能完好，黄色 LED 灯点亮。

② 若显示“FAIL”，并伴有低音提示，表示器件逻辑功能失效，红色 LED 灯点亮。

>> **小提示**　大多数器件测试时间极短，但也有部分器件测试时间较长（例如存储器），测试过程中仪器不接受任何命令输入。

2. 器件型号判别

1）将被测器件插放于锁紧插座并锁紧，按“型号判别”键，仪器显示 P，请用户输入被测器件引脚数目，如有 14 只脚，即输入“14”，仪器显示 P14。

2）然后再按“型号判别”键。

① 若被测器件功能完好，并且其型号在仪器存储以内，此时仪器直接显示被测器件的型号，例如，7400。

② 若被测器件已损坏，或其型号不在仪器测试存储以内，仪器将显示 OFF，并伴有低音提示，随后再显示 PLEASE。

>> **小提示**　① 进行型号判别时输入的器件引脚数目必须是两位数，若被测器件只有 8 只引脚，则要输入“08”。

② 当被测器件是 EPROM、EEPROM 时，不能进行型号判别。

③ 由于仪器是通过被测器件的逻辑功能来判定其型号，因此当各系列中还有其他逻辑功能与被测器件逻辑功能完全相同的其他型号时，仪器显示出的被测器件型号可能与实际型号不一致，这取决于该型号在测试软件中的存放顺序。出现这种现象时，说明仪器显示的型号与被测器件具有相同的逻辑功能。

3. 器件代换查询

先输入原器件的型号，如7400，再按“代换查询”键。

1）若在各系列中存在可代换的型号，则仪器将依次显示这些型号，例如7403，以后每按一次“代换查询”键，就换一种型号显示，直至显示NODEVCE。

2）若不存在可代换的型号，则直接显示NODEVCE。

>> 小提示　仪器认为那些逻辑功能一致且引脚排列一致的器件为可互相代换的器件，并未考虑器件的其他参数。

4. 器件老化测试

1）输入7400，显示7400。

2）将74LS00插放于锁紧插座并锁紧，按“老化/比较”键，仪器即对被测器件进行连续老化测试。此时键盘退出工作，若用户想退出老化测试状态，只要松开锁紧插座即可，此时仪器将显示“FAIL”，同时键盘恢复工作。

>> 小提示　对多只相同型号的器件分别进行老化测试时，每换一只器件都要重新输入型号。

在进行好坏判别和老化测试时第一次按下“好坏判别”或“老化/比较”键后，有可能出现下面三种特殊情况：

① 显示器显示1—2，并伴有长高音提示，表示应将被测器件退后一格插放于锁紧插座，如图7-31所示，锁紧后，再次按下“好坏判别”或“老化/比较”键。

② 显示器显示UCC—数字，并伴有长高音提示，表示应将被测器件退后一格插放于锁紧插座，再用随仪器提供的连接插针将锁紧插座的第40脚与被测器件的某一脚连通（该脚即是显示器显示的数字，例如，显示UCC—5，即表示将锁紧插座的第40脚与被测器件的第5脚连通）。如图7-32所示，锁紧后，再次按下“好坏判别”或“老化/比较”键。

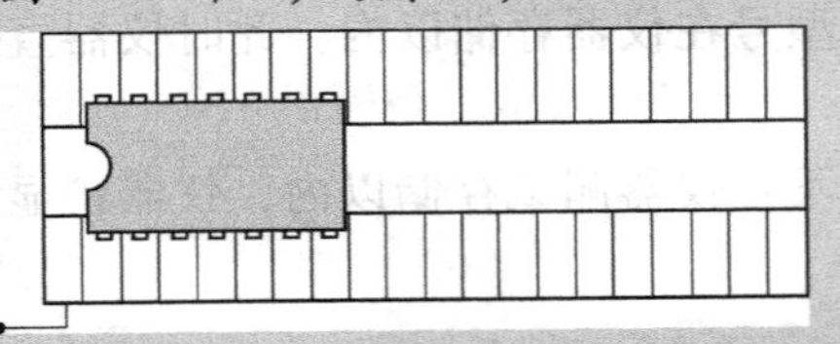

图7-31　“老化”测试之一

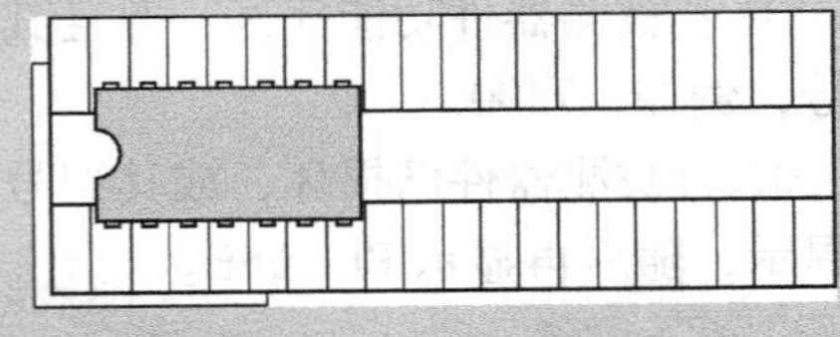

图7-32　“老化”测试之二

③ 显示器显示OU—数字，并伴有长高音提示，表示应将被测器件插放到特殊器件测试板（随仪器提供）上进行测试。首先应将特殊器件测试板插放到锁紧插座上，再将被测器件插放到测试板中与显示数字对应的插座上，如图7-33所示，放好后再次按下“好坏判别”或“老化/比较”键。

>> 小提示

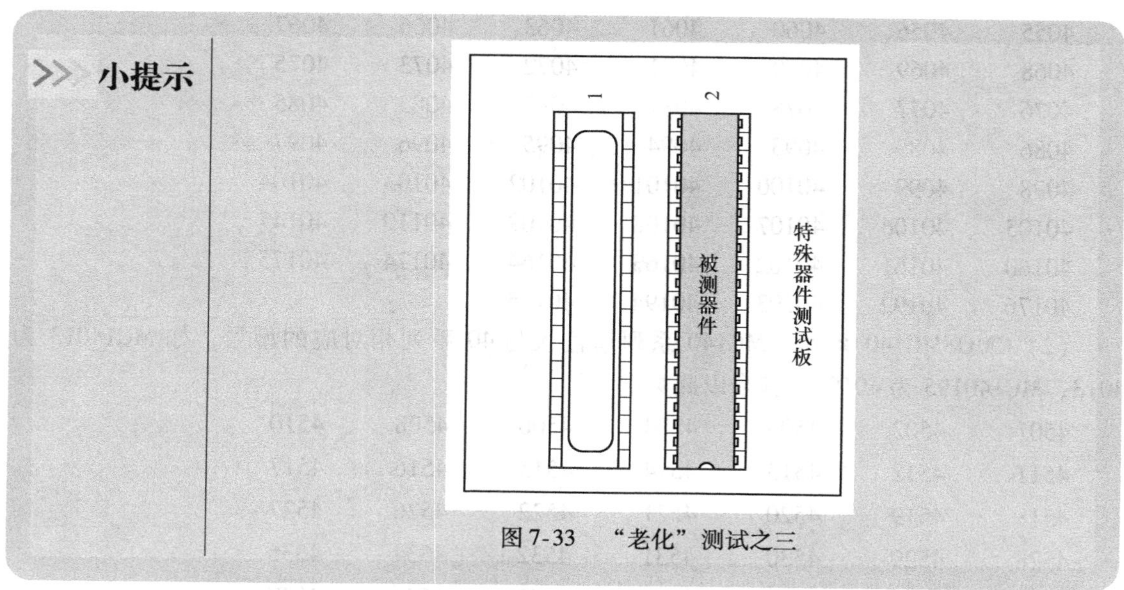

图 7-33 "老化"测试之三

5. ICT—33 测试仪操作注意事项

1）放置被测器件时，一定要注意其缺口方向和安放位置。

2）可测系列中，仅 CMOS、光耦、数码管系列可选择 9.0V、15V 测试电压，其他系列只能选择 3.3V、5.0V 进行测试。型号判别时仅可选择 5.0V 测试电压。

3）当发现输入错误或误操作时，按清除键，显示 00000000，即可重新输入。

4）当进行型号判别时，被测器件的型号被判别出后，该型号仅供显示用，并未存入仪器内部。若用户对该器件进行好坏判别或老化测试，仍需重新输入一次型号。

5）在输入型号并按下"好坏判别"键后，若显示 O—E—E，并伴有低音提示，说明该器件未列入测试范围。

6）进行键盘操作时，若仪器以高音回答，说明操作有效；若以低音回答，说明是误操作，但任何误操作均不会损坏仪器。

7）输入器件型号时，应省去字母及其他标记，只输入数字，由于各种原因，少部分器件需输入的型号与实际型号将不一致，请参见可测器件清单。

8）当测试一批器件结果均为"FAIL"时，请检查拔动开关是否在"OFF"位置，选择的测试电压是否适当。

9）部分仪器开机时直接显示 PASS、FAIL 或其他数字，需再次开机才能正常工作。仪器关机后，必须等 5s 以上才能再次开机，否则仪器有可能不能复位。

6. 可测器件清单

（1）CMOS40 系列

4000	4001	4002	4006	4007	4008	4009
4010	4011	4012	4013	4014	4015	4016
4017	4018	4019	4020	4021	4022	4023
4024	4025	4026	4027	4028	4029	4030
4031	4032	4033	4034	4035	4038	4039
4040	4041	4042	4043	4044	4045	4047
4048	4049	4050	4051	4052	4053	4054

4055 4056 4060 4061 4063 4066 4067
4068 4069 4070 4071 4072 4073 4075
4076 4077 4078 4081 4082 4083 4085
4086 4089 4093 4094 4095 4096 4097
4098 4099 40100 40101 40102 40103 40104
40105 40106 40107 40108 40109 40110 40147
40160 40161 40162 40163 40164 40174 40175
40176 40192 40193 40194 40195

（2）CMOSMC140 系列　MC140 系列请输入与 40 系列相对应的型号，如 MC14013 为 4013，MC140195 为 40195，其余以此类推。

4501 4502 4503 4504 4506 4508 4510
4511 4512 4513 4514 4515 4516 4517
4518 4519 4520 4521 4522 4526 4527
4528 4529 4530 4531 4532 4534 4536
4537 4538 4539 4541 4543 4544 4547
4549 4551 4553 4554 4555 4556 4557
4558 4559 4560 4561 4562 4566 4568
4569 4572 4580 4581 4582 4583 4584
4585 4597 4598 4599

（3）CMOSMC145 系列　MC145 系列请输入与 45 系列相对应的型号，如 MC14513 为 4513，MC145195 为 45195，其余以此类推。

（4）光耦合器系列（括号内的数值是实际输入的型号）

507 5072 5073 617 627 637 521-1
521-2 521-3 521-4 621 622 624 036
3111 817 827 837 847 810 812
818 5112 504 880 885 066 074
829 849 2008 2009 2018 2019 504
614 714 509 519 532 632 503
613 713 508 531 027 034 836
212 830 831 836 026 210 570
111 112 113 114 115 116 117
118 723 5121 270 271 272 273
274 275 276 277 017 075 703
631 535 068 815 835 845 733
618 551 505 515 525 825 725
855 860 865 230 855 860 865
230 231 255 119 571 011
715 716 890 850 4N45(445) 4N46(446)

4N36(436)	4N37(437)	4N25(425)	4N26(426)
4N27(427)	4N29(429)	4N30(430)	4N31(431)
4N32 (432)	4N33(433)	4N38(438)	4N32(432)
4N33(433)	4N38(438)	4N28(428)	4N35(435)

（5）TTL74/54 系列

74/5400～74/54675

（6）TTL75/55 系列

75/5506	75/55113	75/55121	75/55122	75/55123	75/55124
125	127	128	129	136	138
140	141	142	143	151	153
157	158	159	160	163	172
173	174	175	176	177	178
183	189	270	369	401	402
403	404	411	412	413	414
416	417	418	419	430	431
432	433	434	437	446	447
448	449	450	451	452	453
454	460	461	462	463	464
466	467	468	469	470	471
472	473	474	476	477	478
479	494	497	498		

（7）数码管系列

0.5 吋共阳[001]、共阴[002]；0.3 吋共阳[003]、共阴[004]；0.7 吋共阳[005]、共阴[006]。

（8）常用 RAM 系列

2112　2114　2016　6116　6264　62256　60256　628128

（9）EEPROM 系列

2816　2817　2864　28256　28040　29101

（10）EPROM 系列

2716　2732　2764　27128　27256　27512

（11）微机外围电路系列

8155	8156	8255	8253	8259	8212	8282
8283	8216	8816	8243	8226	8205	8286
8287	6820	6821	6880	6888	6887	6889
6810	6520	8254	8251	8279	8708	6840
8718	8728	Z80CTC(802)				

（12）常用单片机系列

8031　8032　8051　8052　8048　8039　8035　8049　8751　8752

（13）其他系列

2002　2003　2004　3486　3487　3459　2631　2632　2633　1831

1908　339　192　293　393　555　556　324　22100　2802
2803　2804　9637　9638　7831　7832　8831　8832　3446
MC1413(2003)　MC1416(2004)　MC14160(40160)　DG201　MC14161(40161)
MC14162(40162)　MC14163(40163)
TIL308　MC14189(75189)　902(324)　8T26(826)　AD7506

本章小结

本章知识点摘要如下：

本章主要介绍了扫频仪和晶体管特性图示仪的组成、工作原理及应用等方面的内容。

1. 扫频仪是一种能直接观测电路幅频特性曲线的仪器，还可以测量被测电路的带宽、品质因素等参数。

2. 扫频仪是由扫频信号发生器和示波器结合的仪器，一般由扫描信号源、扫频信号源、频标电路和示波器等部分构成，扫频仪与示波器的区别在于扫频仪屏幕的横坐标为频率轴，纵坐标为电平值，而且在显示图形上叠加有频率标记。

3. 频率标记简称频标，用于频率标度，分为菱形频标和针形频标两种，分别适用于高频和低频测量。

4. 晶体管特性图示仪是一种利用图示法来测量各种半导体器件参数和显示元器件特性曲线的多功能仪器，具有直观、方便、用途广泛等特点。

5. 晶体管特性图示仪一般由阶梯波发生器、集电极扫描电路、测试变换电路、示波管等部分构成。

6. 使用晶体管特性图示仪时，应特别注意被测器件的测试条件或工作条件。

7. 熟悉常见晶体管的测试过程及其测量结果的处理。

8. 数字集成电路测试仪是能对多种 IC 芯片进行测试的仪器，使用它可以实现对器件型号、器件的老化、器件的替代、器件的好坏判别等功能操作，是电子产品生产、维护维修、科研中常用的电子测量设备。

9. 熟悉数字集成电路测试仪对各种芯片的测试应用。

综合实训

实训一　BT3 型扫频仪的使用练习

1. 实训目的

熟悉 BT3 型扫频仪面板上各开关旋钮的作用，掌握扫频仪的使用方法。

2. 实训器材

BT3 型扫频仪及附件。

3. 实训步骤

1）显示系统的检查。

2）扫频信号的检查。

3）频标的检查。

4）寄生调幅系数的检查。

5）非线性系数的检查。

6）零分贝校正。

4. 实训要求

1）写出各步骤的操作过程。

2）记录各操作步骤中屏幕上显示的图像。

实训二　用BT3型扫频仪测试高频头

1. 实训目的

掌握用扫频仪测量幅频持性曲线。

2. 实训器材

BT3型扫频仪、高频头、直流稳压源、75Ω电阻。

3. 实训步骤

1）按照要求调节BT3型扫频仪，对各系统进行检查。

2）连接好测量电路。

4. 实训要求

1）写出各操作步骤，画出连线图。

2）记录高频头总曲线。

实训三　二极管的测量

1. 实训目的

掌握晶体管特性图示仪测量二极管的方法。

2. 实训器材

晶体管特性图示仪、各类二极管若干。

3. 实训步骤

1）按要求调试晶体管特性图示仪。

2）把二极管正向插入测试台，观测显示屏上波形，并把测量过程和结果填入表7-1。

表7-1　二极管的测量

测试要求	正向特性	反向特性
接线图		
操作步骤		
波形图		
测量结果	U_F =	BU_R =

4. 实训要求

1）写出测量二极管正向特性和反向特性测试的操作步骤，并画出接线图。

2）记录二极管正向特性和反向特性的波形图。

3）记录正向导能电压 U_F、反向击穿电压 BU_R 值。

实训四 晶体管的测量

1. 实训目的

掌握晶体管特性图示仪测量晶体管的方法。

2. 实训器材

晶体管特性图示仪、各类晶体管若干。

3. 实训步骤

1）按要求调试晶体管特性图示仪。

2）阶梯调零（正极性调零，负极性调零）。

3）把晶体管插入测试台。

4. 实训要求

1）写出实训各操作步骤，并画出接线图。

2）记录晶体管的输入和输出特性曲线。

3）根据波形分析晶体管的输入电阻、电流放大倍数。

实训五 数字集成电路测试仪的应用

1. 实训目的

掌握数字集成电路测试仪测试 IC 芯片的方法。

2. 实训器材

数字集成电路测试仪、各类 IC 芯片。

3. 实训步骤

1）按要求调试数字集成电路测试仪，使其处于正常测试状态。

2）把 IC 芯片正确插入测试台并锁紧。

3）测试 IC 芯片的型号、老化情况、器件替代查询、器件好坏判别，并填入表 7-2。

表 7-2 各类 IC 芯片的测试表

器件名称	型号	替代芯片	器件好坏判别	是否老化

4. 实训要求

1）写出实训各操作步骤。

2）记录IC芯片的相关测试信息。

习　题

1. 简述点频测量法的基本原理。
2. 简述扫频测量法的基本原理。
3. 简述点频测量法和扫频测量法的主要区别。
4. 简述磁调制扫频的基本原理。
5. BT3型频率特性测试仪扫频使用前要做哪些准备工作？
6. 一台经过零分贝校正的BT3型扫频仪，调节两“输出衰减”旋钮，使屏幕上显示的曲线高度恰为5格；此时，“输出衰减”旋钮所示值分别为：粗调30dB，细调7dB；则被测电路的增益为多少？
7. 简述晶体管特性图示仪的组成和工作原理。
8. 使用晶体管特性图示仪应注意哪些问题？
9. 如何用晶体管特性图示仪显示二极管正、反特性曲线？
10. 如何用晶体管特性图示仪显示晶体管输入、输出特性曲线？
11. 数字集成电路测试仪自检的目的是什么？
12. 数字集成电路测试仪的主要功能是什么？

第8章　计算机仿真测量技术

本章介绍虚拟“电子工作台”Multisim 的工作界面、仿真电路的绘制方法、虚拟电子仪器的使用方法。

学习目标

应知：Multisim 软件的界面与工具栏
　　　Multisim 软件的基本操作方法
　　　Multisim 软件中各虚拟仪器的作用
　　　Multisim 软件中常用虚拟仪器的操作方法

应会：使用 Multisim 绘制电子电路图
　　　Multisim 中虚拟仪器的使用
　　　使用 Multisim 对常见电子电路进行仿真测试

8.1　概述

随着计算机技术的发展，应用计算机仿真技术进行电子技术课程的辅助教学与实验已成为许多学校的基本要求。计算机仿真软件的应用将实验台“搬到”了计算机屏幕上，通过鼠标或键盘调用元器件、选择测量仪器和连接电路，电路的各种参数易于调整，并可直接显示或打印输出实验结果，与传统的电子技术实验相比较，具有快速、安全、省材等特点，大大提高了工作效率。

Multisim 虚拟“电子工作台”是由美国 National Instruments 公司推出的一款非常优秀的专门用于电子电路设计与仿真的软件，与其他电路仿真软件相比，具有界面直观、操作方便等优点，而且除一般电子电路的虚拟仿真外，在 LabVIEW 虚拟采样、单片机仿真等方面都有更多的创新和提高。创建电路、选用元器件和测试仪器等均可直接从屏幕上器件库和仪器库中选取。所用测试仪器的操作面板和操作方法与实验室内实际仪器相差无几，使电子工作者操作起来得心应手。

Multisim 还是一个非常优秀的电工电子技术实验训练工具，因为电子技术类课程是实践性很强的课程，将 Multisim 作为该类课程的辅助教学和实训手段，它不仅可以弥补经费不足带来的实验仪器、元器件缺乏，而且排除了原材料损耗和仪器损坏等因素，可以帮助学生更快更好地掌握课堂讲授的内容，加深对概念和原理的理解，弥补课堂理论教学的不足。通过

仿真，可以熟悉常用电子仪器的使用方法和测量方法，进一步培养学生综合分析问题、排除故障和开发创新的能力。拥有一台安装了 Multisim 仿真软件的计算机，你就相当于拥有了一个测试仪器先进、元器件品种齐全的小型“电子实验室”。

8.2　Multisim10.0 的工作界面

8.2.1　Multisim10.0 的主窗口

启动 Multisim10.0 后，可以看到 Multisim 的主窗口，如图 8-1 所示，Multisim 模仿了一个实际的电子工作台。

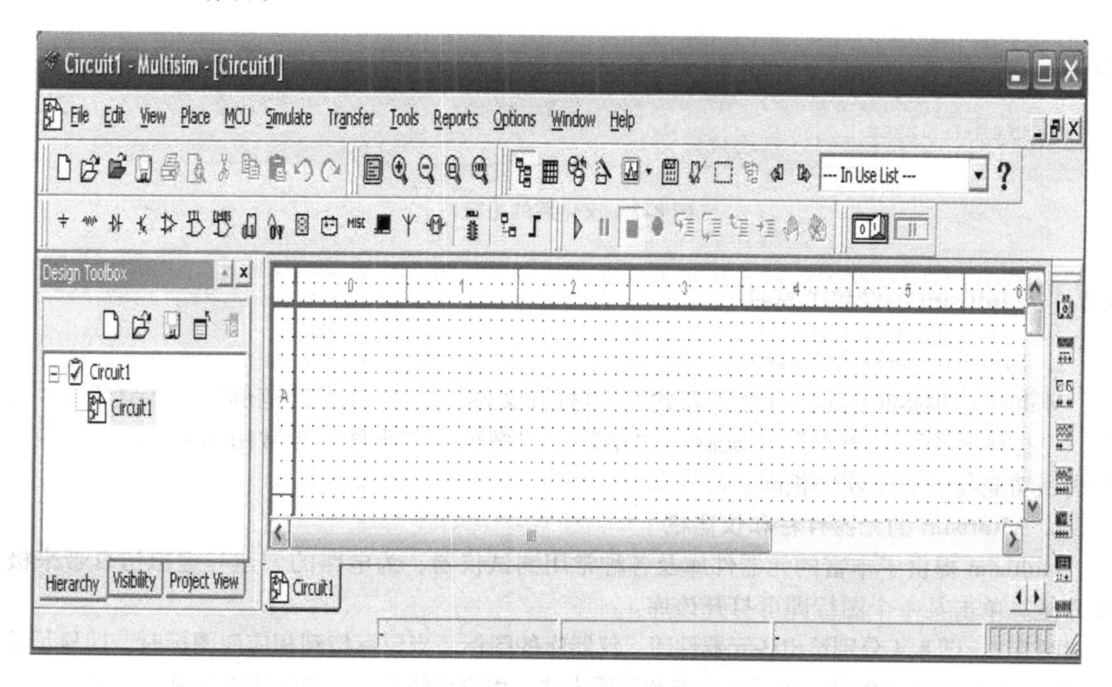

图 8-1　Multisim10.0 的主窗口

在打开的程序界面主窗口中，最上方是标题栏，显示建立的文件名称，其下分别为菜单栏和常用的工具栏。从菜单栏中可以选择电路创建与测试的各种命令。常用的工具栏包含了各类的操作命令按钮，如标准工具栏、元器件工具栏、仪器工具栏及仿真工具栏等，用户可以自行选择显示所需的工具栏。标准工具栏包含了常用操作命令按钮，元器件及仪器栏包含了电路仿真测试所需的各种模拟和数字元器件以及测试仪器。通过操作鼠标即可方便地使用各种命令和设备。按下“启动/停止”开关或“暂停”按钮，即可进行电路仿真。

8.2.2　Multisim 的汉化

将英文版的 Multisim 汉化，可以更方便用户学习和使用。其安装过程如下：

1）将下载的汉化包“ZH”文件夹放到指定目录下：\ Program Files \ National Instruments \ Circuit Design Suite 10.0 \ stringfiles。

2）再运行 Multisim，选择菜单 Options \ Gobal Preferences，在 General 选项卡中的 language 栏选择“ZH”，即中文。

汉化后的主窗口界面如图 8-2 所示。

图 8-2　汉化后的主窗口

8.2.3　Multisim 的常用工具栏

1. Multisim 的标准工具栏

Multisim 的标准工具栏包含“新建”、“打开文件”、“打开设计范例”、“保存”、“打印”、“打印预览”、“剪切”、“复制”、“粘贴”、“撤销”、“重做”等常用编辑按钮。其操作方法和功能与一般的软件相同。

2. Multisim 的元器件栏和仪器栏

Multisim 提供了丰富的元器件库及各种常用测试仪器，为电路的创建与虚拟仿真带来极大方便。单击某一个图标即可打开该库。

图 8-3、图 8-4 分别给出各元器件库、仪器库的图标，当鼠标指到相应库图标时，即显示该库名称。关于这些元器件、仪器的功能和使用方法，用户可使用在线帮助功能查阅有关内容。

图 8-3　Multisim 的元器件库栏

图 8-4　Multisim 的仪器库栏

为方便初学者快速查找使用，现将各元器件库所包含元器件从左到右依次简单介绍如下：

（1）信号源库　有各种各样的交直流电源，如接地、电池、直流电流源、交流电压源、交流电流源、电压源等。

(2) 基本元器件库　有电阻器、电容器、电感器、变压器、继电器、开关等。

(3) 二极管库　有二极管、稳压二极管、发光二极管、全波桥式整流器等。

(4) 晶体管库　有 NPN 晶体管、PNP 晶体管、达林顿管、场效应晶体管等。

(5) 模拟器件库　有运算放大器、比较器、宽带运放等。

(6) TTL 器件库　有 74 系列 TTL 数字集成逻辑器件。

(7) CMOS 器件库　有 74HC 系列和 4×××系列等 CMOS 数字集成逻辑器件。

(8) 其他数字元器件库　有 TIL 按照功能存放的数字元件、FPGA 现场可编程门电路、PLD 可编程逻辑器件、CPLD 复杂可编程逻辑器件、VHDL 编程器件等。

(9) 混合器件库　有定时器、模数-数模转换器、模拟开关等。

(10) 指示器件库　有电压表、电流表、探测器、蜂鸣器、白炽灯、七段显示数码管、条形光柱等。

(11) 电源模块库　有熔断器、三端稳压器、PWM 控制器等。

(12) 其他器件库　有晶振、开关电源升/减压转换器、有损传输线、无损传输线、滤波器、网络等。

(13) 外围设备库　有数字键盘、LCD 显示器、终端等。

(14) 射频元器件库　有射频电容器、射频电感器、射频 NPN/PNP 晶体管、射频 MOS 场效应晶体管、传输线等。

(15) 机电器件库　有感测开关、瞬间开关、联动开关、定时接触器、线圈与继电器、线性变压器、保护装置、输出设备等。

(16) 微处理器库　有 805X 系列、PIC、ROM、RAM 等。

此外还有层次块和总线的放置按钮。

仪器库包含 18 台虚拟仪器、4 台 LabVIEW 测试仪器和 2 种探针，具体说明见“8.3.2 仪器的操作”。

8.3 Multisim 的操作使用方法

8.3.1 电路的创建

电路是由元器件和导线组成的，要创建一个电路，必须掌握元器件的操作和导线的连接方法。

1. 元器件的操作

(1) 元器件的选用　选用元器件时，首先在元器件库栏中单击包含该元器件的图标，打开该元器件库，选择该元器件，按“确定”或双击该器件，然后将该元器件放置于电路工作区合适的位置，最后关闭元器件库。

(2) 选中元器件　在连接电路时，常常要对元器件进行必要的操作，即移动、旋转、删除、设置参数等，这就需要选中该元器件。要选中某个元器件，用鼠标左键单击该元器件图标即可。如果要一次选中多个元器件时，可使用 SHIFT + 鼠标左键单击选中这些元器件。被选中的元器件外部以虚线框显示，便于识别。如果要同时选中一组相邻的元器件，可在电路工作区的适当位置拖拽出一个矩形区域，包含在该区域内的元器件则被同时选中。

要取消某一个元器件的选中状态，可以使用SHIFT+鼠标左键单击即可；要取消所有被选中元器件的选中状态，只需单击电路工作区的空白部分即可。

（3）元器件的移动　要移动一个元器件，只要选中拖拽该元器件即可。要移动一组元器件，先选中这些元器件，然后用鼠标左键拖拽其中任意一个元器件，则选中部分就会同时移动。元器件移动后，与其相连的导线会自动重新排列。

（4）元器件的旋转与翻转　为了使电路便于连接、布局合理，常常需要对元器件进行旋转或翻转操作。可选中该元器件，然后选择“编辑”/“方向”/“垂直镜像”、“水平镜像”、“顺时针旋转90度”、“逆时针旋转90度”等命令。

（5）元器件的复制、删除　对选中的元器件，可直接在标准工具栏中选择相应按钮，也可用“编辑”/“剪切”、“编辑”/“复制”和“编辑”/“粘贴”等菜单命令进行相应操作，或在元器件上右击选择弹出菜单中的命令。删除操作可对选中的元件用Delete键，或在右键菜单中选择“删除”命令。

（6）元器件的属性　双击元器件，或右击选择弹出菜单中的“属性”命令，会弹出相关的对话框，如图8-5所示。元器件属性对话框具有多种选项卡可供选择。

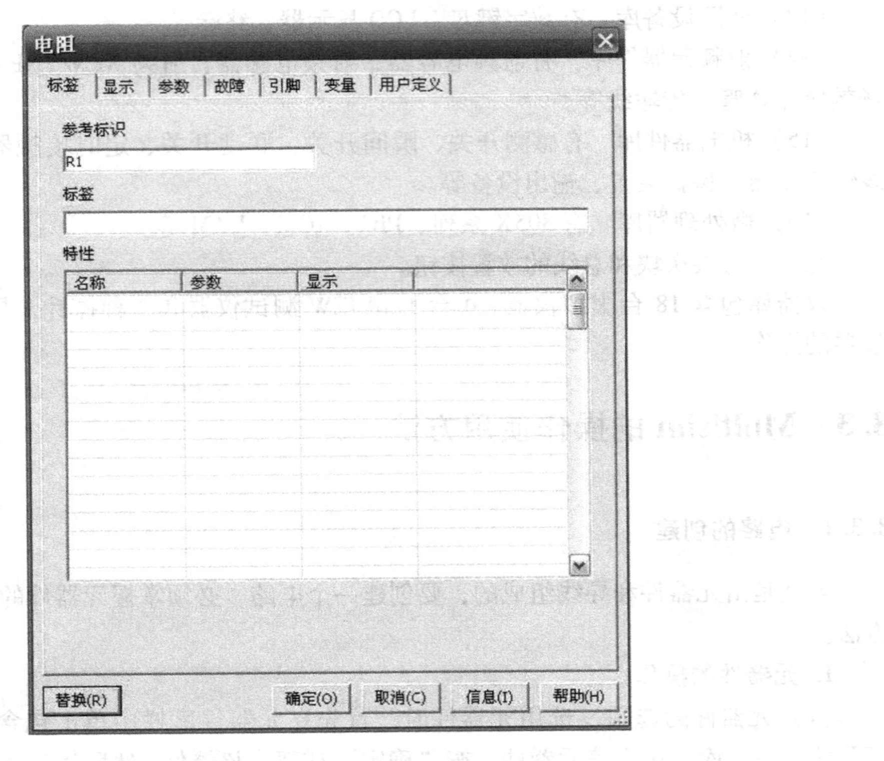

图8-5　元器件属性对话框

在“参数”选项卡中，可设置元器件的数值。“故障”选项卡可供人为设置元器件的隐含故障，提供了无故障、打开（开路）、短路、漏电等设置，如图8-6所示。

2. 导线的操作

（1）导线的连接　首先将鼠标指向元器件的端点使其出现一个小黑圆点，按下鼠标左键并拖拽出一根导线；拉住导线并指向另一个元器件的端点使其出现小圆点；释放鼠标左

键，则导线连接完成。

（2）连线的删除与改动　选中连线，选择“编辑”/“删除”，或按 Delete 键，或右击选择“删除”命令，完成导线删除。也可以将拖拽移开的导线连至另一接点，实现连线的改动。

（3）向电路中插入元器件　将元器件直接拖拽在导线上，然后释放即可插入电路中。

（4）从电路中删除元器件　选中该元器件，按下 Delete 即可，或在该元器件的右键弹出菜单中选择“删除”。

（5）连接点的使用　选择“放置”/“节点”，可将连接点放于合适位置。一个连接点最多可以连接来自四个方向的导线。

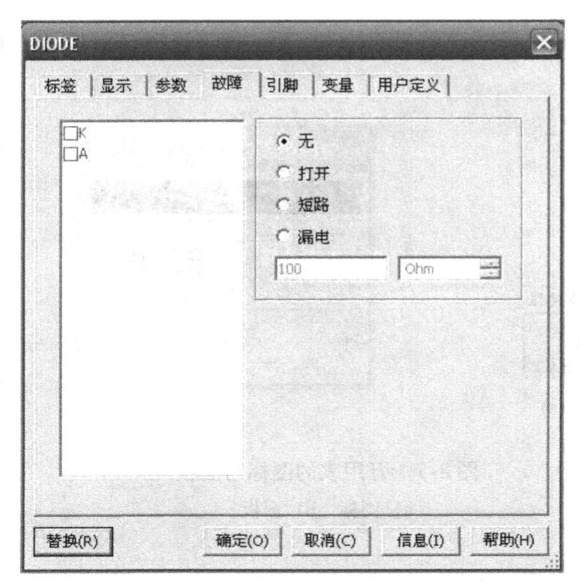

图 8-6 “故障”选项卡

8.3.2 仪器的操作

在 Multisim10.0 的仪器库中存放有 18 台虚拟仪器分别是万用表、函数信号发生器、功率表、示波器、四踪示波器、波特图示仪、频率计、字信号发生器、逻辑分析仪、逻辑转换器、IV 分析仪、失真分析仪、频谱分析仪、网络分析仪、安捷伦信号发生器、安捷伦万用表、安捷伦示波器、泰克示波器；4 台 LabVIEW 测试仪器分别是送话器、播放器、信号分析仪和信号发生器；还有动态测量探针和电流测量探针 2 种探针。在连接电路时，仪器以图标方式存在。这些虚拟仪器可以完成对电路的电压、电流、电阻及波形等物理量的测量，使用灵活，不用维护。需要观察测试数据与波形或者需要设置仪器参数时，可以双击仪器图标打开仪器面板。

选用仪器可以从仪器库中将相应的仪器图标拖拽至电路工作区中。仪器图标上有连接端口，用于将仪器连入电路，拖拽仪器图标可以移动仪器的位置。

1. 万用表（Multimeter）

万用表图标与面板如图 8-7 所示，它是一种自动调整量程的数字万用表，可以用来测量电阻、交直流电流和电压以及电路中两个节点间的电压分贝值。其电压档和电流档的内阻、电阻档的电流值和分贝档的标准电压值都可以任意设定。按面板上的“设置”按钮时，就会弹出图 8-8 所示的对话框，可以设置万用表的内部参数。

万用表量程规定如下：

（1）电气设置　电流表内阻（R）：1nΩ ~ 999Ω，电压表内阻（R）：1Ω ~ 1000TΩ，电阻表电流（I）：1nA ~ 999.999kA，相对分贝值（V）：1nV ~ 999.999kV。

（2）显示设置　电流表过量程：1fA ~ 1000TA，电压表过量程：1fV ~ 1000TV，电阻表过量程：1fΩ ~ 1000TΩ。虚拟数字万用表与实际的数字万用表使用方法基本相同。

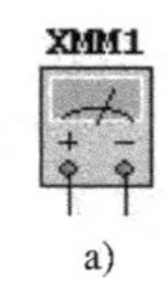

a)

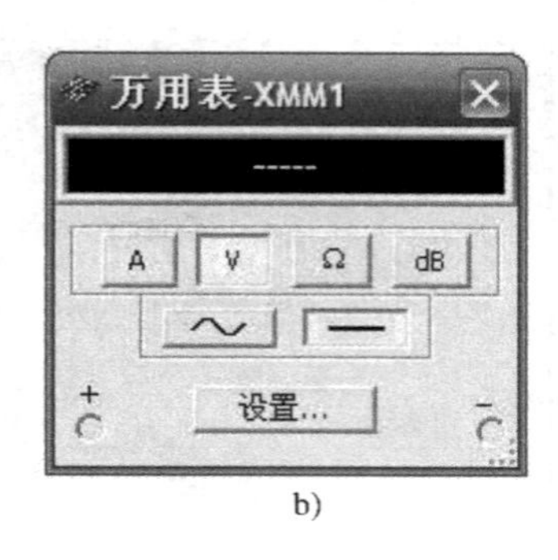

b)

图 8-7 万用表的图标与面板

a）图标 b）面板

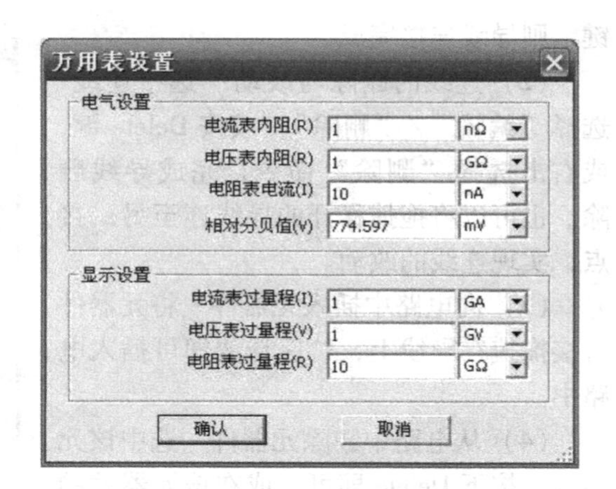

图 8-8 万用表内部参数设置

>> **想一想** 如果改变电流表或电压表的电气设置，如内阻值，对电路参数的测量准确度是否会产生影响？

此外 Multisim10.0 还提供了虚拟电压表和电流表，如图 8-9 所示，用户可选择引出线的方向，这两种电表存放在指示元器件库中。在显示屏右侧以“V”/“A”表示电压表或电流表，左侧以“+”/“-”表示极性；“DC”为直流模式，“10MΩ”和“1e-009Ω”为电压表/电流表内阻值。默认的“原理图全局设置”即标号和参数等全部显示在图标中，如需更改显示项，可从元件“属性”对话框的“显示”选项卡中选择设置。

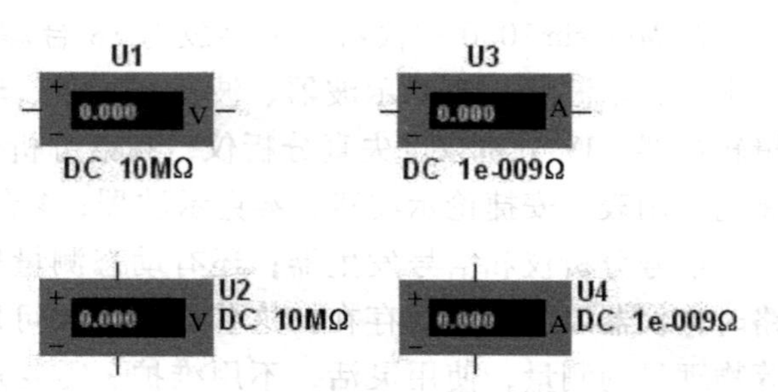

图 8-9 指示元器件库中的电压表和电流表

虚拟电压表是一种交直流两用数字表，在转换直流与交流测量方式时，可双击电压表图标，出现一个对话框，然后单击“模式”按钮，选定直流（DC）或交流（AC）。当设置为交流（AC）模式时，电压表显示交流电压有效值。

虚拟电流表也是一种自动转换量程、交直流两用的数字表。其交直流工作方式的转换与电压表大致相同。

>> **小提示** 虚拟电压表和电流表因为非常简单，没有作为仪器放在仪器库中，而是作为指示器放在元器件库中，在查找时应注意。

2. 函数信号发生器（Function Generator）

函数信号发生器是用来产生正弦波、三角波和方波信号的仪器，其图标和面板如图8-10所示。占空比参数主要用于三角波和方波波形的调整。“振幅”是指信号波形的峰值。函数

信号发生器的 3 个输出端分别为接地端“公共”，正波形端“＋”和负波形端“－”。

> **小提示** 信号的振幅是指正端或负端对公共端输出的幅值，若从正端和负端输出，则输出的振幅为设置值的 2 倍，此种接法在示波器不能观察，但可通过数字万用表读出。

3. 功率表（Wattmeter）

功率表是一种测试电路功率的仪器，可以测量交、直流量，其图标及面板如图8-11所示。

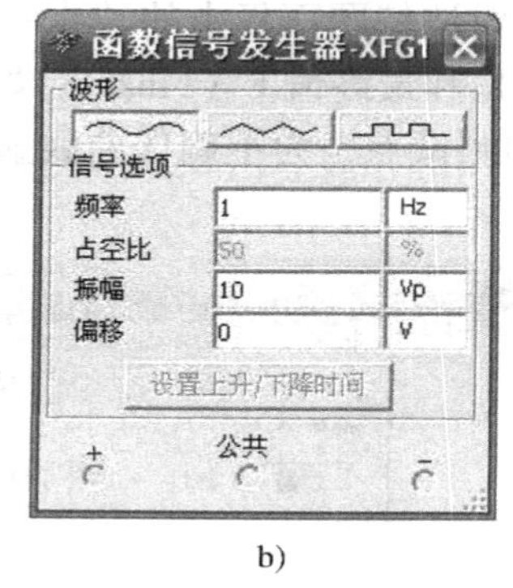

a)　　b)

图 8-10　函数信号发生器的图标和面板

a）图标　b）面板

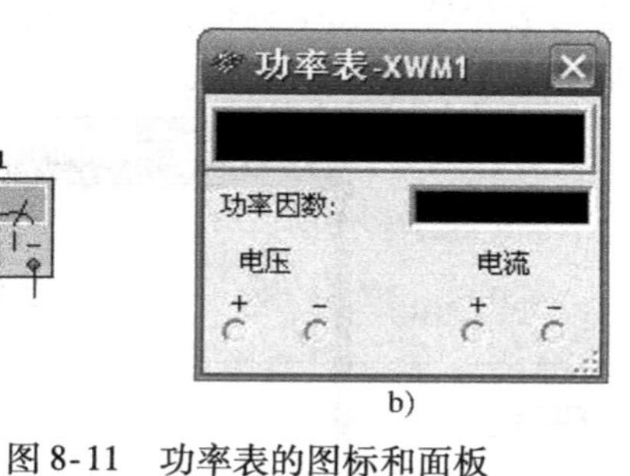

a)　　b)

图 8-11　功率表的图标和面板

a）图标　b）面板

功率表的图标中有两组接线端，分别为电压输入端和电流输入端，电压输入端应与所测电路并联，电流输入端应与电路串联。所测得的功率为平均功率，自动调整单位显示于面板上面的栏内。功率因数亦显示于面板中，数值在 0 ~ 1 之间。

4. 示波器（Oscilloscope）

示波器的图标及面板如图 8-12 所示。通过拖拽指示线可以读取波形任意一点的读数或两指针间读数的差值。按下“反向”按钮可以改变示波器屏幕的背景颜色。

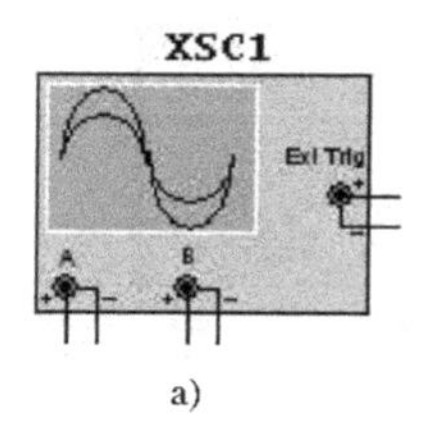

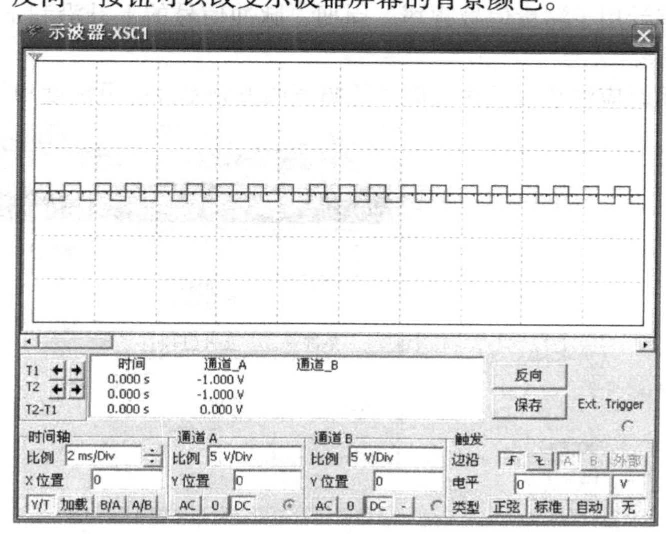

a)　　b)

图 8-12　示波器的图标及面板

a）图标　b）面板

示波器上的 X 轴为时间轴时，时基可在 1fs/div ~ 1000Ts/div 的范围内调整。通道 Y 轴的电压比例范围为 1fV/div ~ 1000TV/div。

此外，还提供可选 4 个通道的四踪示波器，使用方法同示波器类似。

5. 波特图示仪（Bode Plotter）

波特图示仪用来测量电路的幅频特性和相频特性。波特图示仪的图标及面板如图 8-13 所示。波特图示仪有输入和输出两对接线端口，其中输入端口的“+”端接电路输入端的正端，输入端口“-”端接电路输入端的负端；输出端口的“+”和“-”端分别接电路输出端的正端和负端。此外，使用波特图示仪时，必须在电路的输入端接入 AC（交流）信号源，但对其信号频率的设定并无特殊要求，通过对波特图面板中的“水平”坐标字符下面的频率设置对话框来设置频率的初始值 I（Initial）和最终值 F（Final）。如果修改了波特图示仪的参数设置（如坐标范围）及其在电路中的测试点，为了确保曲线显示的完整与准确，建议修改后重新启动电路。

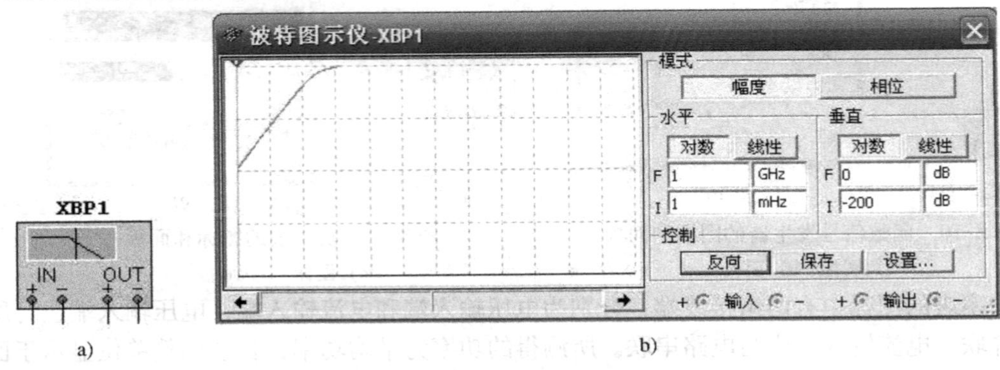

图 8-13　波特图示仪的图标及面板

a）图标　b）面板

6. 频率计（Frequency couter）

频率计用于测量信号频率、周期、脉冲信号的上升沿和下降沿等。其图标及面板如图 8-14 所示。

使用时应注意根据输入信号的幅值调整频率计的灵敏度和触发电平。

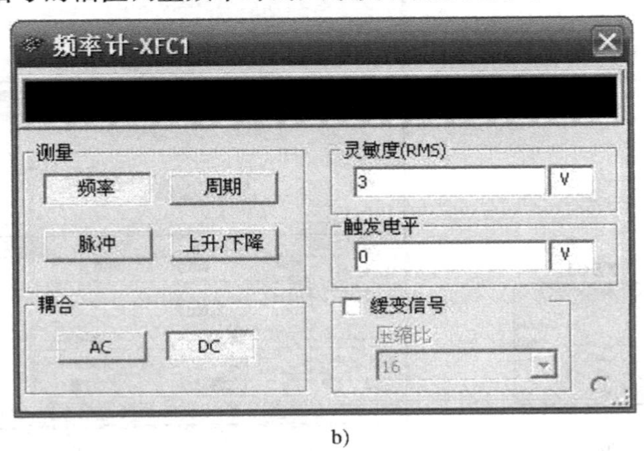

图 8-14　频率计的图标及面板

a）图标　b）面板

7. 字信号发生器（Word Generator）

字信号发生器实际上是一个多路逻辑信号源，它能够产生32位（路）同步数字信号，送给数字逻辑电路工作。图8-15是其图标及面板。

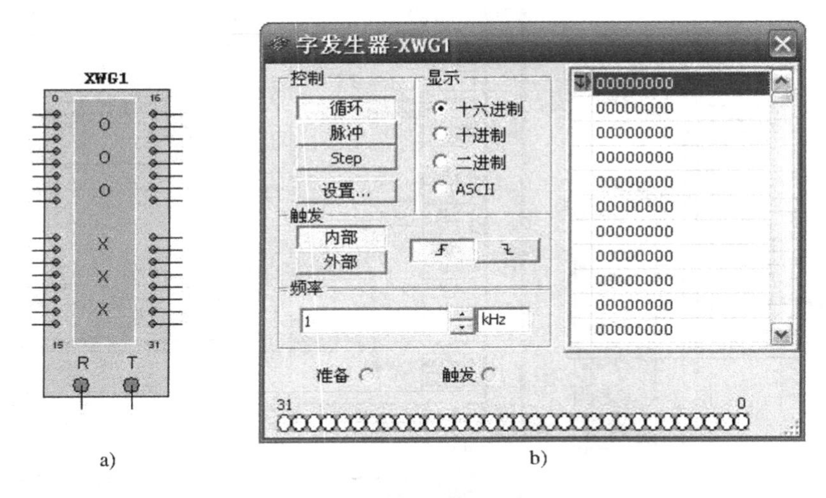

a) b)

图8-15 字信号发生器的图标及面板

a）图标 b）面板

图标上共有32个接线柱，如实际使用时不需32位，则应从最低位开始用。

通过工作面板可以实现对编码脉冲序列的设置。“控制”区用于设置脉冲的输出方式，其中，有“循环”方式；“脉冲”方式，即所有地址中的数据依次输出一遍，不再循环；“Step”为步进输出，单击一次Step按钮，字信号输出一条，这种方式可用于对电路进行单步调试。按下“设置…”按钮，将弹出图8-16所示的对话框。“触发”区用于触发方式的选择，当选择“内部”触发方式时，字信号的输出直接由输出方式按钮（循环、脉冲、Step）启动；当选择“外部”触发方式时，则需接入外触发脉冲信号，并定义“上升沿触发”或“下降沿触发”，然后单击输出方式按钮，待触发脉冲到来时才启动输出。此外，在数据准备好时输出端还可以得到与输出字信号同步的时钟脉冲输出。

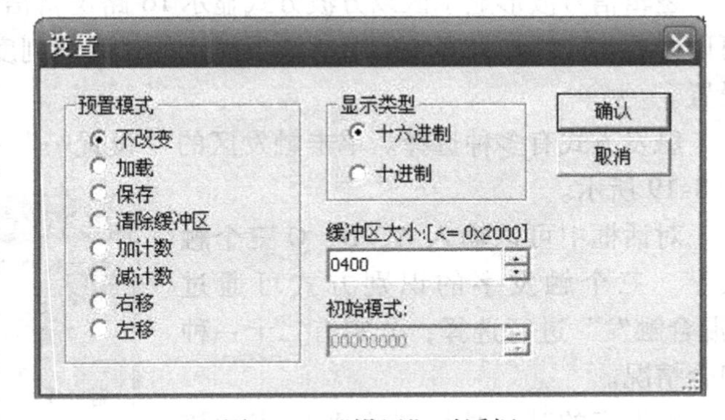

图8-16 “设置”对话框

图8-16中自上而下为8种预置模式。图中的后四个选项用于在编辑区生成按一定规律排列的字信号。例如，若选择“加计数”，则按000～03FF排列；若选择“右移”，则按8000，4000，2000…逐步右移一位的规律排列。

8. 逻辑分析仪（Logic Analyzer）

逻辑分析仪可以同步记录和显示16路逻辑信号。它可以用于对数字逻辑信号的高速采集和时序分析，是分析与设计复杂数字系统的有力工具，逻辑分析仪的图标如图8-17所示，面板如图 8-18 所示。

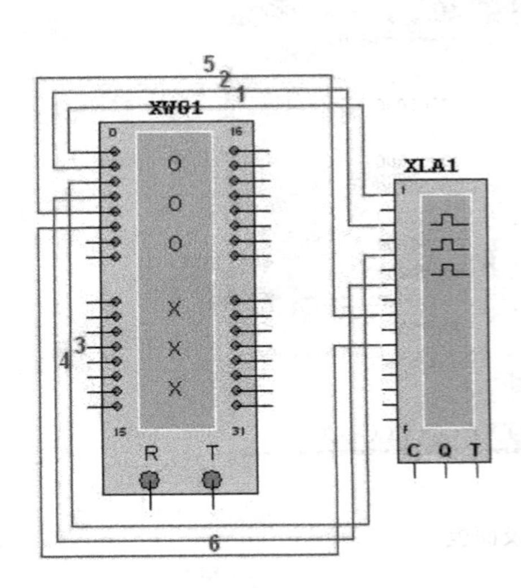

图 8-17 逻辑分析仪的图标

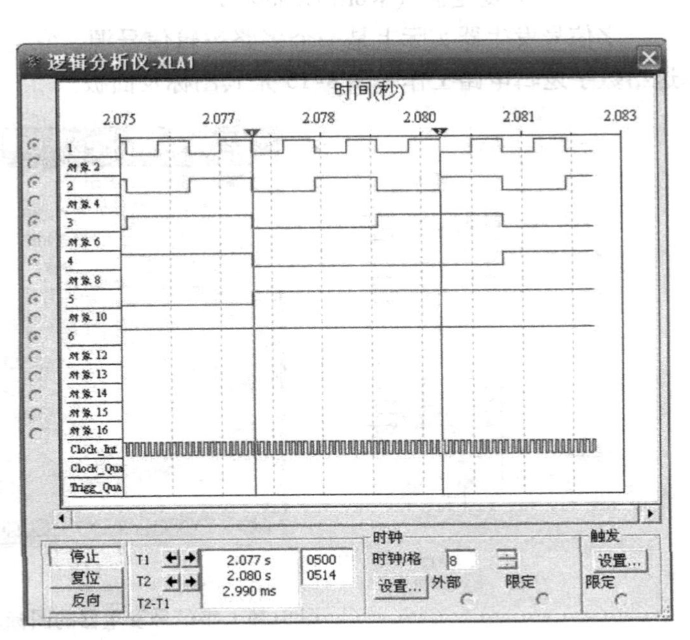

图 8-18 逻辑分析仪的面板

面板左边的 16 个输入端，小圆圈内实时显示各路逻辑信号的当前值。从上到下依次为最低位至最高位。单击“停止”按钮可显示触发前波形。任何时候单击“复位”按钮，逻辑分析仪就会复位，显示的波形被清除。

逻辑信号波形显示区以方波方式显示 16 路逻辑信号的波形。通过设置输入导线的颜色可以修改相应波形的显示颜色。波形显示的时间轴刻度可通过面板下边的“时钟/格”予以设置。

触发方式有多种选择。单击触发区的“设置…”按钮将弹出触发方式模式对话框，如图 8-19 所示。

对话框中可以输入 A、B、C 三个触发字。三个触发字的识别方式可通过“混合触发”进行选择，分别有二十一种组合情况。

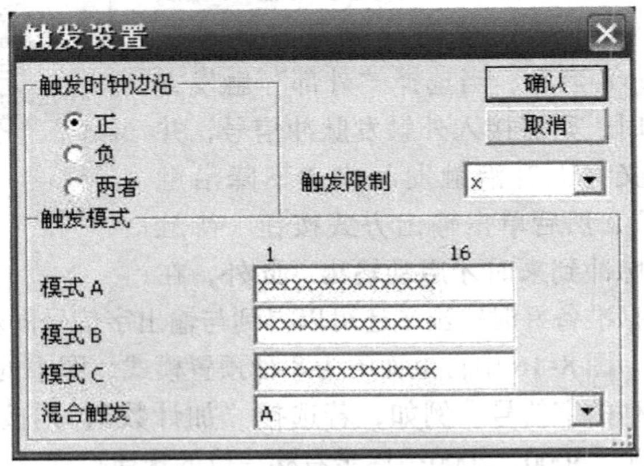

图 8-19 “触发设置”对话框

触发字的某一位设置为 X 时表示该位为“任意”（0、1 均可）。三个触发字的默认设置为 XXXXXXXXXXXXXXXX，表示只要第一个输入信号到达，无论是什么逻辑值，逻辑分析仪均被触发开始波形的采集。否则必须满足触发字的组合条件才被触发。“触发限制”对触发有控制作用。若该位设为“X”，则触发控制不起作用，触发完全由触发字决定；若该位设置为“1”（或 0），则仅当触发控制输入信号为 1（或 0）时，触发字才起作用；否则即使触

发字组合条件满足也不能引起触发。

触发前，单击面板时钟区的“设置…”按钮，将弹出时钟对话框，可对逻辑分析仪读取输入信号的时钟进行相关的设置，通过“时钟设置”中关于触发的选项，可以设置预触发和后置触发取样的点数以及阈值电压值。触发后逻辑分析仪按照设置的点数显示触发前波形和触发后波形，并标出触发的起始点。拖拽读数指针可读取波形数据。

9. 逻辑转换器（Logic Converter）

逻辑转换器是 Multisim 特有的虚拟仪器，实际工作中不存在与之对应的设备。逻辑转换器能完成真值表、逻辑表达式和逻辑电路三者之间的相互转换。其图标和面板如图 8-20 所示。

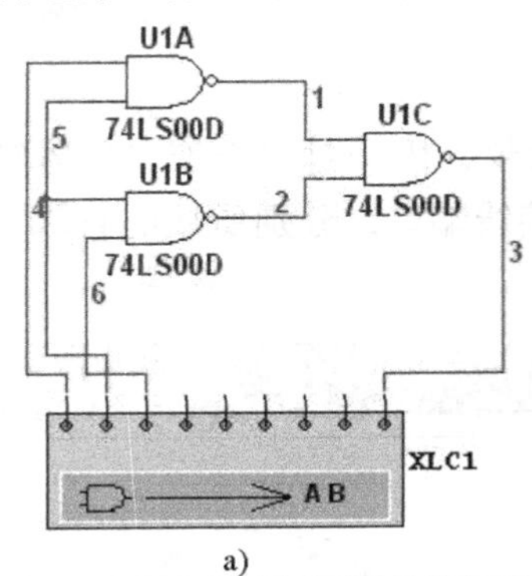

a)

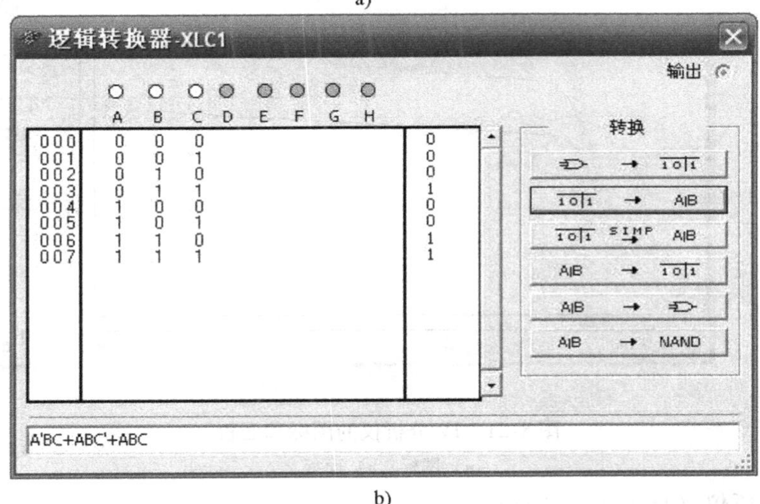

b)

图 8-20　逻辑转换器的图标和面板

a）图标　b）面板

由电路导出真值表的方法步骤是：首先画出逻辑电路图，并将其输入端连接至逻辑转换器的输入端，输出端连接至逻辑转换器的输出端。此时按下“电路→真值表”按钮，在真值表区就出现该电路的真值表。

由真值表也可以导出逻辑表达式。首先根据输入信号的个数用鼠标单击逻辑转换器面板顶部代表输入端的小圆圈，选定输入信号（由 A 至 H）。此时真值表区自动出现输入信号的所有组合，而输出列的初值待定，可根据所需要的逻辑关系修改真值表的输出值。然后按下“真值表→表达式”按钮，在面板底部逻辑表达式栏则出现相应的逻辑表达式。如果要简化该表达式或直接由真值表得到简化的逻辑表达式，按下“真值表→简化表达式”即可。表达式中的“′”表示逻辑变量的“非”。

可以直接在逻辑表达式栏输入表达式（“与→或”式及“或→与”式均可），然后按下“表达式→真值表”按钮，则得到相应的真值表；按下“表达式→电路”按钮，则得到相应的逻辑电路图；按下“表达式→与非电路”按钮，则得到由与非门构成的电路。

>> 小提示　在学习数字电路课程时，可以利用逻辑转换器这一虚拟仪器提供便利，如检验表达式的化简、变换等结果、电路图是否正确。

10. IV 分析仪

IV 分析仪即晶体管特性图示仪，用于对二极管、晶体管特性进行测试。其图标及面板如图 8-21 所示。图标上有三个接线端口，分别所接的管脚如面板图右下角所示。特性曲线将显示于面板中。

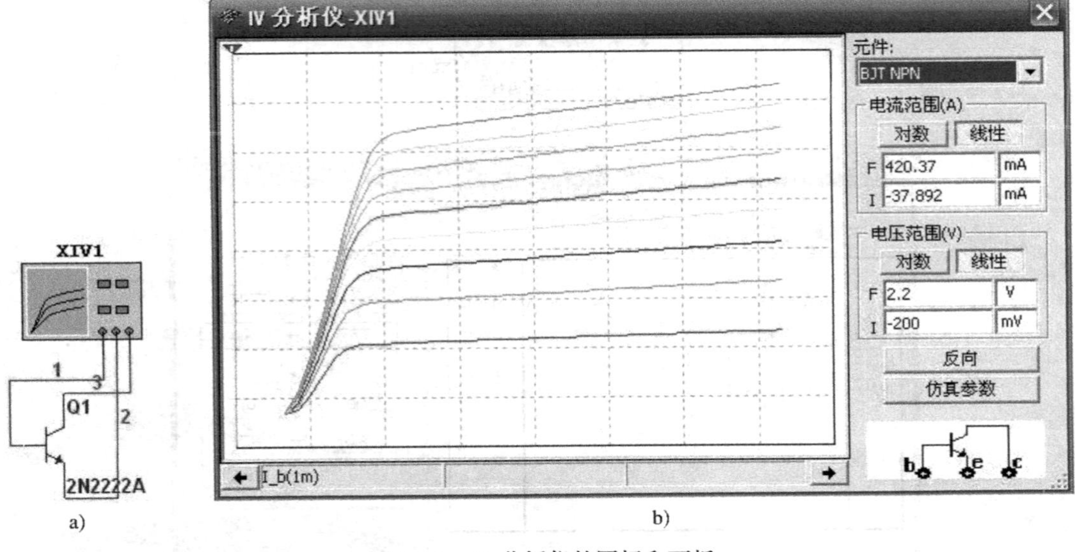

a)　　b)

图 8-21　IV 分析仪的图标和面板
a）图标　b）面板

11. 失真分析仪（Distortion Analyzer）

失真分析仪主要用于测量低频信号的非线性失真。一正弦波信号经非线性网络系统输出后，其成分除与原频率相同的基波分量外，还存在各种谐波分量。其失真程度用失真系数即失真度表示，为谐波总的功率与基波功率之比的平方根。其图标及面板如图 8-22 所示。

失真分析仪只有一个连接端口，连接电路的输出信号。面板中显示栏可以百分比或分贝数形式显示总谐波失真的值。SINAD 按钮的作用是选择测试信号的信噪比。

开始仿真后，“启动”按钮将自动开启，一段时间后显示数值才会达到稳定，此时点击“停止”即可读出测试结果。

12. 频谱分析仪（Spectrum Analyzer）

频谱分析仪用于测量信号幅度与频率之间的关系，即频域分析。其图标及面板如图8-23

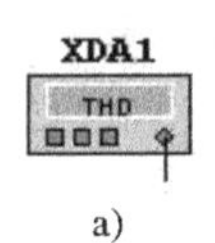

a)

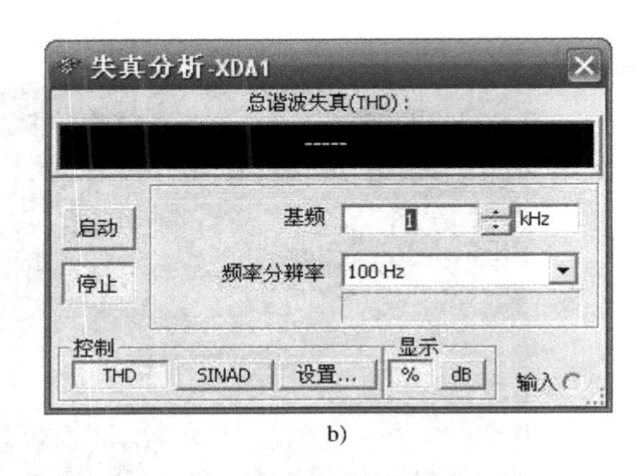

b)

图 8-22　失真分析仪的图标及面板

a）图标　b）面板

所示。端口“IN”接被测信号，“T”为触发端。频率范围上限为 4GHz。

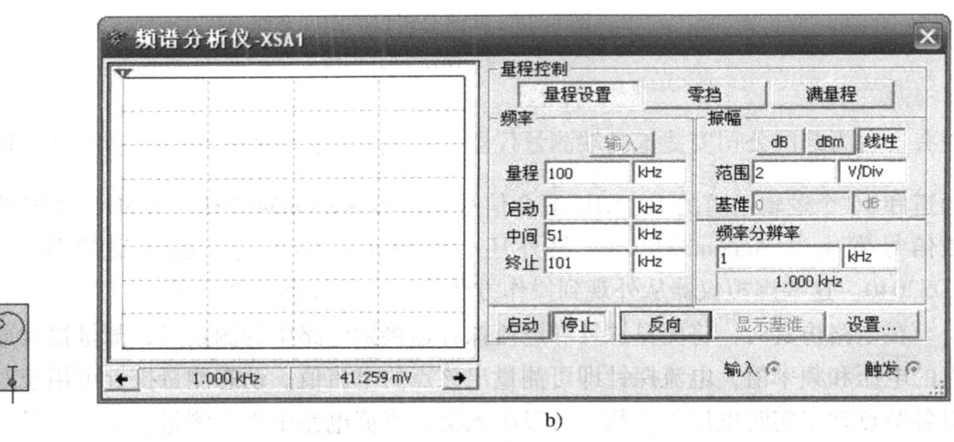

a)　b)

图 8-23　频谱分析仪的图标及面板

a）图标　b）面板

“频率”区可设置量程，即频率范围以及中心频率、起始频率。“振幅”区 3 个按钮用于选择频谱纵坐标刻度，“范围”为每格幅值多少；“基准”确定的是信号频谱中某一幅值所对应频率范围。“频率分辨率”区用于设置频率分辨率，其值越大则频谱宽度越大，分辨率下降，而分辨率越小分析时间将越长。

13. 网络分析仪（Network Analyzer）

网络分析仪是测量网络参数的一种新型仪器，其图标及面板如图 8-24 所示。

能够直接测量单端口/双端口网络的各种参数，如测量衰减器、放大器、混频器、功率分配器等电子电路及元器件的特性。Multisim 提供的网络分析仪可以测量电路的 S 参数并计算出 H、Y、Z 参数。

除以上介绍的一般电子实验室中常用的测量仪器外，还有 4 台高性能虚拟测量仪器，其

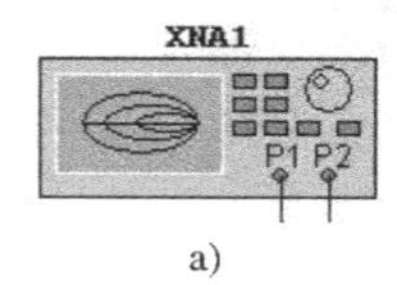

a)　　　　　　　　b)

图 8-24　网络分析仪的图标及面板
a）图标　b）面板

中有 3 台为跨国公司安捷伦高端测量仪器：$6\frac{1}{2}$位数字万用表 Agilent34401A；具有两个模拟通道和 16 个逻辑通道的 100MHz 混合信号示波器 Agilent54622D；15MHz 宽频带、多用途函数信号发生器 Agilent33120A。另外还有一台美国泰克公司的 4 通道数字存储示波器 TDS2040。这些虚拟仪器从外观到操作方法均与真实仪器完全一样。

在电路仿真时，将测量探针和电流探针连接到电路中的测量点，测量探针即可测量出该点的电压和频率值，电流探针即可测量出该点的电流值。动态测量探针可用于对仿真电路测量各节点动态实时电压等参数，可以串入交、直流电路中进行测量。电流测量探针串入电路中，用连线将它与虚拟示波器直接相连，可从示波器显示屏上观察到电流的波形，即相当于一个电流取样电感。

8.3.3　电子电路的仿真操作过程

下面以灯泡亮灭的简单控制与测量电路的建立和仿真为例，来介绍一下电子电路的仿真操作过程。

1. 选择元器件

所需元器件：10V 直流电源 1 个，25Ω 电阻 1 个，单刀单掷开关 1 个和 5V \ 1W 白炽灯泡 1 个。分别从所在的元器件库找到所有元器件，如图 8-25 所示。

>> **想一想**　直接找到的电源电压值默认为 12V，如何修改为所需的 10V？

2. 放置元器件并连接

将元器件拖放到合适的位置，用导线进行连接，如图 8-26 所示。

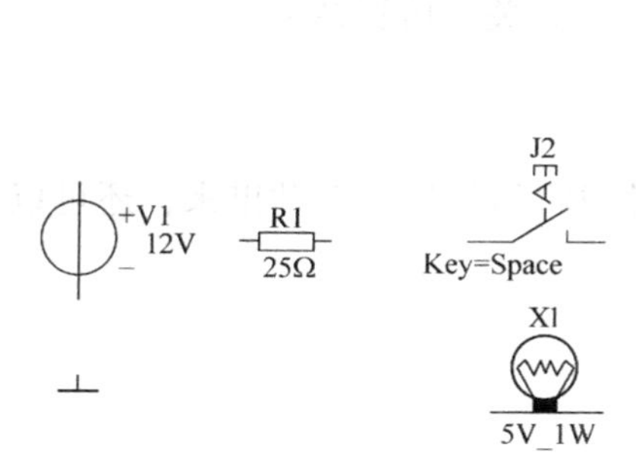

图 8-25　所需元器件

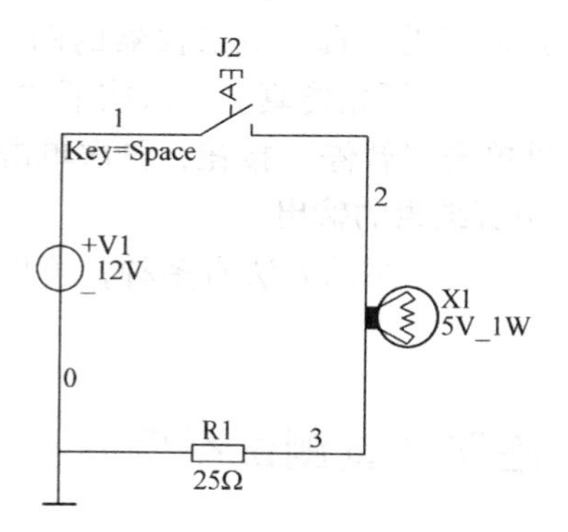

图 8-26　连接好的电路

>> 想一想　如何将白炽灯旋转成如图所示的样子？

3. 仿真

完成电路后，按下窗口右上角的电源按钮即可进行仿真。

当开关为断开状态时，灯泡状态如图 8-27 所示。

当开关闭合时，灯光发光，如图 8-28 所示。

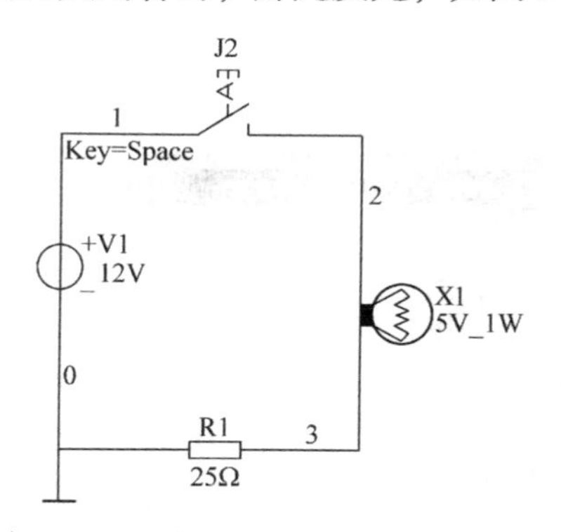

图 8-27　开关断开时的状态

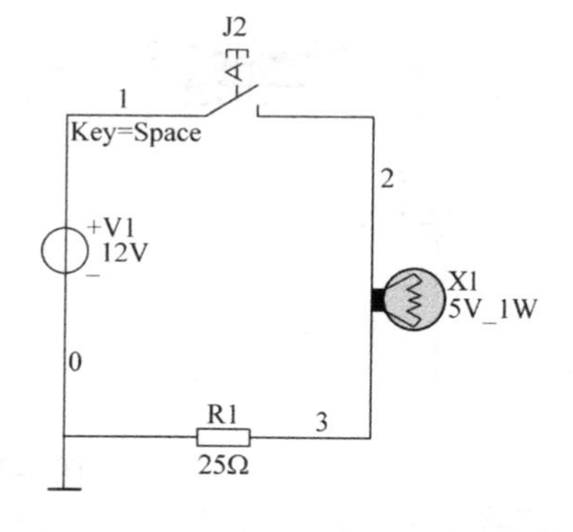

图 8-28　开关闭合时的状态

4. 测试

用电压表可测灯泡两端电压。

通过以上例子的完成，可以知道，电子电路的仿真通常可按下列步骤进行：

（1）连接电路与仪器　连接仿真电路可按前述的元器件与仪表操作方法进行。

（2）电路文件的存盘与打开　电路创建后可将其存盘，以备调用。方法是选择菜单栏中的“文件”/“保存”命令。弹出对话框后，选择合适的路径并输入文件名，再按下“确定”按钮，即完成电路文件存盘。Multisim 会自动为电路文件添加后缀“. ms10”。若需打开电路文件，可选择按钮菜单栏中的“文件”/“打开”命令，弹出对话框后，选择所需电路文件，按“打开”按钮，即可打开所选择的电路。存盘与打开也可以使用工具栏中的有关按钮。

（3）电路的仿真　双击仪器的图标打开其面板，准备观察波形。按下电路“启动”/“停止”开关，开始仿真。再次按下“启动”/“停止”开关，仿真结束。仿真过程中如需暂停，可单击“暂停”按钮，再次单击恢复运行。

5. 仿真结果的输出

输出仿真结果的方法有多种，可以存储电路文件或将结果复制粘贴出来，还可以打印输出。

8.4　电路仿真测试举例

8.4.1　电路基础应用举例

1. 直流电路分析

简单串并联电路的电压和电流的测量　串联电路的特点是：流过每个串联元器件的电流相等，电路总电压等于各个元器件两端电压之和。并联电路的特点是：每个并联元器件两端的电压相等，电路总电流等于各支路的电流之和。如图 8-29 所示为一串并联测试电路，读者可改变电路参数，与理论计算作比较进一步观察验证。

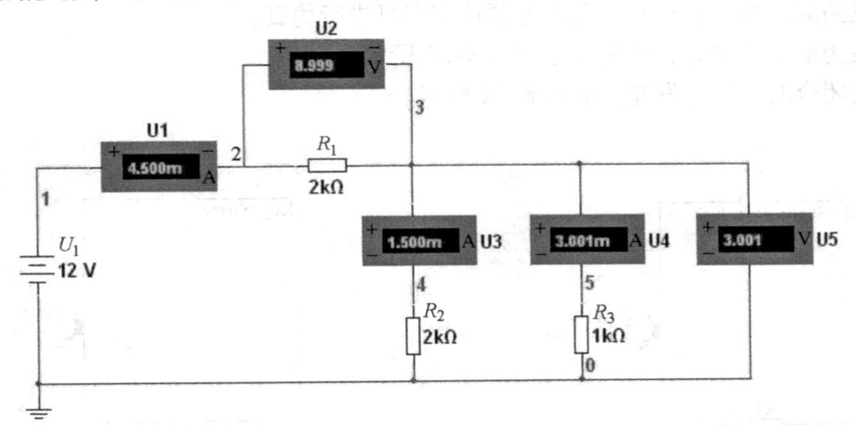

图 8-29　串、并联测试电路

> **小提示**　为了便于对照学习，本书对该软件中的元器件符号采用了与习惯相符的画法，特提请读者注意。

2. 交流电路分析

按图 8-30 连接电路，将电压表 U_1 和电流表 U_2 置于交流（AC）工作模式，选择输入交流电压的频率为 50Hz，电压有效值为 10V。电容 C 的容抗 $X_C = 1/(2\pi f C) = 1/(2\pi \times 50 \times 1 \times 10^{-6})\Omega = 3.18\text{k}\Omega$。因为容抗远远大于所串电阻 R 的阻值，因此，该电路可视为纯电容电路。

将电路中输入电压 U_1 接到示波器 A 通道，电阻 R 上的电压接到示波器的 B 通道。闭合仿真电源后，双击示波器图标得两电压波形如图 8-31 所示。电阻 R 作为电容电流的采样电

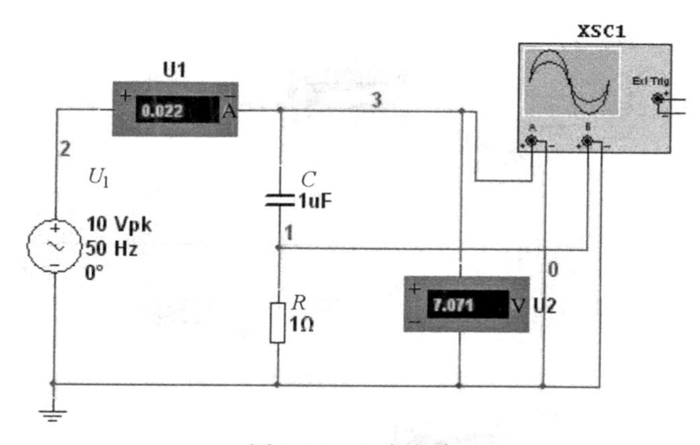

图 8-30　电容电路

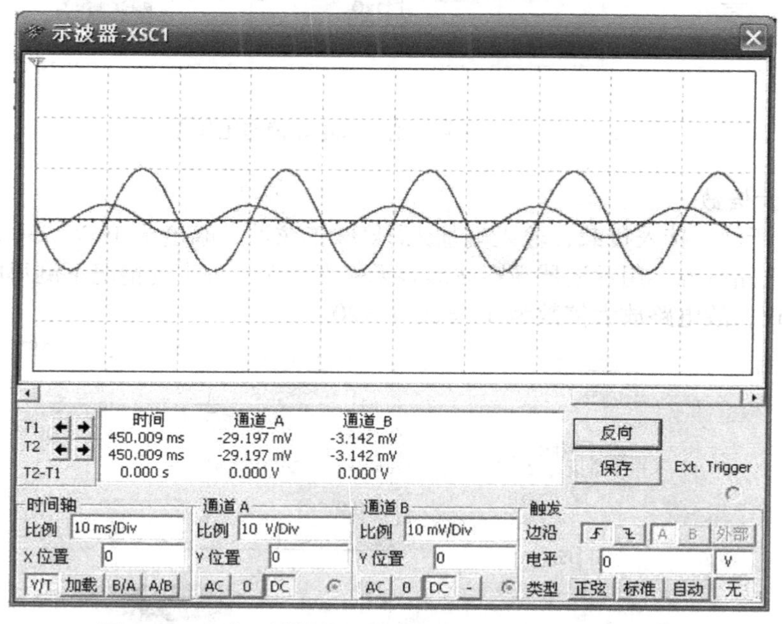

图 8-31　电容两端外加交流电压与流过电流的相位关系

路，其两端电压验证了流过电容的交流电流超前外加交流电压（U_1）相位 π/2 的基本关系。

8.4.2　模拟电路应用举例

1. 测量静态工作点

如图 8-32 所示单管共射放大电路，我们可以通过电压表、电流表的指示得到放大电路的静态工作电压和电流。

（1）测量静态工作电流　如图 8-32 所示，在晶体管集电极串入直流电流表，在基极、发射极和集电极并上直流电压表。接通电路电源，调节 RP 使 $I_C = 1\text{mA}$，或 $I_C = U_E/R_e = 1\text{mA}$。图中电流表的实测值为 1.004mA，或通过换算 $I_C = I_E = U_E/R_e = 1.004\text{mA}$。

（2）测量静态工作电压　从图中的电压表中可以读出：$U_B = 1.633\text{V}$，$U_E = 1.011\text{V}$，$U_C = 6.872\text{V}$，通过计算可以得出 $U_{BE} = 0.622\text{V}$，$U_{BC} = -5.239\text{V}$，满足放大电路 BE 结正偏、BC 结反偏的条件。

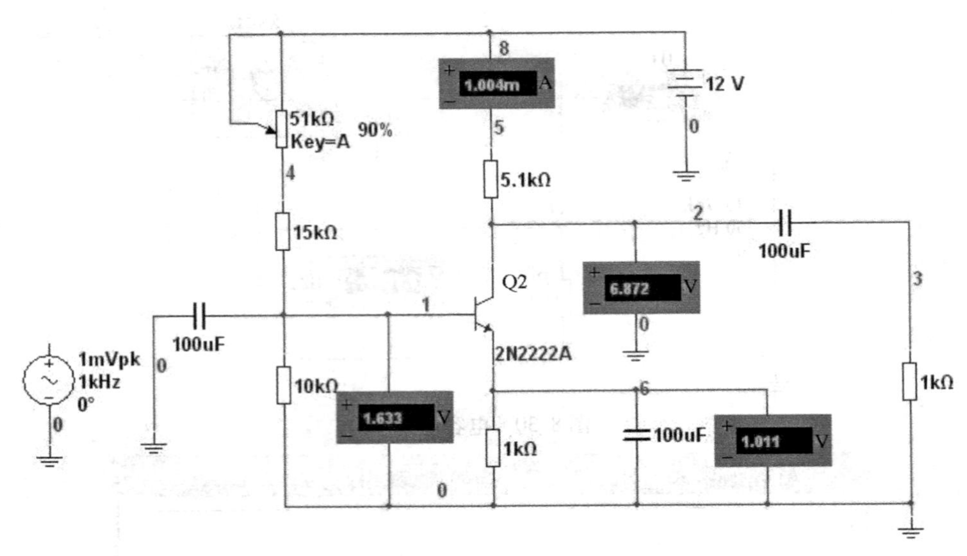

图 8-32　测量单管共射放大电路静态工作点

2. 测量放大倍数

如图 8-33 所示，接入负载，输入端加入 1kHz 正弦波，幅度为 1mV，输出端并联交流电压表。接通电路电源，用示波器观察波形有无失真，在无失真的情况下测得电压表电压为 0. 020V 即 20mV；故电路放大倍数为 $A_V=20/1=20$。

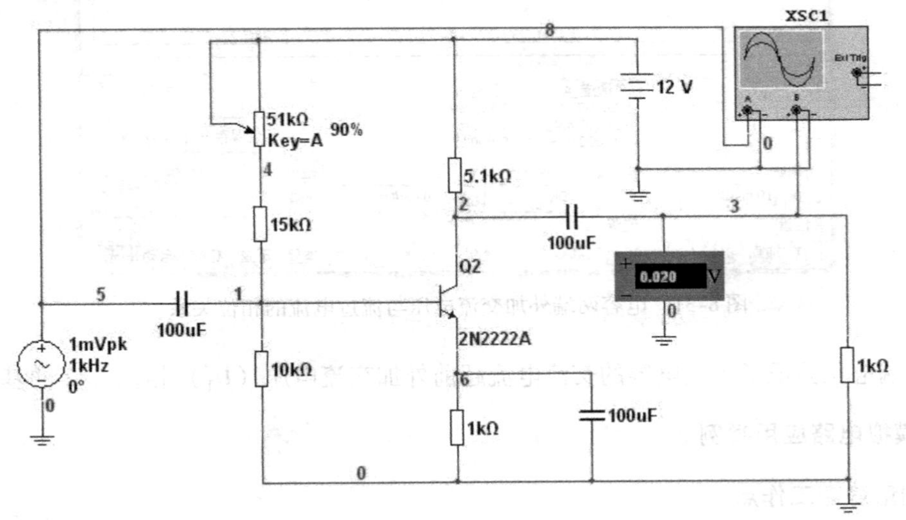

图 8-33　测量共射放大电路的放大倍数

可以直接通过示波器的指示得到放大器的放大倍数，A 通道为输入信号，B 通道为输出信号。如图 8-34 所示，在 T1 时间，$U_{A1}=-997.817\text{uV}$，$U_{B1}=27.248\text{mV}$，则放大器的放大倍数为：

$$A_V=U_{B1}/U_{A1}=-27.248/0.997817=-27.308$$

从图中还可知道，输出电压与输入电压是反相的。

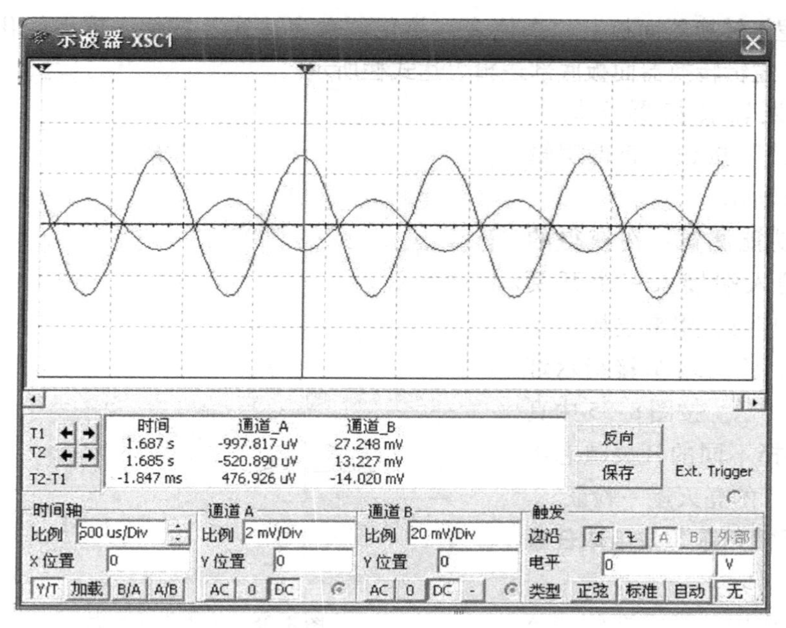

图 8-34　共射放大电路输入/输出电压波形

8.4.3　数字电路应用举例

1. 组合逻辑电路设计

一般组合逻辑电路设计过程可归纳为：分析给定问题列出真值表，由真值表求得简化的逻辑表达式，再根据表达式画出逻辑电路图。这一过程可借助逻辑转换器完成。

例：试设计一个表决电路，有三人进行表决，当有两人或两人以上同意时决议才算通过。

解：设三个输入为 A、B、C 表示三人，同意为逻辑“1”（接入“+5V”），不同意为逻辑“0”（接入“地”），分别用开关 S1、S2、S3 控制；决议结果用一个输出 Y 表示，用指示灯显示，决议通过为逻辑“1”（灯亮），不通过为逻辑“0”（灯灭）。

1）打开逻辑转换器面板，在真值表区域点击 A、B、C 三个逻辑变量建立一个真值表，根据逻辑控制要求在真值表区输出变量列中填入相应的值（如图 8-35 所示）。

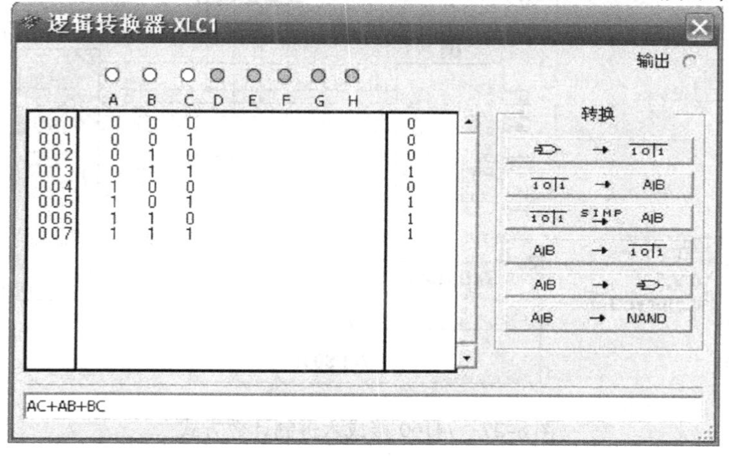

图 8-35　真值表与简化逻辑表达式

2）点击逻辑转换器面板上“真值表→简化逻辑表达式”按钮，求得简化的逻辑表达式，如图8-35逻辑转换器面板底部逻辑表达式栏所示。

3）点击逻辑转换器面板上“表达式→电路”按钮，获得逻辑电路如图8-36所示。

4）逻辑功能测试：在获得的逻辑电路的输入端接入三个开关［K］、［M］、［N］，用来选择“+5V”或“地”，输出端Y接指示灯L，如图8-36所示。按图8-35中真值表的状态选择不同的开关状态组合，观察指示灯的亮灭逐一验证。

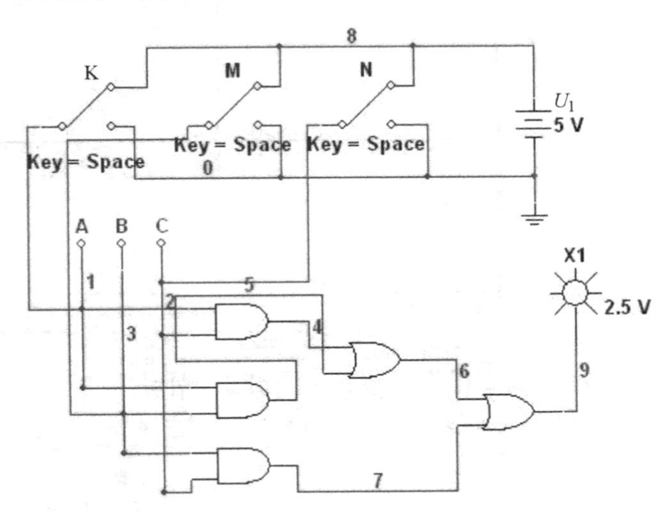

图8-36 三人表决逻辑电路

2. 用“反馈归零”法组成任意进制计数器

在实际工作中，常需要组成N进制计数器，要组成N进制计数器，只要将计数器第N状态中输出为“1”的Q端经过“与门”或“与非门”后获取复位信号控制清零端即可。例如：用十进制计数器74160构成六进制计数器（74160清零端为低电平有效），将输出端QB、QC通过与非门控制清零端CLR即可构成六进制计数器。输入端接方波电压（频率1kHz，占空比50%，幅值5V）的时钟脉冲源，输出端接显示数码管，将脉冲源及计数器的输出端接逻辑分析仪的输入端便于观察，所得电路如图8-37所示。观察到工作波形如图8-38所示，两个读数指针之间是一个六进制计数周期工作波形。

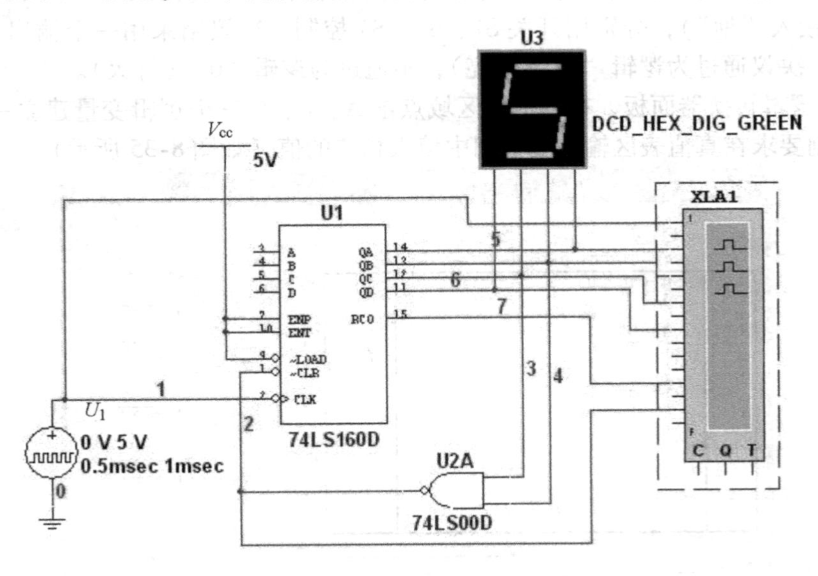

图8-37 74160接成六进制计数方式

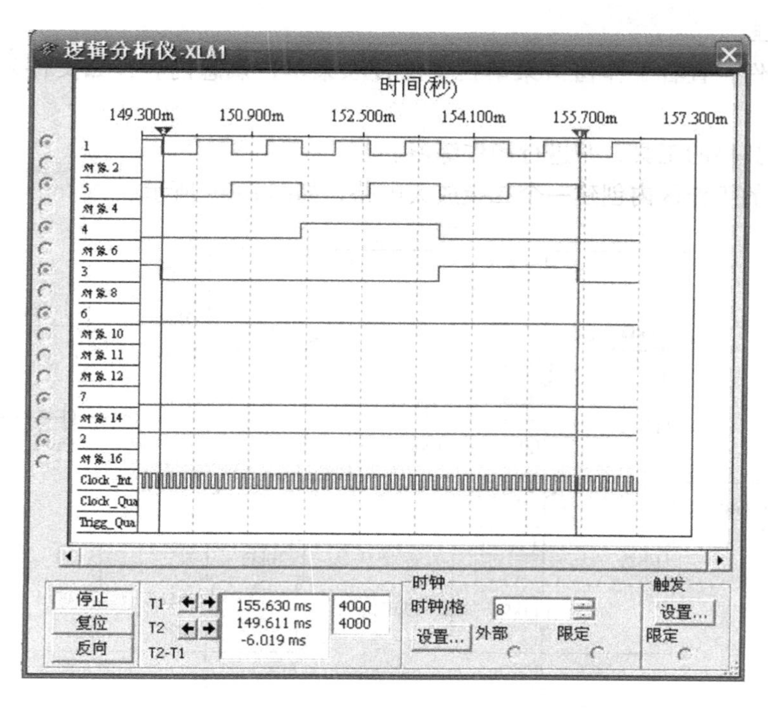

图 8-38　74160 组成的六进制计数器工作波形

本 章 小 结

随着计算机技术的发展，电路仿真系统将实验台“搬到”了计算机屏幕上，与传统的电子技术实验相比较，具有快速、安全、省材等特点，大大提高工作效率。它可以进行电路参数设置、模拟电路故障、并可以对电路进行调整和测试，功能齐全。

Multisim10.0 是由美国 National Instruments 公司推出的一款非常优秀的用于电路设计与虚拟仿真的软件，除了对一般电子电路的虚拟仿真外，还在 LabVIEW 虚拟采样仪器、单片机仿真等方面有着创新与提高。

综 合 实 训

计算机仿真电路测试

1. 实训目的

1）掌握 Multisim 软件的基本操作方法。

2）熟练使用 Multisim 绘制一般电子电路。

3）熟悉 Multisim 中虚拟仪器的使用。

4）能够使用 Multisim 中的虚拟仪器对电路进行测试。

2. 实训器材

安装有 Multisim10.0 软件的计算机一台。

3. 实训过程

1）启动软件，查看工作窗口菜单栏中的各项菜单，熟悉内容，如文件、编辑、视图、放置、仿真等。

2）查看工具栏的工具，并进行操作练习。

3）在窗口的工作区内创建一个二级放大电路，如图8-39所示。

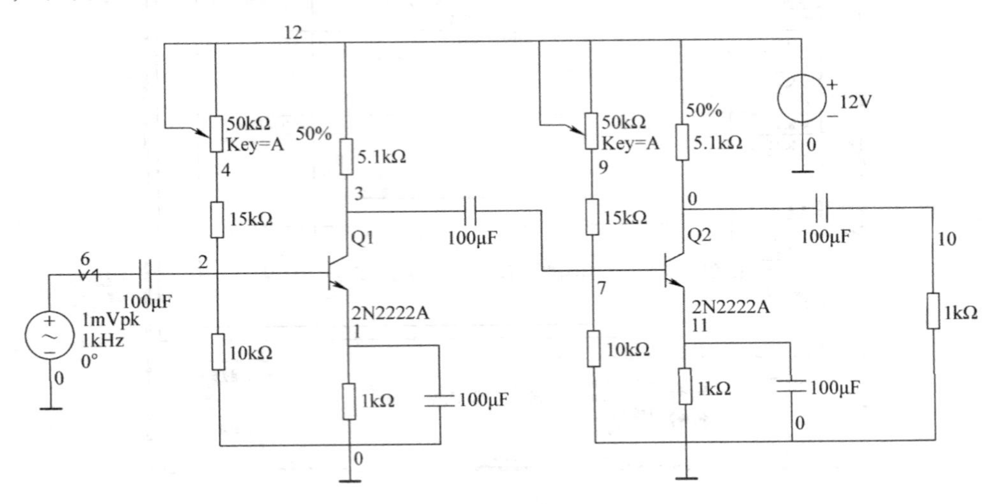

图8-39 二级放大电路

1）接通电路，用示波器观测波形有无失真，调节各级基极可调电阻，在无失真的状态下进行参数测试。

2）测试二级放大电路的放大倍数，记录数据并填入表8-1中。

表8-1 二级放大电路参数记录表

输入信号 U_i	第一级输出 U_{o1}	第一级放大倍数 A_1	第二级输出 U_{o2}	第二级放大倍数 A_2

4. 实训报告

（1）认真记录实训数据，并比较与理论值的计算结果是否一致。

（2）按照步骤完成实训，并撰写实训报告，总结操作过程中遇到的问题及操作技巧。

习 题

1. Multisim的元器件库、仪器库有哪些？

2. 试用调幅源产生满足 $u_o = 5\sin 6280t(1+\sin 628t)$ V表达式的信号，用示波器观察其波形。

3. 试用函数信号发生器产生幅度为2V、频率为1kHz的三角波信号，用示波器观察其波形。

4. 试将字信号发生器设置成递增编码方式，在0000H～0300H范围内循环输出，频率为1kHz。试将如下地址设置为断点：0150H、0160H、0280H。

5. 用逻辑转换器将下列逻辑函数表达式转换成真值表、与非门电路。

（1）$Y=\overline{AB}+BC+\overline{A}C$

（2）$Y=AB+\overline{A}\ \overline{B}$

（3）$Y=ABC+\overline{A}\ \overline{B}C+A\overline{B}\ \overline{C}$

6. 试在Multisim中创建一个直流稳压电源电路，并用示波器观察其整流滤波后的波形。

第9章 电子仪器的发展趋势和自动测试系统

引　言

阅读本章可以了解到电子测量仪器的发展趋势。了解智能仪器的发展、特点及其基本组成结构。认识自动测试系统的概念；了解其发展趋势。

学习目标

应知：智能仪器的特点及发展

自动测试系统的构成及发展趋势

9.1　概述

随着生产和科学技术的发展，自动化程度越来越高，这就对测量速度和测量准确度提出了更高的要求。比如，大规模集成电路，每个芯片上有十几万个组成元器件，电路复杂，测试数据多。用人工测量，从有限的引脚上测量为数甚多的元件，实现极其复杂的功能，几乎是不可能的。并且，在测量速度和测量准确度的要求在不断提高的情况下，为了满足这些要求，电子测量仪器不得不越来越复杂，对测试人员的要求也越来越严格。即使如此，有些复杂的测试项目只靠人工仍然是难以完成的。因此，测量系统的自动化和测量仪器的智能化势在必行。

电子测量仪器的发展过程与新器件、新技术的出现是密切相关的。电子计算机技术的发展，特别是微处理器的出现使电子测量仪器产生了飞跃。尽管“自动测试”和“智能”的概念早已形成，但真正的自动测试系统和智能化仪器是在应用了计算机技术以后才出现的。

目前，与计算机技术紧密结合，实现自动化测量的电子设备主要分为两大类，一是带微处理器的所谓智能仪器。由于微处理器已经具备了相当强的功能，所以智能仪器可以自动地进行数据采集、处理和显示，并且可以用软件代替硬件逻辑电路和模拟电路，既可以提高仪器的性能、增加功能，又可以简化仪器的结构，降低仪器的成本；二是自动测试系统，是由可程控仪器经通用接口与计算机连接成系统，测试工作由计算机控制按照预先编制的程序自动进行。

9.2　智能仪器

9.2.1　智能仪器及其发展

所谓“智能”，即人工智能。而所谓智能仪器，顾名思义，则是指仪器具有一定的人工智能，即仪器可以代替一部分人的脑力劳动。一般说来，智能仪器应具有视觉、听觉、思维等方面的能力，当然这是比较高级的功能，实际上现在的智能仪器还达不到这种程度，“智能”的说法还比较勉强。究竟什么是智能仪器，至今尚无确切的定义。目前的智能仪器常常是指以微处理器为中心而设计的仪器。

微处理器（Microprocessor），简称 μP，是微电子技术发展的产物，是用大规模集成电路工艺实现的可编程逻辑控制器或微程序控制器。

微处理器应用于电子测量仪器之后，使传统的电子测量仪器发生了巨大变化。智能仪器与传统的测量仪器相比有着本质的区别，它可以存储、计算、处理数据，具有记忆、控制和逻辑判断功能，测量准确度大大提高，甚至在某些方面引起了测量原理的变革。

目前，智能仪器的品种、产量正在迅速增加，质量也在不断提高。可以预测，不久的将来，智能仪器将会达到普及的程度。

9.2.2 智能仪器的特点

智能仪器之所以能这样迅速发展，主要是因为智能仪器与传统的电子测量仪器相比具有以下的特点。

1. 测量的自动化

由于微处理器的应用，可以通过预先编制好的程序进行自动测量。仪器的许多功能可以自动调节，数据的采集和处理也可以自动进行。例如，在带有微处理器的电子计数器中，量程选择、闸门设置、计数及显示等都可按程序功能自动进行。

2. 一机多用

在智能仪器中，利用微处理器的可编程能力和运算能力，可实现一机多用，扩展仪器的功能，提高其性能价格比。

3. 输入、输出多样化

智能仪器可以针对具体情况以不同方式输入数据，以不同方式输出测量结果。

输入方式可以通过键盘输入任何数据或是通过扫描仪、磁盘等输入数据。

输出方式也是多种多样的，例如，CRT 的数据显示；打印机的数据打印；LED 数码的显示；磁盘的数据存储等。其中的数据包括：数字、文字、图像和声音等多种形式。这种方便而又多种多样的输入、输出方式是传统的电子测量仪器无法比拟的。

4. 准确度高

由于微处理器具有很强的运算和数据处理功能，在智能仪器中可以充分利用这一特点来消除测量误差，提高测量准确度。

5. 简化电路结构、降低对硬件的要求

在智能仪器中，可以通过软件代替硬件或降低对硬件的要求，这样不仅可以简化仪器的结构，而且可以提高仪器的可靠性，降低仪器的成本。例如，在传统的电子电压表中，为了克服检波器的非线性引起的误差，通常要在检波器中增加线性补偿电路。而在智能仪器中则可以事先测定检波器的非线性误差，并将数据存储在存储器中，在测量时逐点对测量结果进行修正或预先找出非线性失真的数学模型，通过运行程序进行误差修正。

6. 操作简单，维修方便

由于智能仪器自动化程度较高，需要人工控制的工作减少，仪器在使用时非常简单，可

以使用非熟练人员，甚至非技术人员操作。在操作有误时，仪器可以自动发出警告，甚至可以显示出操作过程。

对于复杂的传统测量仪器，维修工作历来是一件困难的事情。因为要先查出故障，此时要求对仪器的原理和电路结构十分熟悉。但是，对智能仪器来说则不然，它可以通过“自检”程序自动循回检查各部分电路。若某部分电路有故障，则可以用故障指示灯指示出来或者在显示器上显示出故障代号，这样可以很容易确定故障位置，故障的排除易于完成。

9.2.3 智能仪器的基本结构

图9-1所示是智能仪器组成示意图。它主要包括微型计算机（专用的）、测试功能或信号发生器、通用接口母线三部分。

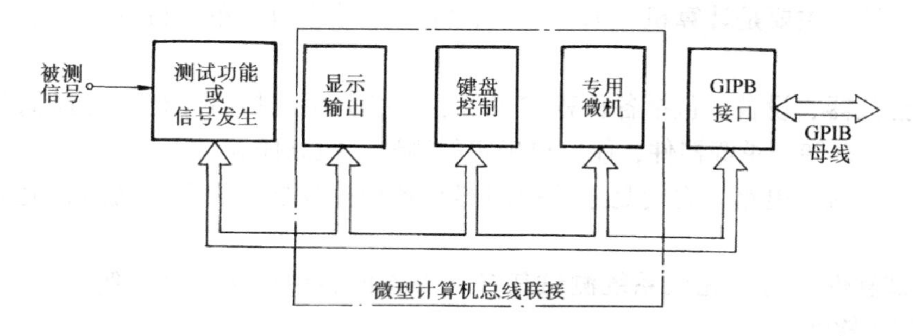

图9-1 智能仪器的组成示意图

仪器中的键盘控制和显示输出部分，可以看成微机系统的组成部分。微型计算机是整个智能仪器的核心，各种信息的传递和许多功能电路的控制，大多通过微机总线进行。虽然智能仪器形式上完全是一台仪器，但实质上它和微型计算机有很多相似之处。

在智能仪器中，基本上用键盘操作代替了传统仪器面板上的开关和旋钮。从表面上看，键盘的作用与传统测量仪器的开关、旋钮类似。但实际上二者有很大不同，键盘是在微型计算机管理和控制下工作的，通过键盘，使用者可以选择仪器功能和量程。有些仪器还可以通过键盘编程，以使测量设备从多方面灵活地满足使用者的需要。

智能仪器的显示和输出部分，也受微型计算机控制。其中显示器、打印机等与计算机的连接与微型计算机系统中的情况基本类似。智能仪器中常见的发光二极管（LED）显示器，表面看来与传统数字仪器毫无区别，但是在传统仪器中要经过计数器、译码器等多硬件电路才能实现。在微型计算机控制的智能仪器中，则可以主要用软件来完成。

测试功能或信号发生部分与传统测试仪器或信号发生器有某些相似之处，但是不应该把它们看成单纯的硬件组合，而应该看成在计算机控制下的功能系统。

首先，智能仪器中微型计算机处理的是数字信号，由智能仪器和标准接口母线组成的自动测试系统也是数字系统。智能仪器中计算机向测试功能发送的信号和后者发送回计算机的信号最终都要变成数字信号。因而智能仪器中要增加一些A-D和D-A转换电路，使仪器中的各部分都能在微型计算机统一指挥下工作。

此外，在许多情况下还用计算机软件代替传统测量仪器中的硬件。例如，用微型计算机及其软件直接产生仪器中所需要的信号；用软件直接产生或控制A-D转换过程等。这不仅降低了仪器的成本、体积和功耗，增加了仪器的可靠性，还可以通过软件的修改，使仪器对用户的需要做出灵活的反应，提高产品的竞争力。

9.3 自动测试系统简介

9.3.1 自动测试系统的基本概念

通常把在最少人工参与的情况下，能自动进行测量、数据处理并以一定方式显示或输出测试结果的系统称为自动测试系统（Automatic Test System，缩写为 ATS）。

自动测试系统包括以下五部分：

（1）控制器 主要是计算机。如小型机、PC、微处理机、单片机等，它是系统的指挥控制中心。

（2）程控仪器、设备 包括各种程控仪器、程控开关、执行元件、程控伺服系统，以及显示、打印、存储记录等器件，能完成确定的测试、控制任务。

（3）总线与接口电路 它们是连接控制器与各程控仪器、设备的通道，完成数据的传输与交换。

（4）测试软件 为了完成系统测试任务而编制的各种应用软件。例如，测试主程序、驱动程序、I/O 软件等。

（5）被测对象 测试任务的不同，被测对象千差万别。由操作人员采用非标准方式通过电缆，接插件、开关等与程控仪器和设备相连。

9.3.2 自动测试系统的发展趋势

自动测试系统是将检测技术与计算机技术和通信技术有机地结合在一起的产物。自 20 世纪 50 年代初期到现在，它的发展大体经历了三个阶段。

（1）第一代总装阶段 第一代自动测试系统主要用于大量重复性测试、非常快速的测试、较复杂的测试、必须要高度熟练技术人员的测试和环境上对工作人员健康有害或操作人员难于接近的测试情况。

常见的第一代自动测试系统主要有自动数据采集系统、自动分析系统等。这些系统有些现在仍在使用，它们能完成大量的、繁重的数据分析、运算工作，并能快速、准确地给出测试结果。但是设计和组建第一代自动测试系统时还存在不少困难，主要是系统组建者需要自行解决仪器与仪器、仪器和计算机之间的接口问题。当系统比较复杂、需要程控的设备较多时，不但研究工作量大，费用较高，而且这种系统适应性不强，改变测试内容一般需要重新设计电路。因此，很快就发展了采用标准化接口母线的第二代自动测试系统。

（2）第二代接口标准化阶段 第二代自动测试系统的特点是用标准化的接口母线（Interface Bus）把测试系统中各有关设备按积木的形式连接起来，并且给部分设备配以标准化的接口功能电路。这种自动测试系统组建方便，组建者不需要自己设计接口电路，更改、增加测试内容也很灵活。由于这种标准接口母线自动测试系统有许多优点，因此得到了广泛的应用。

目前使用的标准化接口母线系统，有几种不同的类型，但是应用最广的是所谓通用接口

母线系统。通用接口母线常用符号 GPIB（General Purpose Interface Bus）表示。GPIB 系统可以使世界上不同厂家生产的仪器设备，用统一的标准母线连接起来，消除了以往每次组建自动测试系统时都要设计一套专用接口的重复劳动。

近年来，作为系统控制者的微型计算机大幅度降价，同时作为 GPIB 系统的接口电路，已生产出多种大规模集成电路芯片，促使第二代自动测试系统快速得到普及。

图 9-2 所示为一简单自动测试系统的组成。图中的信号源与 DVM 电压表都具有程控功能，它们靠计算机发出程控命令进行电控和电调；打印机同样按计算机的指令打印出需要的内容。在自动测试过程中计算机要和其他设备不断地进行信息交换。例如，计算机要向信号源发布命令，请它输出一定幅度和一定频率等条件的信号；打印机在用完打印纸后要向计算机请求服务等。同时，各设备之间也要进行信息交换。例如，各电压表要把数据逐个传给打印机，而打印机又要随时向电压表报告是否准备好接收数据和是否接收到数据等信息。以上测试过程中的各种信息交换在自动测试系统中是靠接口母线系统来完成的，它是一条无源多芯电缆线。

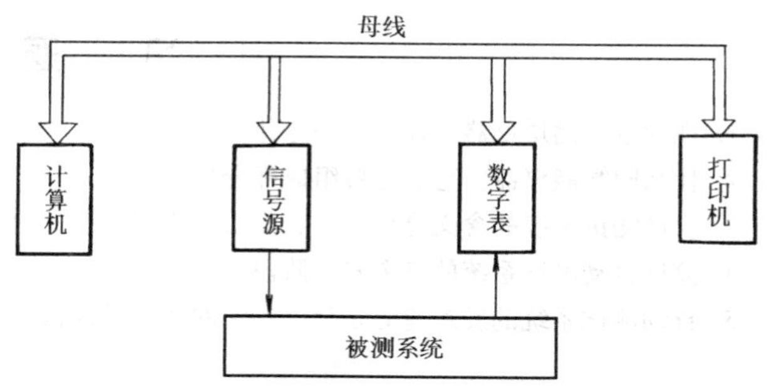

图 9-2 自动测试系统的组成

（3）第三代基于 PC 仪器阶段　第一、二代自动测试系统虽然比人工测试显示出前所未有的优越性，但是在这种系统中，电子计算机并没充分发挥作用，它主要是担任系统的控制及完成一些数据的计算和处理工作。第三代自动测试系统把计算机和测试系统更紧密地结合起来，融合成一体，用强有力的软件代替仪器的硬件功能。特别是用计算机参与激励信号的发生和测量特性的解析。这种以计算机为核心，用较少的硬件就能代替各种各样仪器功能的系统称为第三代自动测试系统。可以想象得到第三代自动测试系统将会使电子测量技术和电子测量仪器发生巨大变化。

自动测试系统的发展趋势是虚拟仪器系统。

虚拟仪器系统利用 PC（个人计算机）的显示功能模拟真实仪器的控制面板，以多种形式表达输出检测结果。虚拟仪器系统利用 PC 软件功能实现信号的运算、分析、处理，由 I/O接口设备完成信号的采集、测量与调整，从而完成各种测试功能的一种计算机仪器系统。第 8 章的 Multisim 系统就是目前应用的一种虚拟仪器系统。

本章小结

现代电子测量仪器的发展趋势是智能仪器、自动测试系统。

1. 智能仪器是以微处理器为核心而设计的仪器。它可以存储、计算、处理数据，具有记忆、控制和逻辑判断功能，测量准确度大大提高。智能仪器与传统仪器相比有很多特点。

智能仪器的基本组成包括微型计算机（专用的）、测试功能或信号发生器、通用接口母线三部分。在智能仪器中计算机软件能代替传统测量仪器中的硬件功能，降低了仪器的成本、体积和功耗，增加了仪器的可靠性。

2. 自动测试系统是能自动进行测量、数据处理并以一定方式显示或输出测试结果的系统。自动测试系统包括五部分：控制器、程控仪器、总线与接口电路、测试软件和被测对象。

自动测试系统的发展经历了三个阶段：总装阶段、接口标准化阶段和基于 PC 仪器阶段。

自动测试系统的发展趋势是虚拟仪器系统。

习 题

1. 现代电子测量仪器的发展趋势是什么？
2. 什么叫智能仪器？它的主要组成部分是什么？
3. 自动测试系统的含义是什么？它是由哪些部分组成的？
4. 简述自动测试系统的三个发展阶段。
5. 自动测试系统的发展趋势是什么？它的特点是什么？

参考文献

［1］ 张乃国. 电子测量技术［M］. 北京：人民邮电出版社，1985.
［2］ 朱晓斌. 电子测量仪器［M］. 北京：电子工业出版社，1994.
［3］ 蒋焕文，孙续. 电子测量［M］. 北京：中国计量出版社，1988.
［4］ 李明生，刘伟. 电子测量仪器［M］. 北京：电子工业出版社，2000.
［5］ 申业刚. 电子测量［M］. 南京：江苏科学技术出版社，1986.
［6］ 郑家祥. 电子测量实验［M］. 北京：国防工业出版社，1985.
［7］ 朱文华. 电子测量与仪器［M］. 南京：东南大学出版社，1994.
［8］ 刘国林，殷贯西. 电子测量［M］. 北京：机械工业出版社，2003.
［9］ 陈梓城. 电子技术实训［M］. 北京：机械工业出版社，1999.
［10］ 沙占友，沙占为. 数字万用表的原理、使用与维修［M］. 北京：电子工业出版社，1988.
［11］ 马克联，张宏. 万用表实用检测技术［M］. 北京：化学工业出版社，2006.
［12］ 孙建京，路而红，陆宏瑶. 常用电子仪器原理、使用、维修［M］. 北京：中国广播电视出版社，1996.